高等院校石油天然气类规划教材

天然气集输工程

马国光 主编

石油工业出版社

内容提要

本书主要研究油田和气田在生产过程中天然气的收集、预处理和输送等问题，主要内容包括天然气集输基础知识、天然气水合物的形成与防止、天然气集输系统、主要的集输设备、集输管道计算、天然气酸性组分的脱除、天然气脱水、天然气凝液回收、天然气处理计算机模拟。本书的特点是力求反映近年来国内外天然气集输领域内的新技术、新工艺，同时将计算机软件模拟用于集输系统设计计算过程。

本书是油气储运专业本科教材，也可作为研究生、成人教育及相关专业的参考教材，还可供从事天然气集输工作的科研、教学、设计和技术人员参考。

图书在版编目（CIP）数据

天然气集输工程/马国光主编. —北京：石油工业出版社，2014.2
(2017.7重印)
（高等院校石油天然气类规划教材）
ISBN 978-7-5021-9974-6

Ⅰ.①天… Ⅱ.①马… Ⅲ.①天然气-油气集输工程 Ⅳ.①TE86

中国版本图书馆 CIP 数据核字（2013）第 013801 号

出版发行：石油工业出版社
（北京安定门外安华里2区1号 100011）
网　址：www.petropub.com
编辑部：(010) 64523693
图书营销中心：(010) 64523633　(010) 64523731
经　销：全国新华书店
印　刷：北京中石油彩色印刷有限责任公司

2014年2月第1版　2017年7月第2次印刷
787毫米×1092毫米　开本：1/16　印张：15.5
字数：394千字

定价：28.00元
（如出现印装质量问题，我社图书营销中心负责调换）
版权所有，翻印必究

前　言

天然气集输是继油气藏勘探、开发和开采之后一个非常重要的生产阶段。它是从井口开始，将天然气通过管网收集起来，经过预处理，使其成为合格产品，然后外输至用户的整个生产过程。本书主要研究油田和气田在生产过程中天然气的收集、预处理和输送等问题。

本书的特点是力求反映近年来国内外天然气集输领域内的新技术、新工艺，同时将计算机软件模拟用于集输系统设计计算过程，对高含硫天然气的集输与处理工艺也进行了探讨。

本书内容主要包括天然气的物理化学性质、天然气水合物的形成与防止、天然气集输系统、集输主要设备、集输管道水力和热力计算、天然气酸性组分的脱除、天然气脱水、天然气凝液回收、天然气处理计算机模拟。

本书由西南石油大学石油工程学院储运研究所组织编写，得到了西南石油大学"油气储运工程国家级特色专业"的支持。第一、三、五、六、七、八章由西南石油大学储运研究所马国光编写；第二章由西南石油大学储运研究所吴晓南编写；第四章由马国光和马俊杰（川庆钻探公司油建公司）编写；第九章由马国光、崔国彪（西南石油大学在读研究生）和马俊杰编写。

本书是油气储运专业本科教材，也可作为研究生、成人教育及相近专业的参考教材，也可供从事天然气集输工作的科研、教学、设计和技术人员参考。

在本书编写过程中参考和引用了许多中外文献，特向原作者致谢。

由于编者学识和水平有限，书中难免有一些缺点和不足之处，恳请读者批评指正。

编　者
2013 年 10 月

目 录

第一章 天然气集输基础知识 ... 1
- 第一节 天然气概述 ... 1
- 第二节 天然气的物理化学性质 ... 4

第二章 天然气水合物的形成与防止 ... 20
- 第一节 天然气含水量 ... 20
- 第二节 天然气水合物的形成条件预测 ... 26
- 第三节 天然气水合物的防止 ... 34
- 习题 ... 42

第三章 天然气集输系统 ... 43
- 第一节 概述 ... 43
- 第二节 天然气集输管网 ... 45
- 第三节 井场装置 ... 52
- 第四节 集气站 ... 58
- 第五节 矿场增压站 ... 64
- 第六节 矿场脱水站 ... 67
- 第七节 清管 ... 68
- 第八节 我国典型的气田集气工艺系统 ... 72
- 第九节 流程图的设计 ... 79
- 习题 ... 82

第四章 主要的集输设备 ... 83
- 第一节 分离设备 ... 83
- 第二节 换热设备 ... 97
- 第三节 压缩机 ... 107
- 习题 ... 109

第五章 集输管道计算 ... 111
- 第一节 集输管道的水力计算 ... 111
- 第二节 集输管道的强度计算 ... 124
- 第三节 集输管道的热力计算 ... 128
- 习题 ... 130

第六章 天然气酸性组分的脱除 ... 132
- 第一节 天然气脱除酸性组分的方法 ... 132
- 第二节 硫黄的回收 ... 148

第三节　尾气处理························· 157
　　习题······································ 159
第七章　天然气脱水······························ 160
　　第一节　概述······························ 160
　　第二节　溶剂吸收法脱水···················· 161
　　第三节　固体吸附法脱水···················· 176
　　习题······································ 189
第八章　天然气凝液回收·························· 190
　　第一节　概述······························ 190
　　第二节　气液平衡与分馏···················· 191
　　第三节　天然气凝液回收方法················ 201
　　习题······································ 214
第九章　天然气处理计算机模拟···················· 215
　　第一节　软件介绍·························· 215
　　第二节　三甘醇脱水工艺模拟················ 216
　　第三节　轻烃回收工艺模拟·················· 227
　　第四节　脱硫工艺模拟······················ 234
参考文献·· 241

第一章 天然气集输基础知识

第一节 天然气概述

天然气是以烷烃（C_nH_{2n+2}）为主的各种烃类和少量非烃类气体所组成的气体混合物。天然气的化学组成绝大部分是甲烷（CH_4）、乙烷（C_2H_6）、丙烷（C_3H_8），丁烷（C_4H_{10}）和戊烷（C_5H_{12}）含量不多。天然气中也含有其他一些气体，如硫化氢（H_2S）、二氧化碳（CO_2）、氮（N_2）及水（H_2O），有时还含有微量的稀有气体，如氦（He）和氩（Ar）等。

在标准状态（101325Pa，0℃）下，在天然气中，从甲烷到丁烷以气态存在；戊烷以上的烃类是液态，即天然汽油。

按矿藏分类，天然气可分为气田气、油田气和凝析气田气三种。

气田气中甲烷含量约为80%～98%，乙烷至丁烷烃类的含量一般不大，戊烷和戊烷以上重烃以及非烃类气体或不含或含量甚微。

油田气包括溶解气和气顶气，其特征是乙烷和乙烷以上的烃类含量一般较高，其组成与分去凝析油以后的凝析气田气相类似。

从凝析气田采出的天然气，除含有大量的甲烷、乙烷外，还含有一定数量的丙烷、丁烷、戊烷及戊烷以上烃类含量较高，含有汽油和煤油的组分。

天然气还可以分为干气（或贫气）和湿气（或富气）两类。但是，世界上并没有一个统一的划分标准。前苏联根据天然气中的汽油含量来划分，有的文献以天然气中甲烷含量来划分，美国一般是根据气油比和天然气的相对密度来划分干气和湿气。

若按天然气中含硫量的多少来划分，$1m^3$ 天然气中含硫量小于1g的称为净气，$1m^3$ 天然气中含硫量大于1g的气称为酸气。

天然气的化学组成是天然气工程中的重要原始数据。各组分的含量和性质决定了天然气的性质，它是气田开发、气井分析和地面集输、净化加工及综合利用的设计依据。天然气主要组分的基本性质见表1-1、表1-2。

表1-1 天然气常见烃类的基本性质（在101325Pa、0℃条件下）

项目	甲烷	乙烷	丙烷	异丁烷	正丁烷	异戊烷	正戊烷
分子式	CH_4	C_2H_6	C_3H_8	iC_4H_{10}	nC_4H_{10}	iC_5H_{12}	nC_5H_{12}
相对分子质量 M	16.043	30.070	44.097	58.124	58.124	72.151	72.151
摩尔体积 V_m，$m^3/kmol$	22.362	22.1872	21.9362	21.5977	21.5036	20.983	20.891
密度 ρ，kg/m^3	0.353	0.7174	2.0102	2.6912	2.7030	3.4386	3.4537
相对密度 Δ	0.5548	1.046	1.555	2.081	2.090	2.659	2.671
临界温度 T_c，K	191.05	305.45	368.85	407.15	425.15	460.85	470.35
临界压力 p_c，MPa	4.491	4.727	4.256	3.540	3.501	3.226	3.236
临界点的摩尔体积 V_c，$m^3/kmol$	0.099	0.143	0.195	0.263	0.258	0.316	0.311

续表

项 目	甲烷	乙烷	丙烷	异丁烷	正丁烷	异戊烷	正戊烷
高发热值 H_h,MJ/m³	39.84	67.34	101.26	133.05	133.89	168.32	169.37
低发热值 H_l,MJ/m³	35.90	64.40	93.24	122.85	123.65	155.72	156.73
爆炸下限 L_l,%(体积分数)	5.0	2.9	2.1	1.8	1.5	1.6	1.4
爆炸上限 L_h,%(体积分数)	15.0	13.0	9.5	8.5	8.5	8.3	8.3
比定压热容 c_p,kJ/(kg·K)	2.223	1.729	1.863	1.658	1.658	1.654	1.654
比定容热容 c_V,kJ/(kg·K)	1.670	1.444	1.649	1.49	1.49		
动力黏度 μ,10^{-5}Pa·s	1.027	0.843	0.735	0.676	0.669	0.616	0.635
运动黏度 η,10^{-5}m²/s	1.416	0.611	0.358	0.246	0.243	0.176	0.180
气体常数 R,kJ/(kg·K)	0.5171	0.2759	0.1846	0.1378	0.1373	0.1078	0.1074
偏心因子 ω	0.0104	0.0986	0.1524	0.1848	0.2010	0.2223	0.2559

表1-2 天然气常见非烃气体的基本性质(在101325Pa、0℃条件下)

项 目	氢	氮	氦	一氧化碳	二氧化碳	硫化氢	空气
分子式	H_2	N_2	He	CO	CO_2	H_2S	
相对分子质量 M	2.0160	28.0134	4.003	28.0104	44.0098	34.076	28.966
V_m,m³/kmol	22.427	22.403	22.363	22.3984	22.2601	22.1802	22.4003
密度 ρ,kg/m³	0.0899	1.2504	0.179	1.2506	1.9771	1.5363	1.2931
相对密度 Δ	0.0695	0.967	0.138	0.967	1.529	1.188	1.00
临界温度 T_c,K	33.32	126.2	5.25	133.0	304.20	373.54	132.50
临界压力 p_c,MPa	1.255	3.285	0.222	3.383	7.149	8.715	3.645
临界点的摩尔体积 V_c,m³/kmol	0.065	0.090	0.058	0.093	0.094	0.098	0.090
高发热值 H_h,MJ/m³	12.74			12.64		25.34	
低发热值 H_l,MJ/m³	10.78			12.64		23.36	
爆炸下限 L_l,%(体积分数)	4.0			12.5		4.3	
爆炸上限 L_h,%(体积分数)	75.9			74.2		45.5	
比定压热容 c_p,kJ/(kg·K)	12.76	1.047	5.234	1.034	0.845	1.063	1.009
比定容热容 c_V,kJ/(kg·K)	10.13	0.745	3.140	0.737	0.653	0.804	0.720
动力黏度 μ,10^{-5}Pa·s	0.836	1.667	1.718	1.657	1.402	1.167	1.716
运动黏度 η,10^{-5}m²/s	9.30	1.33	9.598	1.33	0.709	0.763	1.34
气体常数 R,kJ/(kg·K)	4.126	0.2967	2.077	0.2967	0.1876	0.2415	0.2868
偏心因子 ω	0.000	0.040		0.041	0.225	0.100	

一、天然气组成的表示方法

天然气组成有三种表示方法:质量分数、体积分数和摩尔分数。

（一）质量分数

$$w_i = \frac{m_i}{\sum_{i=1}^{n} m_i} \times 100\% \tag{1-1}$$

$$w_1 + w_2 + \cdots + w_n = 100\% \tag{1-2}$$

式中　w_i——组分 i 的质量分数；
　　　m_i——组分 i 的质量。

（二）体积分数

$$\varphi_i = \frac{V_i}{\sum_{i=1}^{n} V_i} \times 100\% \tag{1-3}$$

$$\varphi_1 + \varphi_2 + \cdots + \varphi_n = 100\% \tag{1-4}$$

式中　φ_i——组分 i 的体积分数；
　　　V_i——组分 i 的体积。

（三）摩尔分数

$$y_i = \frac{n_i}{\sum_{i=1}^{n} n_i} \times 100\% \tag{1-5}$$

$$y_1 + y_2 + \cdots + y_n = 100\% \tag{1-6}$$

式中　y_i——组分 i 的摩尔分数；
　　　n_i——组分 i 的物质的量。

在标准状态（101325Pa、0℃）时，任何 1kmol 的气体体积都是 22.4m³，因此混合气体中任何组分的体积分数在数值上等于其摩尔分数，即：

$$\varphi_i = y_i \tag{1-7}$$

（四）三种表示方法的关系

（1）如果已知天然气的质量分数 g_i，换算为体积分数 V_i 或摩尔分数 y_i，可用下式：

$$y_i = \frac{n_i}{\sum_{i=1}^{n} n_i} = \frac{\dfrac{w_i}{M_i}}{\sum_{i=1}^{n} \dfrac{w_i}{M_i}} \tag{1-8}$$

式中　M_i——组分 i 的相对分子质量。

（2）已知天然气的摩尔分数 y_i（或体积分数），可用下式换算为质量分数 w_i：

$$w_i = \frac{m_i}{\sum_{i=1}^{n} m_i} = \frac{y_i M_i}{\sum_{i=1}^{n} y_i M} \tag{1-9}$$

二、气体的标准状态

气体的标准状态有三种。
（1）1954 年第十届国际计量大会（CGPM）协议的标准状态是：温度 273.15K（0℃），

压力101.325kPa。

(2) 国际标准化组织和美国国家标准规定以温度288.15K（15℃）、压力101.325kPa作为计量气体体积流量的标准状态。

(3) 我国《天然气流量的标准孔板计算方法》规定以温度293.15K（20℃）、压力101.325kPa作为计量气体体积流量的标准状态。

第二节　天然气的物理化学性质

一、天然气的摩尔质量

标准状态下，1mol天然气的质量定义为天然气的平均摩尔质量，简称摩尔质量。

$$M = \sum_{i=1}^{n} y_i M_i \tag{1-10}$$

式中　M——气体的平均摩尔质量，g/mol或kg/kmol；
　　　y_i——气体第i组分的摩尔分数；
　　　M_i——气体第i组分的摩尔质量，g/mol或kg/kmol。

二、天然气临界参数和对比参数

任何气体在温度低于某一数值时都可以等温压缩成液体，但当高于这一温度时，无论压力多大，都不能使其液化。可以使气体压缩成液体的这一极限温度称为临界温度。当温度处于临界温度时，使气体压缩成液体所需的压力称为临界压力，此时的状态称为临界状态。气体临界状态下的温度、压力分别为临界温度、临界压力，用符号p_c及T_c表示。

（一）虚拟临界温度和虚拟临界压力计算

$$T_c = \sum_{i=1}^{n} y_i T_{ci} \tag{1-11}$$

$$p_c = \sum_{i=1}^{n} y_i p_{ci} \tag{1-12}$$

式中　T_c——气体混合物的虚拟临界温度，K；
　　　p_c——气体混合物的虚拟临界压力，kPa（绝）；
　　　T_{ci}——组分i的临界温度，K；
　　　p_{ci}——组分i的临界压力，kPa（绝）；
　　　y_i——组分i的摩尔分数。

（二）对比温度和对比压力计算

$$T_r = \frac{T}{T_c} \tag{1-13}$$

$$p_r = \frac{p}{p_c} \tag{1-14}$$

式中　T_r——气体混合物的对比温度；
　　　p_r——气体混合物的对比压力；
　　　T——气体混合物的操作温度，K；
　　　p——气体混合物的操作压力，kPa（绝）；
　　　T_c——气体混合物的虚拟临界温度，K；
　　　p_c——气体混合物的虚拟临界压力，kPa（绝）。

三、天然气的状态方程

天然气的状态方程反映天然气压力 p、体积 V 和温度 T 三者之间的关系。对于理想气体而言，它的状态方程为：

$$pV = nRT \tag{1-15}$$

式中　R——气体常数，$R=8.314$ J/(kmol·K)；
　　　n——气体物质的量。

然而，这个方程是作了如下两个主要假设才总结出来的：分子是质点，分子之间没有相互作用的力。显然，这两个假设与实际气体是有很大区别的，特别是在压力较大或密度较大时区别更为明显。因此，人们提出了实际气体状态方程：

$$p = Z\rho RT \tag{1-16}$$

式中　Z——压缩系数，表示实际气体与理想气体的偏离程度。

对于理想气体，所有状态下 Z 都为 1；对于实际气体，Z 是状态的函数。

对于某一定量的气体，存在下述关系：

$$\frac{p_1 V_1}{Z_1 T_1} = \frac{p_2 V_2}{Z_2 T_2} \tag{1-17}$$

式中，下标 1 代表状态 1，下标 2 代表状态 2。

目前，用于烃类气液平衡计算的状态方程很多，广泛应用烃类物系的 RK、SRK、PR 和 BWR、SHBWR 及 LK 方程。SRK 和 PR 方程是对两参数 RK 方程的修正，引入第三参数——偏心因子，使预测液相密度、饱和蒸气压和相平衡常数等的精度显著改善，且计算仍较简单，因而在工程计算中得到广泛采用。但对含 H_2 和 H_2S 的物系，用这两个方程预测 K 值的精度较差，且在含量高时更甚。BWR 状态方程虽然应用于轻烃及其混合物的热力学性质计算一般可获得很满意的结果，但对非烃气体含量较多的混合物、较重的烃组分（如己烷以上）以及较低的温度（对比温度 $T_r<0.6$）并不宜应用。曾有不少研究工作者提出了各种改进 BWR 方程的方法，Starling 和 Han 在关联大量实验数据基础上提出的修正 BWR 方程，修正后的方程被称为 BWRS 方程（又称为 SHBWR 状态方程），该状态方程可应用于很宽的温度和密度范围：其温度可低至 $T_r=0.3$，密度可高至 $\rho_r=0.3$ kg/m³；对扩大原 BWR 方程的应用范围及进一步提高其计算精度取得了较好的效果。以该状态方程为基础的气液平衡模型被认为是当前烃类分离计算中最佳的模型之一。本书选用 BWRS 状态方程作为工艺计算的基础模型。

BWRS 状态方程的标准形式如下：

$$p = \rho RT + \left(B_0 RT - A_0 - \frac{C_0}{T^2} + \frac{D_0}{T^3} - \frac{E_0}{T^4}\right)\rho^2 + \left(bRT - a - \frac{d}{T}\right)\rho^3$$
$$+ \alpha\left(a + \frac{d}{T}\right)\rho^6 + \frac{c\rho^3}{T^2}(1 + \gamma\rho^2)\exp(-\gamma\rho^2) \qquad (1-18)$$

式中　p——系统压力，kPa；

　　　ρ——气相或液相的密度，$kmol/m^3$；

　　　T——系统温度，K；

　　　R——气体常数，$R = 8.3143 kJ/(kmol \cdot K)$；

　　　$A_0, B_0, C_0, D_0, E_0, \gamma, a, b, c, d, \alpha$——状态方程的11个参数。

对于纯组分 i 的11个参数和其临界参数 T_{ci}，ρ_{ci} 及偏心因子 ω_i 关联式如下：

$$\rho_{ci} B_{0i} = A_1 + B_1 \omega_i \qquad (1-19)$$

$$\frac{\rho_{ci} A_{0i}}{RT_{ci}} = A_2 + B_2 \omega_i \qquad (1-20)$$

$$\frac{\rho_{ci} C_{0i}}{RT_{ci}^3} = A_3 + B_3 \omega_i \qquad (1-21)$$

$$\rho_{ci}^2 \gamma_i = A_4 + B_4 \omega_i \qquad (1-22)$$

$$\rho_{ci}^2 b_i = A_5 + B_5 \omega_i \qquad (1-23)$$

$$\frac{\rho_{ci}^2 a_i}{RT_{ci}} = A_6 + B_6 \omega_i \qquad (1-24)$$

$$\rho_{ci}^3 \alpha_i = A_7 + B_7 \omega_i \qquad (1-25)$$

$$\frac{\rho_{ci}^2 c_i}{RT_{ci}^3} = A_8 + B_8 \omega_i \qquad (1-26)$$

$$\frac{\rho_{ci} D_{0i}}{RT_{ci}^4} = A_9 + B_9 \omega_i \qquad (1-27)$$

$$\frac{\rho_{ci}^2 d_i}{RT_{ci}^2} = A_{10} + B_{10} \omega_i \qquad (1-28)$$

$$\frac{\rho_{ci} E_{0i}}{RT_{ci}^5} = A_{11} + B_{11} \omega_i \exp(-3.8\omega_i) \qquad (1-29)$$

式中　A_i, B_i——通用常数（$i = 1, 2, \cdots, 11$），列于表1-3中。

表1-3　通用常数 A_i、B_i 值

i	A_i	B_i	i	A_i	B_i
1	0.443690	0.115449	7	0.0705233	−0.044448
2	1.284380	−0.920731	8	0.504087	1.32245
3	0.356306	1.70871	9	0.0307452	0.179433
4	0.544979	−0.270896	10	0.0732828	0.463492
5	0.528629	0.349261	11	0.006450	−0.022143
6	0.484011	0.754130			

对于混合物，BWRS 方程应采用如下混合规则：

$$A_0 = \sum_{i=1}^{n} \sum_{j=1}^{n} y_i y_j A_{0i}^{\frac{1}{2}} A_{0j}^{\frac{1}{2}} (1 - K_{ij}) \tag{1-30}$$

$$B_0 = \sum_{i=1}^{n} y_i B_{0i} \tag{1-31}$$

$$C_0 = \sum_{i=1}^{n} \sum_{j=1}^{n} y_i y_j C_{0i}^{\frac{1}{2}} C_{0j}^{\frac{1}{2}} (1 - K_{ij})^3 \tag{1-32}$$

$$D_0 = \sum_{i=1}^{n} \sum_{j=1}^{n} y_i y_j D_{0i}^{\frac{1}{2}} D_{0j}^{\frac{1}{2}} (1 - K_{ij})^4 \tag{1-33}$$

$$E_0 = \sum_{i=1}^{n} \sum_{j=1}^{n} y_i y_j E_{0i}^{\frac{1}{2}} E_{0j}^{\frac{1}{2}} (1 - K_{ij})^5 \tag{1-34}$$

$$a = \left(\sum_{i=1}^{n} y_i a_i^{\frac{1}{3}} \right)^3 \tag{1-35}$$

$$b = \left(\sum_{i=1}^{n} y_i b_i^{\frac{1}{3}} \right)^3 \tag{1-36}$$

$$c = \left(\sum_{i=1}^{n} y_i c_i^{\frac{1}{3}} \right)^3 \tag{1-37}$$

$$d = \left(\sum_{i=1}^{n} y_i d_i^{\frac{1}{3}} \right)^3 \tag{1-38}$$

$$\alpha = \left(\sum_{i=1}^{n} y_i \alpha_i^{\frac{1}{3}} \right)^3 \tag{1-39}$$

$$\gamma = \left(\sum_{i=1}^{n} y_i \gamma_i^{\frac{1}{2}} \right)^2 \tag{1-40}$$

式中　y_i, y_j——气相或液相混合物 i、j 组分的摩尔分数；

　　　n——混合物的组分数；

　　　K_{ij}——i、j 组分间的交互作用系数（$K_{ij} = K_{ji}$），表示和理想溶液所发生的偏差，K_{ij} 越大则偏离越远，对同一组分，$K_{ij} = 0$，其中，$1 \leqslant i \leqslant n$，$1 \leqslant j \leqslant n$。

四、天然气的密度

(一) 利用 BWRS 状态方程计算天然气密度

在应用 BWRS 状态方程计算气液相逸度和焓等热力学性质时，首先应根据指定的 p、T 和混合物组成 y_i 用 BWRS 状态方程求解气相或液相的密度 ρ_V、ρ_L。BWRS 方程较为复杂，只能采用迭代法进行求解，但 BWRS 状态方程中的密度根可用多种迭代方法求解，其中无需求导数的正割法曾经过大量计算证明是一种有效可靠的迭代方法。

将 BWRS 方程式改写成以下函数形式：

$$F(\rho) = \rho RT + \left(B_0 RT - A_0 - \frac{C_0}{T^2} + \frac{D_0}{T^3} - \frac{E_0}{T^4} \right) \rho^2 + \left(bRT - a - \frac{d}{T} \right) \rho^3$$

$$+\alpha\left(a+\frac{d}{T}\right)\rho^6+\frac{c\rho^3}{T^2}(1+\gamma\rho^2)\exp(-\gamma\rho^2)-p=0 \tag{1-41}$$

求解于指定 T、p、y_i 下 $F(\rho)=0$ 时的 ρ 值，正割法的迭代公式如下：

$$\rho_{k+1}=\frac{\rho_{k-1}F(\rho_k)-\rho_k F(\rho_{k-1})}{F(\rho_k)-F(\rho_{k-1})} \tag{1-42}$$

式中　k——迭代序号。

（二）天然气的密度简捷计算

混合气体密度指单位体积混合气体的质量，按下面公式计算。

0℃标准状态：

$$\rho=\frac{\sum_{i=1}^{n}y_i M_i}{22.414} \tag{1-43}$$

20℃标准状态：

$$\rho=\frac{\sum_{i=1}^{n}y_i M_i}{24.055} \tag{1-44}$$

任意温度与压力下：

$$\rho=\frac{\sum_{i=1}^{n}y_i M_i}{\sum_{i=1}^{n}y_i V_i} \tag{1-45}$$

式中　ρ——混合气体的密度，kg/m^3；
　　　y_i——第 i 组分的摩尔分数；
　　　M_i——第 i 组分的摩尔质量，$kg/kmol$；
　　　V_i——第 i 组分的摩尔体积，$m^3/kmol$。

对于温度为 T、压力为 p 的天然气，其密度可按下式计算：

$$\rho=\frac{p}{ZRT} \tag{1-46}$$

$$R=\frac{R_m}{M}=\frac{831.3}{M} \tag{1-47}$$

式中　p，T——气体压力和温度；
　　　Z——气体压缩系数；
　　　M——混合气体摩尔质量，g/mol 或 $kg/kmol$。

（三）天然气的相对密度

天然气的相对密度为在同一温度、压力下气体的密度与干空气的密度之比，即：

$$\Delta=\frac{\rho}{\rho_a}=\frac{\frac{p}{ZRT}}{\frac{p}{Z_a R_a T}}=\frac{Z_a}{Z}\cdot\frac{R_a}{R}=\frac{Z_a}{Z}\cdot\frac{M}{M_a} \tag{1-48}$$

式中　Δ——天然气的相对密度；

　　　Z，Z_a——天然气和空气的压缩系数；

　　　M，M_a——天然气和空气的摩尔质量，g/mol 或 kg/kmol。

五、天然气的逸度

逸度是由 Lewis 首先提出的一个热力学性质，以 f 表示。理想气体的逸度就是它的压力，故其单位与压力相同。对于实际气体，则以逸度代替压力，$f/p=\varphi$（φ 称为逸度系数）。因此，可将逸度看成校正压力或"有效"压力。既然逸度与压力（对于液体和固体而言应该是蒸气压）关系密切，而气体的压力和液体、固体的蒸气压是表征物质逃逸的趋势，因而逸度也是表征体系的逃逸趋势，逸度也就因此得名。

混合物中 i 组分的逸度 f_i 按下式计算：

$$\begin{aligned}
RT\ln f_i = & RT\ln(\rho RT y_i) + \rho(B_0 + B_{0i})RT \\
& + 2\rho\sum_{j=1}^{n} y_j\left[-(A_{0i}^{1/2}A_{0j}^{1/2})(1-K_{ij}) - \frac{C_{0i}^{1/2}C_{0j}^{1/2}}{T^2}(1-K_{ij})^3\right. \\
& \left. + \frac{D_{0i}^{1/2}D_{0j}^{1/2}}{T^3}(1-K_{ij})^4 - \frac{E_{0i}^{1/2}E_{0j}^{1/2}}{T^4}(1-K_{ij})^5\right] \\
& + \frac{\rho^2}{2}\left[3(b^2 b_i)^{1/3}RT - 3(a^2 a_i)^{1/3} - \frac{3(d^2 d_i)^{\frac{1}{3}}}{T}\right] + \frac{\alpha\rho^5}{5}\left[3(a^2 a_i)^{1/3} + \frac{3(d^2 d_i)^{1/3}}{T}\right] \\
& + \frac{3\rho^5}{5}\left(a + \frac{d}{T}\right)(\alpha^2\alpha_i)^{1/3} + \frac{3(c^2 c_i)^{1/3}\rho^2}{T^2}\left[\frac{1-\exp(-\gamma\rho^2)}{\gamma\rho^2} - \frac{\exp(-\gamma\rho^2)}{2}\right] \\
& - \frac{2c}{\gamma T^2}\left(\frac{\gamma_i}{\gamma}\right)^{1/3}\left[1 - \exp(-\gamma\rho^2)\left(1 + \gamma\rho^2 + \frac{1}{2}\gamma^2\rho^4\right)\right]
\end{aligned} \tag{1-49}$$

六、天然气的压缩系数

（一）用 BWRS 方程求天然气压缩系数

应用 BWRS 方程求混合物压缩系数 Z 的计算式为：

$$Z = 1 + \left(B_0 - \frac{A_0}{RT} - \frac{C_0}{RT^3} + \frac{D_0}{RT^4} - \frac{E_0}{RT^5}\right)\rho + \left(b - \frac{a}{RT} - \frac{d}{RT^2}\right)\rho^2 + \frac{a}{RT}\left(a + \frac{d}{T}\right)\rho^5 + \frac{c\rho^2}{RT^3}(1+\gamma\rho^2)\exp(-\gamma\rho^2) \tag{1-50}$$

（二）压缩系数的简捷计算

可用如下经验公式计算压缩系数。

美国加利福尼亚天然气协会（CNGA）公式：

$$Z = \frac{1}{1 + \frac{5.072\times 10^6 p\times 10^{1.785\Delta}}{T^{3.825}}} \tag{1-51}$$

式中　p——气体压力，MPa（绝）；

　　　T——气体温度，K；

　　　Δ——气体相对密度。

这个公式适用于 $\Delta=0.55\sim0.7$、$p=0\sim6.89$MPa、$T=272.2\sim333.3$K 的天然气。

前苏联气体研究所公式：

$$Z = \frac{100}{100 + 1.734 p^{1.15}} \tag{1-52}$$

对于脱去轻油的伴生气：

$$Z = \frac{100}{100 + 2.916 p^{1.25}} \tag{1-53}$$

式中　p——气体压力，MPa（绝）。

七、天然气的焓值

气体内能和体积与压力乘积之和称为气体的焓。焓是物质的状态参数，其变化与过程的性质无关，只取决于物质的初始状态和终点状态。焓的零点取热力学温度和绝对压力为 0 时的状态。焓随温度和压力的变化，理想气体的焓只与温度有关。在工程计算中，一般用焓变计算物质加热或冷却时热量的变化。

理想气体单组分焓 H_i^0 可按下式计算：

$$H_i^0 = A_i + B_i T + C_i T^2 + D_i T^3 + E_i T^4 + F_i T^5 \tag{1-54}$$

式中　H_i^0——第 i 组分理想气体的焓，kJ/kg；

　　　T——温度，K；

　　　A_i，B_i，C_i，D_i，E_i，F_i——i 组分常数（表 1-4）。

表 1-4　理想气体状态下的热力学方程系数

序号	物质名称	理想气体状态下的焓、熵方程系数						
		A	B	$C\times10^3$	$D\times10^5$	$E\times10^9$	$F\times10^{12}$	G
1	甲烷	-16.228549	2.393594	-2.218007	5.740220	-3.727905	8.549685	-0.339779
2	乙烷	-0.049334	1.108992	-0.188512	3.965580	-3.140209	8.008187	1.995889
3	丙烷	-1.717565	0.722648	0.708716	2.923895	-2.615071	7.000545	2.289559
4	异丁烷	26.744208	0.195448	2.523143	0.195651	-0.772615	2.386087	3.466595
5	正丁烷	17.283134	0.412696	2.028601	0.702953	-1.025871	2.883394	2.714861
6	异戊烷	64.252075	-0.131900	3.541156	-1.333225	0.251463	-0.129589	4.572976
7	正戊烷	63.201667	-0.011701	3.316496	-1.170510	0.199648	-0.086652	4.075275
8	正己烷	-17.191071	0.959226	-0.614725	6.142101	-6.160952	20.868190	-0.207040
9	正庚烷	-0.153725	0.754499	0.261728	4.366385	-4.484510	14.842099	0.380048
10	正辛烷	2.604725	0.724670	0.367845	4.142833	-4.240199	13.734055	0.327588
11	正壬烷	4.000278	0.707845	0.438048	3.969342	-4.043158	12.876028	0.257265
12	正癸烷	-6.962020	0.851375	-0.263041	5.521816	-5.631733	18.885443	-0.412446
13	正十一烷	65.290564	-0.099827	3.472495	-1.354336	0.264721	-0.145574	3.407959
14	一氧化碳	-2.269176	1.074015	-0.172664	0.302237	-0.137533	0.200365	2.018445

续表

序号	物质名称	理想气体状态下的焓、熵方程系数						
		A	B	$C \times 10^3$	$D \times 10^5$	$E \times 10^9$	$F \times 10^{12}$	G
15	二氧化碳	11.113744	0.479107	0.762159	0.359392	0.084744	−0.057752	2.719180
16	硫化氢	−1.437049	0.998865	−0.184315	0.557087	−0.317734	0.636644	1.394812
17	氮气	−2.172507	1.068490	−0.134096	0.215569	−0.078632	0.069850	1.805409
18	氨	−2.202606	2.010317	−0.650061	2.373264	−1.597595	3.761739	0.990447
19	水	−5.729915	1.915007	−0.395741	0.876232	−0.495086	1.038613	0.702815
20	氢	28.671997	13.396156	2.960131	−3.980744	2.661667	−6.099863	−11.801371
21	氧	−2.283574	0.952440	−0.281140	0.655223	−0.452316	1.087744	2.080310
22	二氧化硫	3.243188	0.461650	0.248915	0.120900	−0.188780	0.568232	2.086924

在美国石油学会（API）数据手册中，烃类组分焓的基准温度取 −129℃ 时饱和液体焓为 0。

对于混合理想气体，其焓值按下式计算：

$$H^0 = \sum_{i=1}^{n} y_i H_i^0 \qquad (1-55)$$

式中　H^0 ——理想混合气体的焓，kJ/kg；

　　　y_i ——理想混合气体 i 组分摩尔分数。

采用 BWRS 状态方程计算实际混合气体的焓时：

$$H = H^0 + \left(B_0 RT - 2A_0 - \frac{4C_0}{T^2} + \frac{5D_0}{T^3} - \frac{6E_0}{T^4}\right)\rho + \frac{1}{2}\left(2bRT - 3a - \frac{4d}{T}\right)\rho^2$$

$$+ \frac{1}{5}\alpha\left(6a + \frac{7d}{T}\right)\rho^5 + \frac{c}{\gamma T^2}\left[3 - \left(3 + \frac{\gamma\rho^2}{2} - \gamma^2\rho^4\right)\exp(-\gamma\rho^2)\right] \qquad (1-56)$$

式中　H ——实际混合气体的焓，kJ/kg；

　　　A_0，B_0，C_0，D_0，E_0，γ，a，b，c，d，α ——状态方程的 11 个参数，参见公式（1-18）。

八、天然气的熵值

熵（entropy）指的是体系的混乱的程度，物理学上指热能除以温度所得的商，标志热量转化为功的程度。熵是体系的状态函数，其值与达到状态的过程无关。

熵的定义式是：$dS = dQ/T$，因此必须用与某一过程的始态和终态相同的过程的热效应 dQ 来计算这个过程的熵。如果这里 dQ 写为 dQ_R，则表示可逆过程热效应（R 为 reversible）；如果 dQ 写为 dQ_I，则表示不可逆过程的热效应（I 为 Irreversible）。

理想天然气气体单组分熵 S_i^0 可按下式计算：

$$S_i^0 = B_i \ln T + 2C_i T + \frac{3}{2}D_i T^2 + \frac{4}{3}E_i T^3 + \frac{5}{4}F_i T^4 + G_i \qquad (1-57)$$

式中　S_i^0 ——第 i 组分理想气体在温度 T 时的熵，kJ/(kg·K)；

　　　T ——温度，K；

B_i，C_i，D_i，E_i，F_i，G_i——i 组分常数，见表 1-4。

对于混合理想气体，其熵值按下式计算：

$$S^0 = \sum_{i=1}^{n} y_i S_i^0 \tag{1-58}$$

式中　S^0——理想混合气体的熵，kJ/(kg·K)；
　　　y_i——理想混合气体 i 组分的摩尔分数。

对于实际混合气体的熵，采用 BWRS 状态方程计算时，可按下式计算：

$$S = S^0 - R\ln\frac{\rho RT}{101.325} - \left(B_0 R + \frac{2C_0}{T^3} - \frac{3D_0}{T^4} + \frac{4E_0}{T^5}\right)\rho - \frac{1}{2}\left(bR + \frac{d}{T^2}\right)\rho^2$$

$$+ \frac{\alpha d}{5T^2}\rho^5 + \frac{2c}{\gamma T^3}\left[1 - \left(1 + \frac{\gamma\rho^2}{2}\right)\exp(-\gamma\rho^2)\right] \tag{1-59}$$

式中　S——气相或液相混合物的实际熵，kJ/(kg·K)。

九、天然气的比热容

使单位气体温度升高 1℃所需要的热量称气体的热容，其单位是 J/K。根据度量气体的单位不同，有质量热容（也称比热容）、容积热容、摩尔热容三种，单位分别为 J/(kg·K)、J/(m³·K)、J/(mol·K)。天然气工程中常用的是比热容和容积热容。

气体的比热容还与气体加热的过程有关。加热过程不同，升高 1℃所需的热量也不同。工程上常用的加热过程有定容和定压过程。因此，比热容又分为比定容热容 c_V 和比定压容 c_p。摩尔热容又可分为摩尔定压热容 $C_{p,m}$ 和摩尔定容热容 $C_{V,m}$。

由热力学可以得出，理想气体的摩尔定容热容 $C_{V,m}$ 和摩尔定压热容 $C_{p,m}$ 存在这样一个关系：

$$C_{p,m} - C_{V,m} = R \tag{1-60}$$

$$\frac{C_{p,m}}{C_{V,m}} = K \tag{1-61}$$

式中　R——气体常数，R=8.314kJ/(kmol·K)；
　　　K——理想气体的绝热指数。

理想气体的比热容，在温差不大的时候可以近似为一个定值，而实际气体的比热容还与压力和温度有关。由于温度对比热容影响十分明显，而压力的影响往往可以忽略不计，因此可以把比热容看成是温度的单值函数。

天然气为多组分气体，需按气体混合物计算比热容，可用下列公式进行计算：

$$c_p^0 = \sum_{i=1}^{n} w_i c_{pi} \tag{1-62}$$

式中　c_p^0——气体混合物的比定压热容，kJ/(kg·℃)；
　　　w_i——组分 i 的质量分数；
　　　c_{pi}——组分 i 的比定压热容，kJ/(kg·℃)。

若已知天然气的相对密度，也可以按下式计算比定压热容：

$$c_p = \frac{0.403}{\sqrt{\Delta}}(1+0.001t) \tag{1-63}$$

式中　c_p——天然气在常压下的比定压热容，$kJ/(kg \cdot \text{℃})$；

　　　Δ——天然气的相对密度；

　　　t——天然气的温度，℃。

气体的比定压热容与压力有关。当压力大于 $4.59 \times 10^2 \text{kPa}$ 时，应进行压力校正。纯烃真实气体的比定压热容可由下列公式进行校正计算。

$$\frac{\widetilde{C}_{p,m}^0 - \widetilde{C}_{p,m}}{R} = \left(\frac{\widetilde{C}_{p,m}^0 - \widetilde{C}_{p,m}}{R}\right)^{(0)} + \omega\left(\frac{\widetilde{C}_{p,m}^0 - \widetilde{C}_{p,m}}{R}\right)^{(1)} \tag{1-64}$$

式中　$\dfrac{\widetilde{C}_{p,m}^0 - \widetilde{C}_{p,m}}{R}$——气体混合物的摩尔定压热容的压力校正项；

　　　$\left(\dfrac{\widetilde{C}_{p,m}^0 - \widetilde{C}_{p,m}}{R}\right)^{(0)}$——简单流体摩尔定压热容的压力校正项，可由图 1-1 查得；

　　　$\left(\dfrac{\widetilde{C}_{p,m}^0 - \widetilde{C}_{p,m}}{R}\right)^{(1)}$——非简单流体摩尔定压热容的压力校正项，可由图 1-2 查得；

　　　ω——偏心因子。

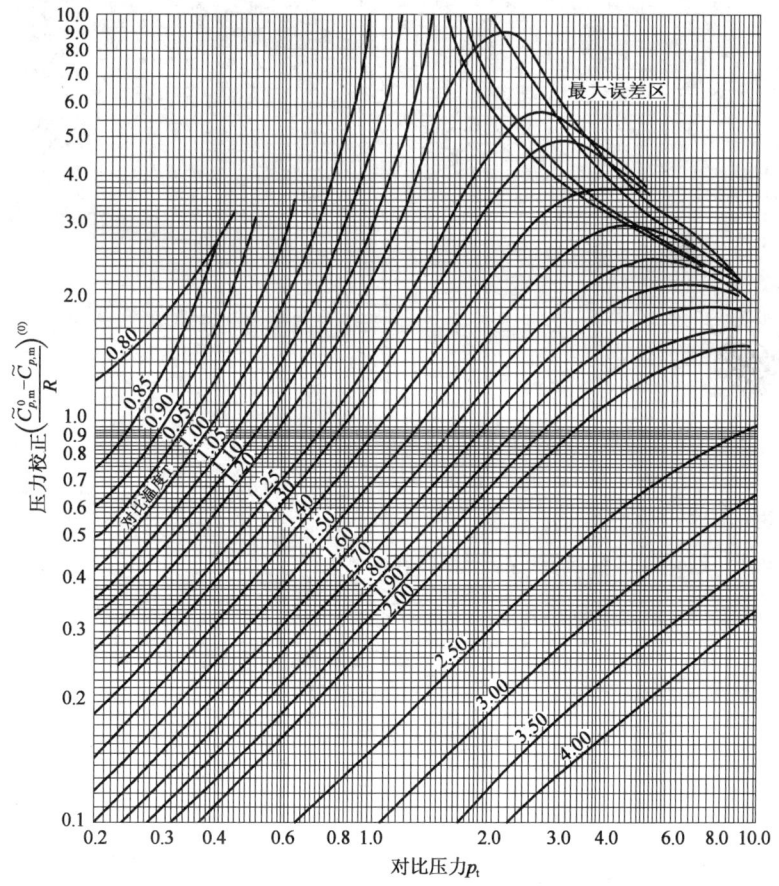

图 1-1　气体比定压热容压力校正图（简单流体）

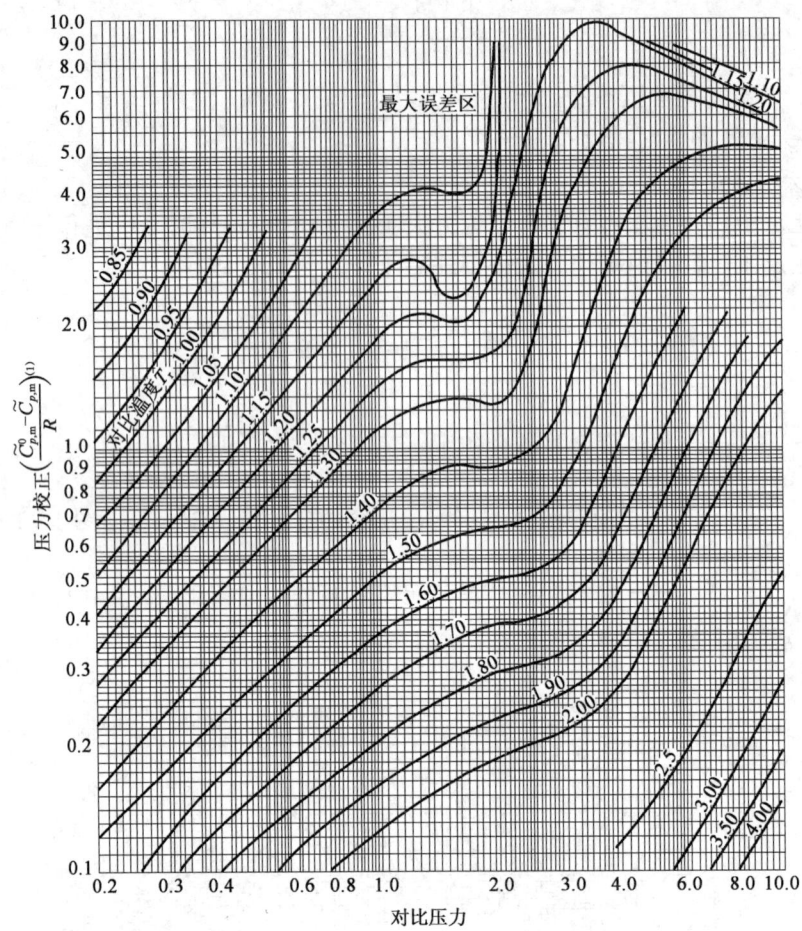

图 1-2 气体比定压热容压力校正图（非简单流体）

由式 (1-64) 求得压力校正项后，再用下列公式计算纯烃真实气体的比定压热容：

$$c_p = c_p^0 - \frac{R}{M} \frac{\widetilde{C}_{p,m}^0 - \widetilde{C}_{p,m}}{R} \tag{1-65}$$

式中 c_p——纯烃真实气体比定压热容，kJ/(kg·℃)；
R——气体常数，$R = 8.314$ kJ/(kmol·K)；
M——摩尔质量，kg/kmol；
c_p^0——理想气体的比定压热容，kJ/(kg·℃)。

对于实际气体有：

$$c_p - c_V = \frac{T}{\rho^2} \frac{\left(\frac{\partial p}{\partial T}\right)_\rho^2}{\left(\frac{\partial p}{\partial \rho}\right)_T} \tag{1-66}$$

由 BWRS 方程可得：

$$\left(\frac{\partial p}{\partial T}\right)_\rho = \rho R + \left(B_0 R + \frac{2C_0}{T^3} - \frac{3D_0}{T^4} + \frac{4E_0}{T^5}\right)\rho^2 + \left(bR + \frac{d}{T^2}\right)\rho^3$$

$$-\frac{\alpha d}{T^2}\rho^6 - \frac{2c\rho^3}{T^3}(1+\gamma\rho^2)\exp(-\gamma\rho^2) \tag{1-67}$$

$$\left(\frac{\partial p}{\partial \rho}\right)_T = RT + 2\left(B_0 RT - A_0 - \frac{C_0}{T^2} + \frac{D_0}{T^3} - \frac{E_0}{T^4}\right)\rho + 3\left(bRT - a - \frac{d}{T}\right)\rho^2$$

$$+ 6\alpha\left(a + \frac{d}{T}\right)\rho^5 + \frac{3c\rho^2}{T^2}\left(1+\gamma\rho^2 - \frac{2}{3}\gamma^2\rho^4\right)\exp(-\gamma\rho^2) \tag{1-68}$$

实际气体比定容热容：

$$c_V = c_V^0 + \left(\frac{6C_0}{T^3} - \frac{12D_0}{T^4} + \frac{20E_0}{T^5}\right)\rho + \frac{d}{T^2}\rho^2 - \frac{2\alpha d}{5T^2}\rho^5$$

$$+ \frac{3c}{\gamma T^3}\left[(\gamma\rho^2 + 2)\exp(-\gamma\rho^2) - 2\right] \tag{1-69}$$

十、流体混合物的偏心因子

偏心因子是衡量分子椭圆扁平程度或非球形度的物质特性常数，定义为椭圆两焦点间的距离和长轴长度的比值，反映出物质分子形状与物质极性大小。偏心因子越大，分子的极性就越大。对于氩、氪、氙等分子结构为球形对称的惰性气体，两者无偏离，偏心因子值为零；分子结构越复杂或极性越大，两者的偏离越甚，偏心因子值越大。气体的压缩因子或逸度系数可表示为对比压力、对比温度和偏心因子的函数，由此得到的压缩因子或逸度系数可使气体的 PVT 关系计算或热力学函数计算获得更精确的结果。

流体混合物的偏心因子可按纯组分偏心因子的摩尔分数平均值进行计算：

$$\omega_m = \sum_{i=1}^n y_i \omega_i \tag{1-70}$$

式中 ω_m——流体混合物的偏心因子；
ω_i——组分 i 的偏心因子，可由表 1-1 查得；
y_i——组分 i 的摩尔分数。

十一、焦耳—汤姆逊系数

当气流通过节流装置时，由于压力的变化所引起的温度变化称为焦耳—汤姆逊效应。温度随不同压力下降而生成的曲线斜率值称为焦耳—汤姆逊系数（D_i）。

由热力学关系式可知，焦耳—汤姆逊系数 D_i 可按下式计算：

$$D_i = \frac{1}{C_{p,m}}\left[\frac{T}{\rho^2}\frac{\left(\frac{\partial p}{\partial T}\right)_\rho}{\left(\frac{\partial p}{\partial \rho}\right)_T} - \frac{1}{\rho}\right] \tag{1-71}$$

式中 D_i——焦耳—汤姆逊系数，K/kPa；
$C_{p,m}$——摩尔定压热容，kJ/(kmol·K)；
p——压力，kPa；
T——温度，K；
ρ——密度，kmol/m³。

十二、天然气的黏度

气体的黏度表示由于气体分子或质点之间存在吸引力和摩擦力而阻碍质点相互位移的特性。气体黏度包括运动黏度（v）和动力黏度（μ），两者间的关系为 $v = \mu/\rho$。

在理想状态下，天然气的动力黏度可按下述近似计算公式求得：

$$\mu = \frac{1}{\sum_{i=1}^{n} \frac{y_i}{\mu_i}} \tag{1-72}$$

式中　μ——天然气的动力黏度，Pa·s；
　　　y_i——天然气中组分 i 的摩尔分数；
　　　μ_i——天然气中组分 i 的动力黏度，Pa·s。

天然气的动力黏度随压力升高而升高，而其运动黏度却随压力升高而减小。在绝对压力小于 1MPa 的情况下，压力对黏度的影响较小。在工程计算中，往往只考虑温度对黏度的影响。

混合气体的黏度随温度的升高而增加。动力黏度与温度的关系为：

$$\mu_t = \mu_0 + \frac{273+c}{T+c} \times \left(\frac{T}{273}\right)^{2/3} \tag{1-73}$$

式中　μ_t，μ_0——气体在 t 和 0℃时的动力黏度，Pa·s；
　　　T——气体的温度，K；
　　　c——温度修正系数。

在绝对压力为 101.325kPa 时，几种烷烃黏度的温度修正系数见表 1-5。

表 1-5　温度修正系数 c

名　称	c	温度范围,℃	名　称	c	温度范围,℃
甲烷	164	20～250	正丁烷	377	20～120
乙烷	252	20～250	异丁烷	368	20～120
丙烷	278	20～250	正戊烷	383	122～300

在高压力下，天然气的黏度可根据各组分在一定温度和压力下的黏度按下式计算：

$$\mu = \frac{\sum y_i \mu_i M_i^{0.5}}{\sum y_i M_i^{0.5}} \tag{1-74}$$

式中　μ——高压下天然气的黏度，Pa·s；
　　　μ_i——相同压力下天然气中组分 i 的黏度，Pa·s；
　　　y_i——天然气中组分 i 的摩尔分数；
　　　M_i——天然气中组分 i 的摩尔质量，kg/kmol。

式（1-74）的平均误差为 1.5%，最大误差为 5%。

十三、天然气的导热系数

物质传递热量的性能叫导热性。导热性用导热系数 λ 定量表示。导热系数 λ 是在温差 1K 时，每秒通过面积为 1m²、厚度为 1m 物料层的热量。热量单位是焦耳，因此 λ 的单位为 J/(m·s·K) 或 W/(m·K)。

天然气在常压下的导热系数可按下式计算：

$$\lambda_0 = \frac{\sum y_i \lambda_{0i} \sqrt{M_i}}{\sum y_i \sqrt{M_i}} \tag{1-75}$$

式中　λ_0——常压下气体混合物的导热系数；

　　　λ_{0i}——常压下气体混合物中组分 i 的导热系数，可查图得到；

　　　y_i——组分 i 的摩尔分数；

　　　M_i——组分 i 的摩尔质量。

在较高压力下，可利用常压下导热系数对压力的校正值求得，即：

$$\lambda = \lambda_0 \times \frac{\lambda}{\lambda_0} \tag{1-76}$$

式中　λ——所求压力、温度下的导热系数；

　　　λ_0——常压下的导热系数；

　　　$\frac{\lambda}{\lambda_0}$——导热系数比，可根据 p_r 和 T_r 查图得到。

气体的导热系数随压力和温度的升高而增加。

十四、天然气的热值

热值是天然气的一项重要经济指标。每千克或每立方米天然气完全燃烧所发出的热量称为天然气的燃烧热值，简称热值，单位为 kJ/kg 或 kJ/m³。

天然气的热值有两种表示方法：高热值和低热值。天然气在燃烧时会生成水蒸气，而水蒸气冷凝会放出热量。因此，把水蒸气的汽化潜热计算在内的叫高热值，反之即为低热值。实际上，在使用天然气的过程中，汽化潜热很难利用，所以工程上通常都用低热值。

燃料的热值是燃料价值的重要指标，表 1-6 是几种常见燃料的热值。

表 1-6　几种常见燃料的热值

燃料	热值
天然气	46055kJ/kg
气田气	35588～41868 kJ/m³
油田气	35588～66989 kJ/m³
煤	29308 kJ/kg
干木材	12560 kJ/kg

由表 1-6 可以看出，天然气的热值最高。

理想气体的热值可通过下式计算：

$$H = \sum_{i=1}^{n} y_i H_i \tag{1-77}$$

式中　H_i——天然气中组分 i 的热值；

　　　y_i——天然气中组分 i 的摩尔分数。

理想气体的热值，除以气体混合物在 15.5℃ 和 101325Pa（绝）下的压缩系数 Z，即修正为真实气体的热值 H_r：

$$H_r = \frac{H}{Z} \tag{1-78}$$

十五、天然气的烃露点

在一定压力下,天然气经冷却到气相中析出第一滴微小的烃类液体时的温度,称为烃露点。天然气的烃露点与其组成和压力有关。在一定压力下,天然气的组成中尤以较高碳数组分的含量对烃露点的影响最大。

天然气在输送过程中,要求天然气的烃露点必须比沿管线各地段的最低温低5℃。天然气的烃露点可以根据天然气的组成、压力和温度进行计算。在气液平衡条件下,多种烃类混合物中,各组分在气相或液相中的摩尔分数之和都等于1,必须满足平衡条件:

$$\sum_{i=1}^{n} x_i = \sum_{i=1}^{n} \frac{y_i}{k_i} = 1.0 \tag{1-79}$$

式中 K_i——组分 i 的相平衡常数;

y_i——组分 i 在气相中的摩尔分数;

x_i——组分 i 在液相中的摩尔分数。

若已知天然气中各组分的气相摩尔分数 y_i,可以用试算的方法求出给定压力下的烃露点,计算步骤如下:

(1) 假定该压力下天然气的烃露点;

(2) 根据给定的压力和假定的温度,按 $K_i = \dfrac{p_i}{p}$ 计算相平衡常数 K_i 或查图求得 K_i;

(3) 计算出平衡状态下各组分的液相摩尔分数 $x_i = \dfrac{y_i}{K_i}$;

(4) 当 $\sum x_i \neq 1$ 时,重新假定烃露点,直至 $\sum x_i = 1$ 为止。

十六、沃泊指数

沃泊指数是燃气的热负荷指数,等于燃气的高发热量 H_S 与相对密度 Δ 开方的比值,代表燃气性质对热负荷的综合影响,单位为 kJ/m^3。

$$W_S = \frac{H_S}{\sqrt{\Delta}} \tag{1-80}$$

沃泊指数是重要的燃气参数之一,其意义在于,具有相同沃泊指数的不同的燃气成分,在相同的燃烧压力下,能释放出相同的热负荷。

十七、天然气的爆炸极限

天然气在空气中的含量达到一定比例时,就与空气构成爆炸性的混合气体,这种气体遇到火源,就会发生燃烧和爆炸。

在形成爆炸的混合气体中,天然气在混合气中的最低含量叫爆炸下限,低于爆炸下限就不会爆炸;最高含量叫爆炸上限,高于爆炸上限也不会爆炸。上下限之间叫爆炸范围或爆炸极限。在常温常压下,天然气的爆炸范围约为5%~15%。压力对爆炸范围是有影响的,爆炸威力与压力成正比。

常温常压下,天然气的爆炸极限可由下式计算:

$$L = \frac{1}{\sum_{i=1}^{n} \frac{\varphi_i}{L_i}} \qquad (1-81)$$

式中 L——爆炸的上限或下限；

L_i——组分 i 的爆炸上限或下限，用体积分数表示；

φ_i——组分 i 的体积分数。

当天然气中含有不可燃组分时，应当对爆炸极限进行校正：

$$L' = L \frac{1 + \frac{\varphi_0}{1 - \varphi_0}}{1 + L \frac{\varphi_0}{1 - \varphi_0}} \qquad (1-82)$$

式中 L——按式（1-81）计算的爆炸极限；

φ_0——不可燃组分的体积分数。

第二章 天然气水合物的形成与防止

第一节 天然气含水量

一、天然气含水量的表示方法

(一) 湿含量

天然气的湿含量取决于天然气的温度、压力和气体组成等条件。天然气湿含量可用湿度和露点来表示。

1. 绝对湿含量

标准状态下每立方米天然气所含水汽的质量称为天然气的绝对湿含量或绝对湿度。

$$e = \frac{G}{V} \qquad (2-1)$$

式中　e——天然气的绝对湿度，g/m^3；
　　　G——天然气中的水汽含量，g；
　　　V——天然气的体积，m^3。

2. 饱和湿含量

一定状态下天然气与液相水达到相平衡时，天然气中的含水量称为饱和湿含量，以 g/m^3 为单位。

3. 相对湿含量

相对湿含量是指天然气中所含水汽与其饱和水汽之比：

$$\varphi = \frac{e}{e_s} \qquad (2-2)$$

式中　φ——天然气相对湿含量；
　　　e——天然气的绝对湿含量；
　　　e_s——天然气的饱和湿含量。

4. 天然气的露点和露点降

天然气的露点是指在一定的压力条件下，天然气中开始出现第一滴水珠时的温度。天然气的露点降是在压力不变的情况下，天然气温度从一个露点降至另一个露点时产生的温降值。

通常，要求埋地输气管道所输送的天然气的露点比输气管道埋深处的土壤温度低 5℃ 左右。

(二) 天然气含水量的各种物理量之间的关系

1. 露点——饱和温度

由天然气的露点的定义可知，露点是指在一定的压力条件下，天然气中开始出现第一滴水珠时的温度。因此，天然气的露点实际是天然气处于饱和状态下的温度即饱和温度。

2. 饱和——相对湿度最大值

所谓饱和，是指在一定状态下天然气与液相水达到相平衡时天然气中的含水量，由此可以看出，饱和所对应的相对湿度为最大值，即相对湿度的值为1。

3. 露点降——干燥程度高低、相对湿度大小

天然气的露点降是在压力不变的情况下，天然气温度从一个露点降至另一个露点时产生的温降值。它反映了天然气在压力不变的条件下干燥湿天然气的程度高低，即相对湿度从1降至小于1的一个过程。

二、天然气含水量的估算

(一) 非酸性天然气的含水量

1. Mcketta-Wehe 算图

Mcketta-Wehe 算图主要用来确定非酸性天然气的含水量，同时可以结合其他算图进行酸性天然气的含水量的估算。

图 2-1 是不同温度和压力下天然气含水量图，也称天然气的露点图。图中虚线是水合物生成线。温度低于水合物生成温度时，是气体和水合物之间的平衡；温度高于水合物生成温度时，是气体和液态水之间的平衡。图 2-1 的曲线是按天然气相对密度为 0.60、与纯水接触条件下绘制的。对于相对密度为 Δ 的天然气和与盐水接触的天然气，查得的含水量须用相对密度校正系数 C_{RD} 和水中含盐量校正系数 C_s 进行校正。

$$C_{RD} = \frac{\text{相对密度为} \Delta \text{的天然气湿含量}}{\text{相对密度为 0.6 时天然气湿含量}}$$

$$C_s = \frac{\text{水中含盐时天然气的湿含量}}{\text{水中不含盐时天然气的湿含量}}$$

经校正后的天然气的饱和含水量可由下式求得：

$$W = W_0 \cdot C_s \cdot C_{RD} \tag{2-3}$$

式中 W——相对密度为 Δ 的天然气饱和湿含量；

W_0——相对密度为 0.6 的天然气饱和湿含量；

C_{RD}——相对密度校正系数；

C_s——水的含盐量校正系数。

2. 公式法

1) 饱和蒸气压法

该法基于水蒸气的饱和蒸气压，并对盐类组成和酸气含量根据拉乌尔定律进行了修正：

$$W = 804 \times \frac{p_{sw}(1 - s - y_{H_2S} - y_{CO_2})}{p - p_{sw}(1 - s - y_{H_2S} - y_{CO_2})} \tag{2-4}$$

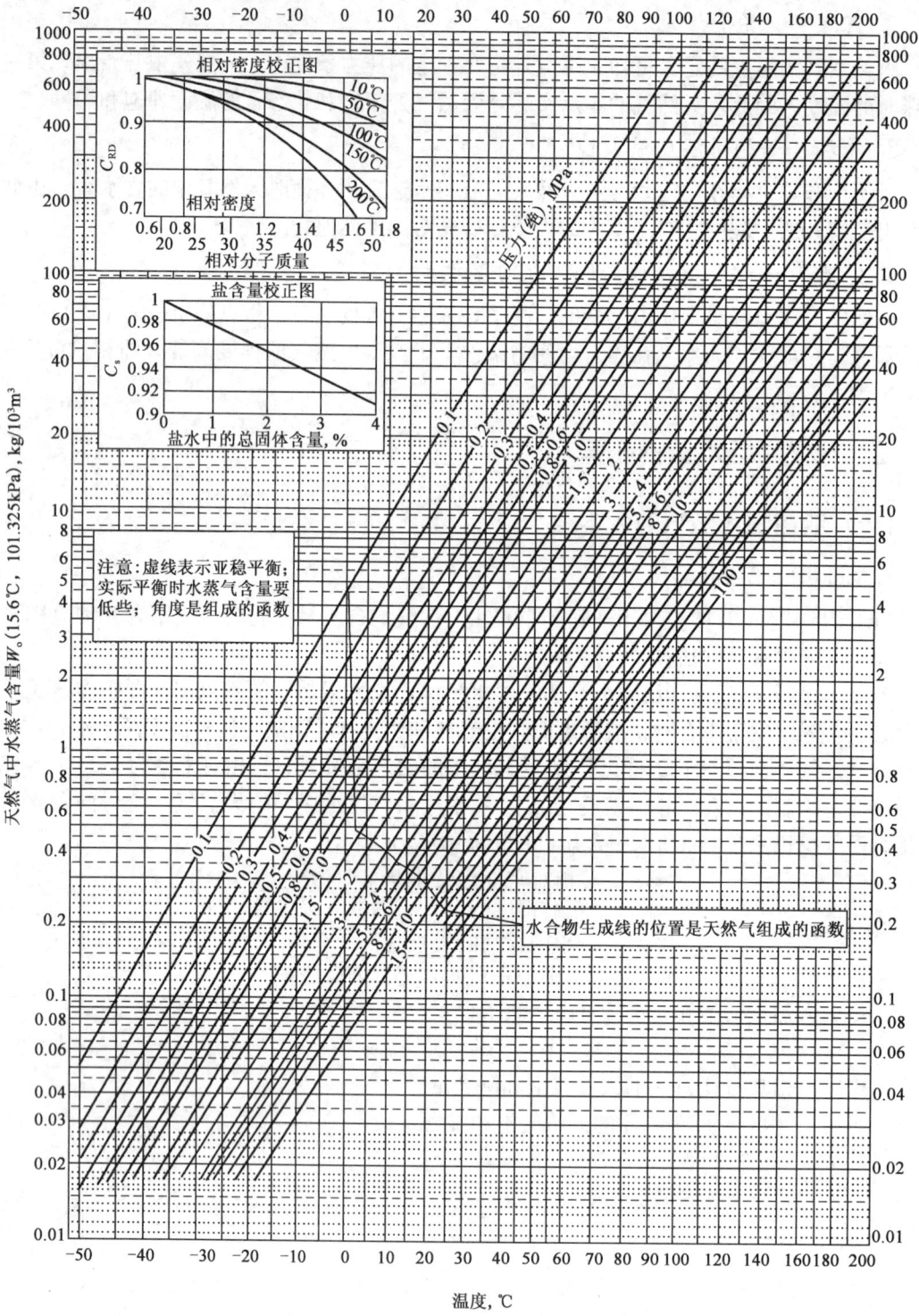

图 2-1 天然气含水量图

$$p_{sw} = p_c \exp\left[f\left(\frac{T_{sw}}{T_c}\right) \times \left(1 - \frac{T_c}{T_{sw}}\right)\right] \qquad (2-5)$$

当 $T_c < T_{sw}$ 时：

$$f\left(\frac{T_{sw}}{T_c}\right) = 7.21275 + 3.981\left(0.745 - \frac{T_{sw}}{T_c}\right)^2 + 1.05\left(0.745 - \frac{T_{sw}}{T_c}\right)^3 \qquad (2-6)$$

当 $T_c > T_{sw}$ 时：

$$f\left(\frac{T_{sw}}{T_c}\right) = 7.21275 + 4.33\left(\frac{T_{sw}}{T_c} - 0.745\right)^2 + 185\left(\frac{T_{sw}}{T_c} - 0.745\right)^5 \qquad (2-7)$$

式中　W——天然气含水量，g/m^3；
　　　p_{sw}——水的饱和蒸气压，MPa；
　　　s——天然气水分中的盐类含量；
　　　y_{H_2S}——天然气中的 H_2S 的摩尔分数；
　　　y_{CO_2}——天然气中 CO_2 的摩尔分数；
　　　p——天然气系统压力，MPa；
　　　p_c——天然气的临界压力，$p_c = 22.12$MPa；
　　　T_c——水蒸气的临界温度，$T_c = 647.3$K；
　　　T_{sw}——饱和水蒸气的温度，K。

2）Bukacek 法

Bukacek 法是压力在 1.4～21MPa 范围内天然气含水量的计算公式：

$$\ln W = A_0 + A_1\left(\frac{1}{T}\right)^2 + A_2\left(\frac{1}{T}\right)^3 + A_3(\ln p) + A_4(\ln p)^2$$
$$+ A_5(\ln p)^3 + A_6\left(\frac{\ln p}{T}\right)^2 + A_7\left(\frac{\ln p}{T}\right)^3 \qquad (2-8)$$

式中　W——天然气含水量，g/m^3；
　　　p——天然气系统压力，MPa；
　　　T——天然气的水露点，K；
　　　$A_0, A_1, A_2, A_3, A_4, A_5, A_6, A_7$——系数，见表 2-1。

表 2-1　Bukacek 法使用的系数

A_0	A_1	A_2	A_3	A_4	A_5	A_6	A_7
−17.48151	−4528899.1	7.538552×10^6	14.96074	−2.187018	0.0990396	0.390777	−0.101408

3）Kaziam 法

该法的使用范围是压力为 2～8MPa，温度小于 82℃。计算公式为：

$$W = 1.6017 A \times B^{1.8t+32} \qquad (2-9)$$

$$A = \sum_{i=1}^{4} a_i \left(\frac{0.145p - 350}{600}\right)^{i-1} \qquad (2-10)$$

$$B = \sum_{i=1}^{4} b_i \left(\frac{0.145p - 350}{600}\right)^{i-1} \qquad (2-11)$$

式中　W——天然气含水量，g/m^3；

t——天然气系统温度，℃；
p——天然气系统压力，kPa；
a_i，b_i——系数，随温度变化，列于表2-2中。

表2-2 a_i、b_i 系数随温度变化

系 数	温 度 范 围	
	$t<37.78℃$	$37.78℃ \leqslant t \leqslant 82.22℃$
a_1	4.34322	10.38175
a_2	1.35912	−3.41588
a_3	−5.82391	−7.93877
a_4	3.95407	5.8495
b_1	1.03776	1.02674
b_2	−0.02865	−0.01235
b_3	0.04198	0.02313
b_4	−0.01945	−0.01155

（二）酸性天然气的含水量

由于 Mcketta-Wehe 算图只适宜非酸性天然气或酸性气体体积分数小于5％的天然气含水量的确定，而对酸性天然气则需要进行必要的校正，这种用于校正的算图称为辅助算图。

1. 坎贝尔辅助算图

坎贝尔辅助算图如图2-2所示，坎贝尔公式如下：

$$W = y_C W_C + y_{H_2S} W_{H_2S} + y_{CO_2} W_{CO_2} \tag{2-12}$$

式中 W——天然气含水量，mg/m^3；

W_C——天然气中烃类部分含水量，mg/m^3，由图2-1查知；

W_{H_2S}——给定条件下纯 H_2S 的含水量，mg/m^3，由图2-2（a）查知；

W_{CO_2}——给定条件下纯 CO_2 的含水量，mg/m^3，由图2-2（b）查知；

y_C——天然气中烃类的摩尔分数；

y_{H_2S}——天然气中 H_2S 的摩尔分数；

y_{CO_2}——天然气中 CO_2 的摩尔分数。

2. Wichert 辅助算图

Wichert 辅助算图是配合 Mcketta-Wehe 算图使用的另一类算图，如图2-3所示。使用该算图时，首先要将酸性天然气中 CO_2 的量折算成 H_2S 的量，折算方法为：1mol CO_2 将向混合物中带入的水量相当于 0.75mol H_2S 将带入的水量，即浓度为 H_2S 的实际浓度加上 0.75 倍 CO_2 的实际浓度。以 H_2S 的浓度和温度条件作为参数查取得一点，过该点作垂线交等压线（压力条件）于一点，再过此点作水平线便可查得一个因子（R）的值，该因子为酸性天然气的含水量与非酸性天然气含水量之比，即：

$$R = \frac{\text{酸性天然气含水量}(W)}{\text{非酸性天然气含水量}(W_C)} \tag{2-13}$$

从而可以估算酸性天然气的含水量。

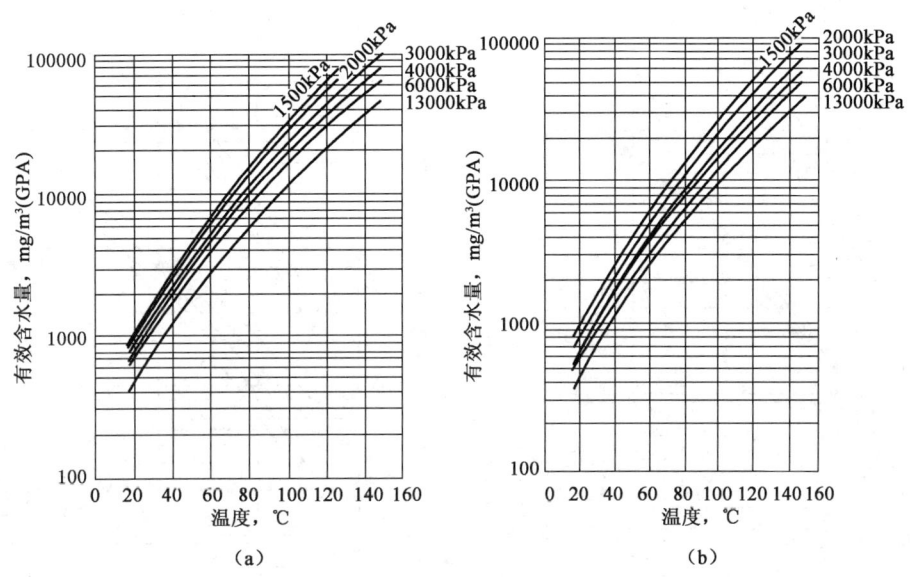

图 2-2 坎贝尔辅助算图
(a) 饱和天然气中 H_2S 的有效含水量；(b) 饱和天然气中 CO_2 的有效含水量

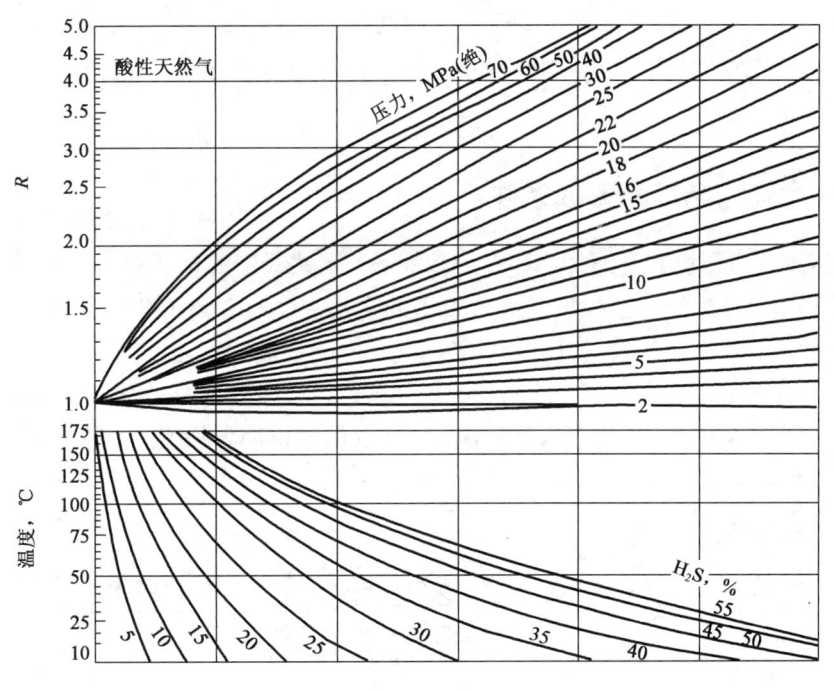

图 2-3 Wichert 辅助算图

3. 直接查算法

直接以温度、压力作为参数，再配合烃类和酸气含量（以 H_2S 计，CO_2 的浓度可折算成 H_2S 的浓度）查取酸性天然气含水量的方法，称为直接查算法，如图 2-4、图 2-5 所示。

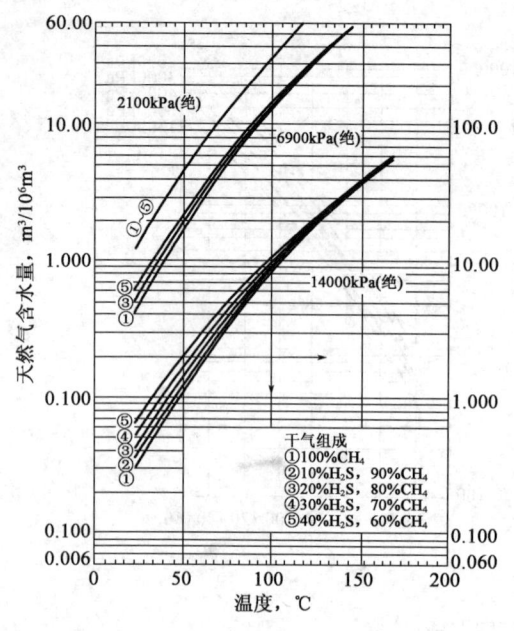
图2-4 酸性天然气含水量算图之一

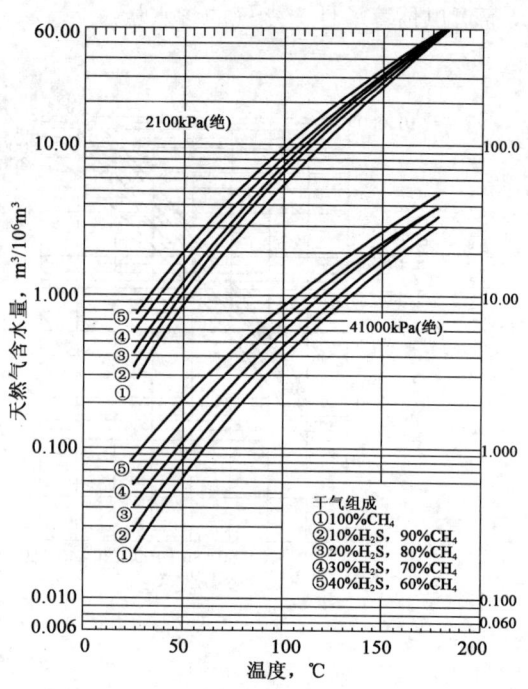
图2-5 酸性天然气含水量算图之二

第二节 天然气水合物的形成条件预测

一、水合物的结构和形成条件

在0℃以上一定温度和有液相水存在的条件下,天然气中的某些组分能和液态水形成一种白色结晶固体,外观类似于松散的冰或致密的雪,密度为 $0.88\sim0.9g/cm^3$,人们称其为水合物。水合物的形成会使输气管道和设备堵塞,影响集输的正常进行。

天然气水合物是一种由许多空腔构成的结晶结构。大多数空腔里有天然气分子,所以比较稳定。这种空腔又称为"笼"。几个笼联成一体的形成物称为晶胞,结构如图2-6所示。

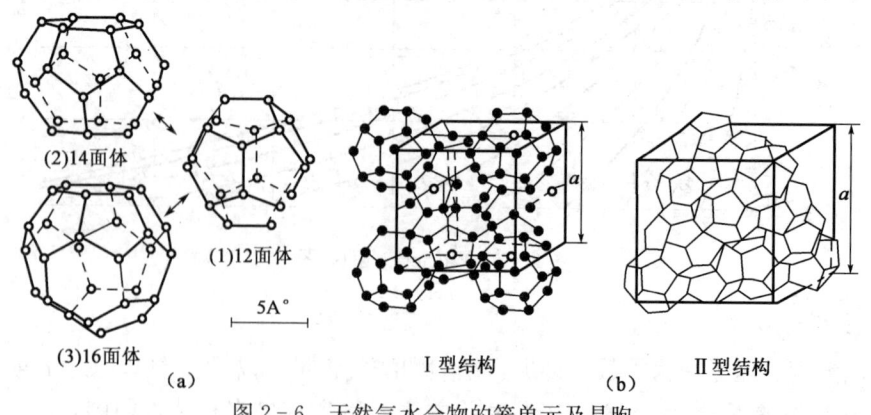

图2-6 天然气水合物的笼单元及晶胞
(a) 笼形空腔;(b) 晶胞

在立方晶胞中，水分子的位置是确定的，但排列方式与方向不同。近年来的研究表明，天然气水合物的结构有 I、II 两种：相对分子质量较小的气体，如 CH_4、C_2H_6、H_2S 等的水合物形成体心立方晶系 I 型结构，该结构每个笼有 14 个侧面，其中两个侧面为六角形面，其余为五角形面，每个被水合的气体分子周围有 6~8 个水分子，可写成 $CH_4 \cdot 6H_2O$、$C_2H_6 \cdot 8H_2O$、$H_2S \cdot 6H_2O$、$CO_2 \cdot 6H_2O$；相对分子质量较大的气体，如 C_3H_8、iC_4H_{10} 的水合物形成类似于金刚石的 II 型结构，该结构每个笼有 16 个侧面，其中四个侧面为六角形面，十二个为五角形面，每个被水合的气体分子周围有 17 个水分子，可写成 $C_3H_8 \cdot 17H_2O$、$iC_4H_{10} \cdot 17H_2O$。戊烷和己烷以上烃类一般不形成水合物。

I 型结构水合物的立方晶胞包含 46 个水分子，II 型结构水合物的立方晶胞中包含有 136 个水分子。天然气的水合物不是一种化合物，而是一种络合物或称包合物。

水合物形成的条件有三：

(1) 天然气的含水量处于饱和状态。当天然气中的含水量处于饱和状态时，常有液相水的存在，或易于产生液相水。液相水的存在是产生水合物的必要条件。

(2) 压力和温度。当天然气处于足够高的压力和足够低的温度时，水合物才可能形成。天然气中不同组分形成水合物的临界温度是该组分水合物存在的最高温度。在此温度以上，不管压力多大，都不会形成水合物。不同组分形成水合物的临界温度如表 2-3 所示。

表 2-3 天然气生成水合物的临界温度

组分名称	CH_4	C_2H_6	C_3H_8	iC_4H_{10}	nC_4H_{10}	CO_2	H_2S
临界温度,℃	21.5	14.5	5.5	2.5	1.0	10.0	29.0

(3) 流动条件突变。

在具备上述条件时，水合物的形成还要求有一些辅助条件，如天然气压力的波动、气体因流向的突变而产生的搅动、晶种的存在等。

二、形成水合物的温度或压力预测

(一) 相平衡常数法

针对多组分气体混合物，其水合物生成条件由下式确定：

$$\sum_{i=1}^{N_c} \frac{y_i}{K_i} = \sum_{i=1}^{N_c} x_i = 1 \tag{2-14}$$

式中 N_c——总组分数；

y_i——i 组分的气相摩尔分数；

x_i——i 组分的液相摩尔分数；

K_i——i 组分的相平衡常数。

甲烷、乙烷、丙烷、异丁烷、二氧化碳和硫化氢的气液相平衡常数见图 2-7。

当较低浓度的正丁烷（摩尔分数小于 5%）与较轻的烃类同时存在时，正丁烷相平衡常数可选用乙烷相平衡常数代替。对于比丁烷重的烃类，由于它们的分子太大，不能形成水合物，所以将它们的相平衡常数取为无限大。

式 (2-14) 具体的求解过程为：

(1) 假定水合物的形成温度；

(2) 计算每个组分的 K_i 值；

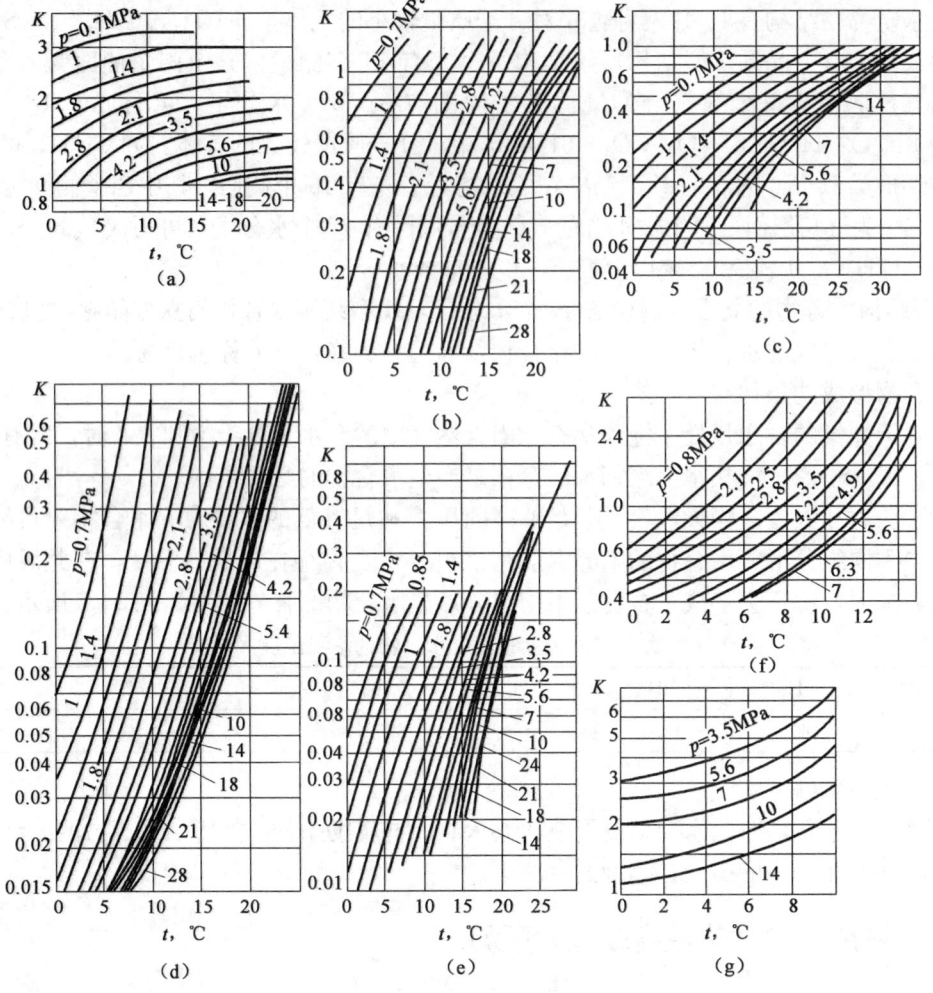

图 2-7 气液相平衡常数
(a) 甲烷；(b) 乙烷；(c) 丙烷；(d) 异丁烷；(e) H_2S；(f) CO_2；(g) N_2

(3) 计算 y_i/K_i 值；

(4) 求 $\sum_{i=1}^{n} \dfrac{y_i}{K_i}$ 值；

(5) 如果出现 $\sum_{i=1}^{n} \dfrac{y_i}{K_i} \neq 1$，重复步骤 (1) ~ (4)，直到 $\sum_{i=1}^{n} \dfrac{y_i}{K_i} = 1$。

如果 $\sum_{i=1}^{N_c} \dfrac{y_i}{K_i} > 1$，形成水合物，并能保持固相存在；如果 $\sum_{i=1}^{N_c} \dfrac{y_i}{K_i} < 1$，则不能形成水合物。

如果压力已知欲求水合物生成温度，可先假设一个温度（相当于给温度赋初值），查出天然气中各组分的气液相平衡常数 K_i，按式 (2-14) 计算。如果 $\sum_{i=1}^{N_c} \dfrac{y_i}{K_i} = \sum_{i=1}^{N_c} x_i = 1$，则假设的温度即为所求；否则，须重新假设一个温度，并重复上述计算，直到满足 $\sum_{i=1}^{N_c} \dfrac{y_i}{K_i} =$

$\sum_{i=1}^{N_c} x_i = 1$ 为止。

如果温度已知,欲求生成水合物的压力,可先假设一个压力,按照上述思路试算,直到满足 $\sum_{i=1}^{N_c} \frac{y_i}{K_i} = \sum_{i=1}^{N_c} x_i = 1$ 为止。

由于考虑到了组分的影响,相平衡常数法的预测效果较查图法稍有改进,但目前只有天然气中常见的几个组分具有这种完整的图表,用该法计算过程中需要反复试差,多次读图,既费时又容易产生人为误差。其次,这种方法仅适于图表所标注的温度和压力范围,不能外推,而且这种方法最适合含有典型烷烃组成的无硫天然气,对非烃含量多的气体及在压力高于 6.9MPa 的情况下,其准确性较差。

(二) 相对密度法

图 2-8 中给出了甲烷相对密度分别为 0.6、0.7、0.8、0.9、1.0 五种天然气预测生成水合物的压力和温度曲线。曲线上每一个点相应的温度即该点压力条件下的水合物生成温度。每条线的左边是水合物生成区,右边是非生成区。

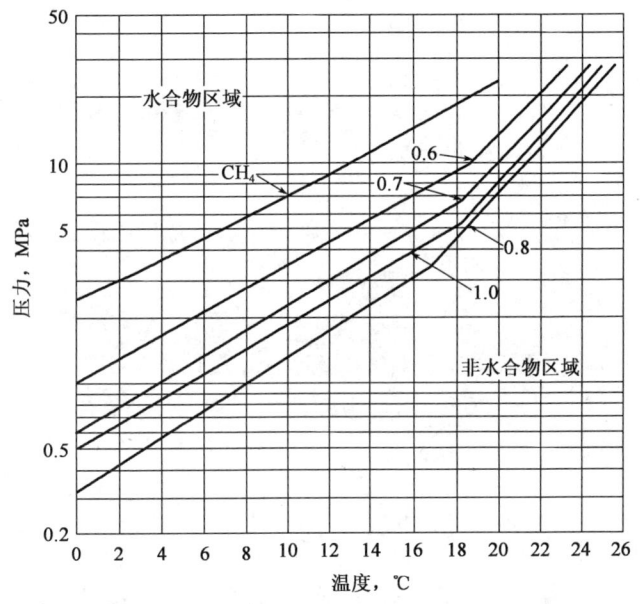

图 2-8 预测水合物形成的压力—温度曲线

若已知天然气相对密度,某一压力下的水合物生成温度可从相应的图中查得。若已知天然气相对密度位于图中相对密度值之间,可用线性内插法确定水合物生成条件。

若已知天然气相对密度和操作温度,用线性内插法求生成水合物的压力时,内插公式为:

$$p = p_1 - (p_1 - p_2)\frac{\Delta_1 - \Delta}{\Delta_1 - \Delta_2} \quad (2-15)$$

若已知天然气相对密度和操作压力,用线性内插法求生成水合物的温度时,内插公式为:

$$T = T_1 - (T_1 - T_2)\frac{\Delta_1 - \Delta}{\Delta_1 - \Delta_2} \quad (2-16)$$

式中 Δ——天然气相对密度，$\Delta_1 < \Delta < \Delta_2$；

p_1，p_2——相对密度为 Δ_1 和 Δ_2 的天然气在操作温度下生成水合物的压力；

T_1，T_2——相对密度为 Δ_1 和 Δ_2 的天然气在操作压力下生成水合物的温度。

图解法具有计算简单、方便等优点，但是由于读图容易引起较大的误差，计算不精确，只能进行初步的估算。由于相对密度只是天然气很粗略的反映，相对密度相同或相近的天然气，其组分和组成仍可能有相当大的差异，而水合物的生成条件一般对组分和组成是很敏感的。

可以把图 2-8 中的曲线回归成如下公式：

$$p = 10^{-3} \times 10^{p^*} \tag{2-17}$$

式中，p^* 与气体相对密度有关，由以下回归公式确定。

当 $\Delta = 0.6$ 时：

$$p^* = 3.009796 + 5.284026 \times 10^{-2} t - 2.252739 \times 10^{-4} t^2 \\ + 1.511213 \times 10^{-5} t^3 \tag{2-18}$$

当 $\Delta = 0.7$ 时：

$$p^* = 2.814824 + 5.019608 \times 10^{-2} t - 3.722427 \times 10^{-4} t^2 \\ + 3.781786 \times 10^{-6} t^3 \tag{2-19}$$

当 $\Delta = 0.8$ 时：

$$p^* = 2.704426 + 0.0582964 t - 6.639789 \times 10^{-4} t^2 \\ + 4.008056 \times 10^{-5} t^3 \tag{2-20}$$

当 $\Delta = 0.9$ 时：

$$p^* = 2.613081 + 5.715702 \times 10^{-2} t - 1.871161 \times 10^{-4} t^2 \\ + 1.93562 \times 10^{-5} t^3 \tag{2-21}$$

当 $\Delta = 1.0$ 时：

$$p^* = 2.527849 + 0.0625 t - 5.781353 \times 10^{-4} t^2 \\ + 3.069745 \times 10^{-5} t^3 \tag{2-22}$$

式中 p——压力，MPa；

t——温度，℃。

（三）Baillie-Wichert 法

如图 2-9 所示，该法在相对密度法的基础上考虑了 H_2S 和 C_3 含量的影响，气体相对密度范围为 0.6~1.0，H_2S 含量可达 50%，C_3 含量可达 10%。Baillie-Wichert 法可用于酸性天然气，也可用于不含酸气的天然气，这点优于相对密度法和相平衡常数法。使用步骤如下：

（1）由图 2-9 右下方大图中左侧压力值向右引水平线与 H_2S 含量曲线相交，设交点为 A，由 A 点向下引垂线与相对密度线相交，设交点为 B，再依图中斜线走向引过 B 点的斜线，该斜线与横坐标交点的读数为该酸性天然气水合物形成温度的初值。

（2）由图 2-9 左上方小图中左侧 H_2S 含量值向右引水平线与 C_3 含量曲线相交，设交点为 A'，由 A'点向下引垂线与压力线相交，设交点为 B'，再过 B'向右（或向左）引水平线与纵坐标相交，与交点 B'距离最近一侧的纵坐标读数即为 C_3 含量的校正值。当 C_3 含量小于 1%时（左侧），校正值为负值；当 C_3 含量大于等于 1%时（右侧），校正值为正值。

以上两步读数之和即为该酸性天然气在给定压力下的水合物形成温度。用相似的步骤可以估算形成水合物的压力条件。

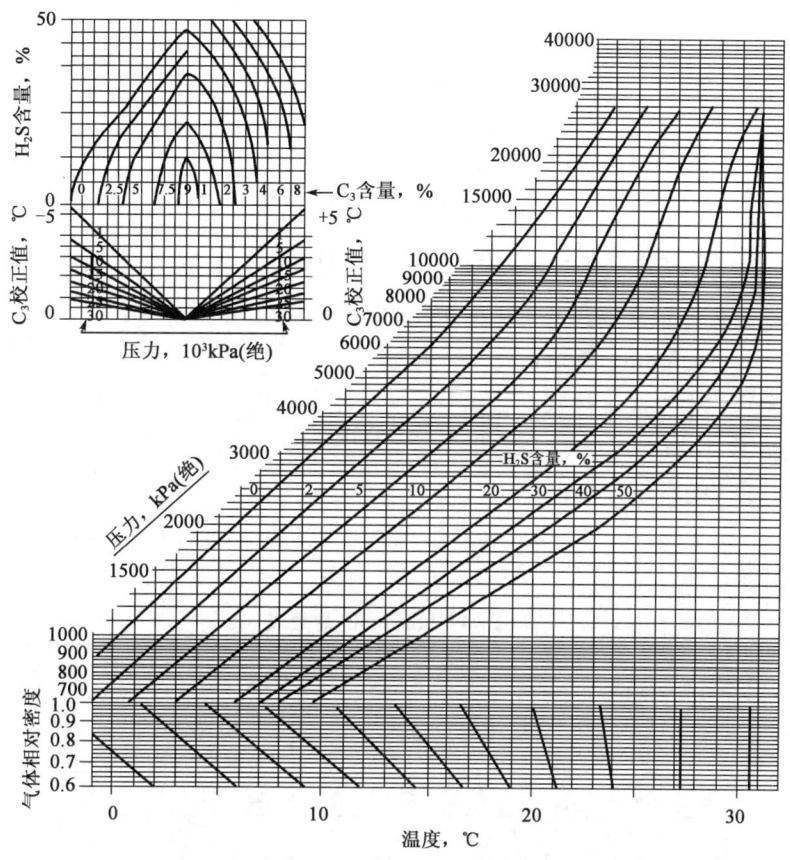

图 2-9　Baillie-Wichert 估算水合物形成条件图

（四）统计热力学计算法

根据统计热力学理论，天然气水合物生成条件的热力学表达式可以写为：

$$\ln Z = \gamma \qquad (2-23)$$

式中　Z——水相（或冰相）和 β 相（空的孔穴处于亚稳态，称 β 相）中水的饱和蒸气压之比；

γ——水在 β 相和 H 相（气体水合物处于稳定状态，称 H 相）中的化学位差。

Z 为温度的函数，对不含 H_2S 的天然气，当 $p < 6.865 \text{MPa}$ 时，

$$\ln Z = 3.5151705 - 0.01436065 T \qquad (2-24)$$

当 $p > 6.865 \text{MPa}$ 时，

$$\ln Z = 8.975110 - 0.03303965 T \qquad (2-25)$$

γ 以下式表示：

$$\gamma = 0.2709 \times \lg(1 - \sum \theta_{1i}) + 0.1354 \times \lg(1 - \sum \theta_{2i}) \qquad (2-26)$$

$$\theta_{1i} = \frac{C_{1i} \times 9.869 p_i}{1 + \sum C_{1i} \times 9.869 p_i} \qquad (2-27)$$

$$\theta_{2i} = \frac{C_{2i} \times 9.869 p_i}{1 + \sum C_{2i} \times 9.869 p_i} \qquad (2-28)$$

$$p_i = y_i \times p \qquad (2-29)$$

$$C_{1i} = \exp(A_{1i} - B_{1i}T) \qquad (2-30)$$

$$C_{2i} = \exp(A_{2i} - B_{2i}T) \qquad (2-31)$$

式中　θ_{1i}，θ_{2i}——气体水合物组分 i 在小孔穴或大孔穴中的充满程度；

C_{1i}，C_{2i}——Langmuir 系数；

p_i——天然气中生成气体水合物组分 i 的分压，MPa；

p——总压，MPa；

y_i——组分 i 的摩尔分数；

A_{1i}，A_{2i}，B_{1i}，B_{2i}——小孔穴或大孔穴中组分 i 的 Langmuir 常数，可查表 2-4；

T——温度，K。

表 2-4　Langmuir 常数表

组　　分	小　孔　穴		大　孔　穴	
	A_{1i}	B_{1i}	A_{2i}	B_{2i}
CH_4	6.0499	0.0284	6.2957	0.02845
C_2H_6	9.4892	0.04058	11.9410	0.04180
C_3H_8	-43.6700	0	18.2760	0.046613
C_4H_{10}	-43.6700	0	13.6942	0.02773
N_2	3.2485	0.02622	7.5990	0.024475
CO_2	23.0350	0.09037	25.2710	0.09781
H_2S	4.9258	0.00934	2.4030	0.00633

对一定组成的天然气，欲求某一压力下生成水合物的温度，可利用以上公式，采用牛顿迭代法求解。下面给出牛顿迭代法所需公式。

牛顿迭代格式：

$$T^{(n+1)} = T^{(n)} - \frac{F(T)}{F'(T)} \qquad (2-32)$$

当 $p < 6.865$MPa 时：

$$F(T) = 3.5151705 - 0.01436065T + 0.117660901$$

$$\times \ln(1 + \sum C_{2i} y_i \times 9.869 p)$$

$$\times \ln(1 + \sum C_{1i} y_i \times 9.869 p) + 0.05883045 \qquad (2-33)$$

当 p 为定值时，对式（2-33）仅对 T 求导得：

$$F'(T) = -0.01436065 - 0.117660901 \times \frac{9.869p}{1 + \sum C_{1i}y_i \times 9.869p}$$

$$\times \sum B_{1i}C_{1i}y_i - 0.05883045 \times \frac{9.869p}{1 + \sum C_{2i}y_i \times 9.869p}$$

$$\times \sum B_{2i}C_{2i}y_i \tag{2-34}$$

当 $p > 6.865 \text{MPa}$ 时:

$$F(T) = 8.975110 - 0.03303965T + 0.117660901$$

$$\times \ln(1 + \sum C_{1i}y_i \times 9.869p) + 0.05883045$$

$$\times \ln(1 + \sum C_{2i}y_i \times 9.869p) \tag{2-35}$$

$$F'(T) = -0.03303965 - 0.117660901 \times \frac{9.869p}{1 + \sum C_{1i}y_i \times 9.869p}$$

$$\times \sum B_{1i}C_{1i}y_i - 0.05883045 \times \frac{9.869p}{1 + \sum C_{2i}y_i \times 9.869p}$$

$$\times \sum B_{2i}C_{2i}y_i \tag{2-36}$$

初值可用下式估算:

$$T = 6.38\ln 9.869p + 262 \tag{2-37}$$

如天然气中含有 H_2S,式 (2-23) 的表达式用下式替代:

$$\ln Z = -5.40694 + 0.02133T \tag{2-38}$$

将 $F(T)$ 和 $F'(T)$ 写成通式为:

$$F(T) = A - BT + C\ln(1 + \sum C_{1i}y_i \times 9.869p)$$

$$+ D\ln(1 + \sum C_{2i}y_i \times 9.869p) \tag{2-39}$$

$$F'(T) = -B - C \times \frac{9.869p}{1 + \sum C_{1i}y_i \times 9.869p} \times \sum B_{1i}C_{1i}y_i$$

$$- D \times \frac{9.869p}{1 + \sum C_{2i}y_i \times 9.869p} \times \sum B_{2i}C_{2i}y_i \tag{2-40}$$

其中, A、B、C 和 D 的值见表 2-5。

表 2-5 A、B、C 和 D 值

	A	B	C	D	条件
天然气	3.5151705	0.01436065	0.117660901	0.05883045	$p < 6.865 \text{MPa}$
	8.975110	0.03303965	0.117660901	0.05883045	$p > 6.865 \text{MPa}$
含 H_2S 天然气	-5.40694	0.02133	0.117660901	0.05883045	

统计热力学计算程序框图见图 2-10。

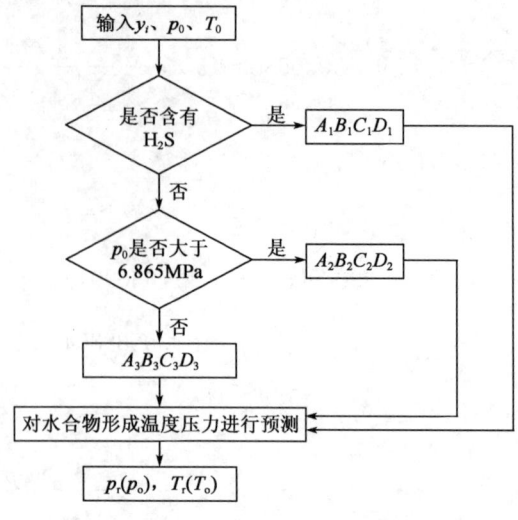

图 2-10 统计热力学计算程序框图

(五) 管线水合物形成温度经验计算公式

$$T = 20.61p^{0.285} - 17.78 \tag{2-41}$$

式中 T——管线沿线任意一点水合物形成温度，℃；

p——沿线该点的压力，MPa。

将式 (2-41) 计算出的沿线温度曲线与第五章公式 (5-45) 得出的气体沿线温度变化曲线对比，可大致判断天然气在管线是否形成水合物。

第三节 天然气水合物的防止

一、限制天然气在集输中的温度降

(一) 限制节流时的节流程度

天然气流经节流阀节流降压后，会因气体膨胀而导致温度降低。当节流压差值较大时，就有可能在节流处生成水合物，阻塞阀门或管道。

已知天然气的密度以及节流降压前的初始温度和初始压力，利用图 2-11 至图 2-13 可以求得在不形成水合物的条件下允许节流后的最终压力。

(二) 提高天然气流动温度，防止水合物生成

提高节流阀前天然气的温度，或者敷设平行于集气管线的热水伴随管线，使气体流动温度保持在水合物的生成温度以上，也可防止天然气水合物的生成。矿场加热天然气常用的设备有饱和蒸气逆流式套管换热器和水套加热炉等。

天然气经过节流降压，温度降低的现象，称为焦耳—汤姆逊效应。焦耳—汤姆逊效应系数是每降低一个单位压力时对应的温度降，用℃/100kPa 表示。图 2-14 是天然气处理设备

供应商协会 GPSA 推荐的用以确定节流降压所引起的温度变化的曲线图。

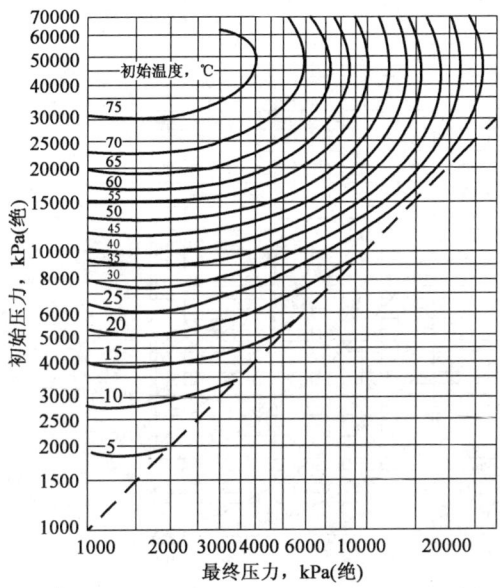

图 2-11 相对密度为 0.6 的天然气在不形成水合物的条件下允许达到的膨胀程度

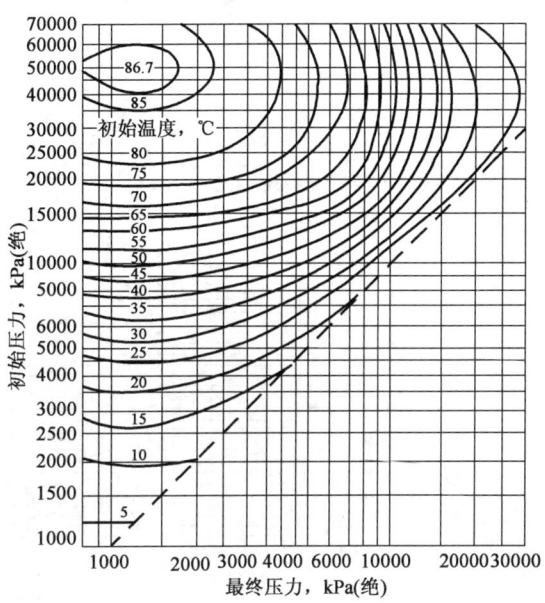

图 2-12 相对密度为 0.7 的天然气在不形成水合物的条件下允许达到的膨胀程度

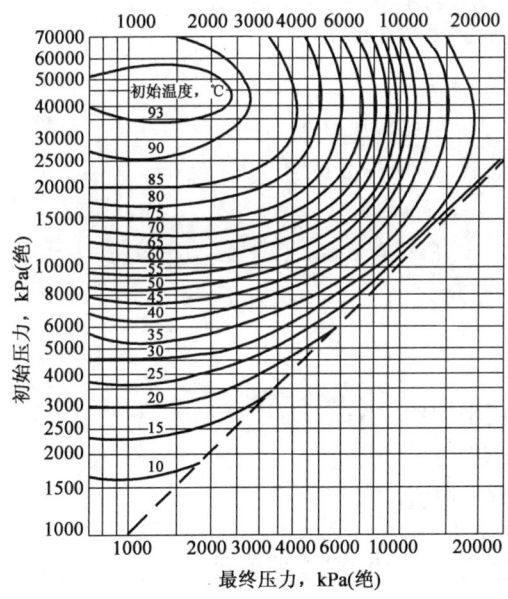

图 2-13 相对密度为 0.8 的天然气在不形成水合物的条件下允许达到的膨胀程度

该曲线图是根据液态烃含量在 $11.3 m^3/10^6 m^3$（液态烃/天然气）条件下得出来的。液态烃量越高，则温度降越小。以 $11.3 m^3/10^6 m^3$（液态烃/天然气）为标准，每增减 $5.6 m^3/10^6 m^3$（液态烃/天然气），就应有相应的 ±2.8℃ 的温度修正值。

对于天然气由于压降所引起的温度变化，也可以用经验公式计算：

$$D_i = \frac{T_c f(p_r, T_r) \times 10^6 \times 4.1868}{p_c \times C_{p,m}} \qquad (2-42)$$

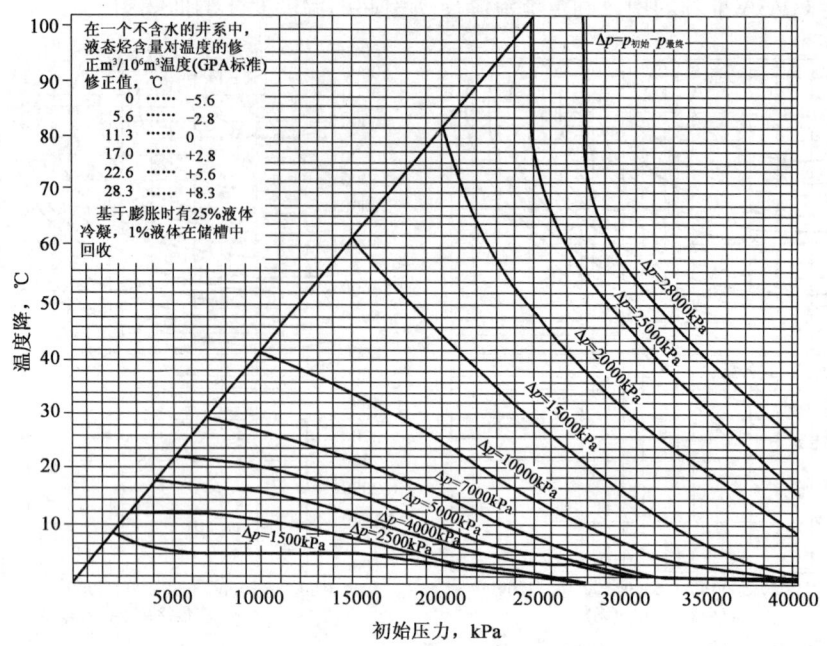

图 2-14 压力降所引起的温度降

式中 D_i——焦耳—汤姆逊效应系数，℃/MPa；

T_c——气体临界温度，K；

p_c——气体临界压力，Pa；

p_r，T_r——对比压力、对比温度；

$C_{p,m}$——摩尔定压热容，kJ/(kmol·K)。

$f(p_r, T_r)$ 用式（2-43）计算：

$$f(p_r, T_r) = 2.343 T_r^{-2.04} - 0.071(p_r - 0.8) \tag{2-43}$$

$C_{p,m}$ 用式（2-44）计算：

$$C_{p,m} = 13.19 + 0.09224T - 0.6238 \times 10^{-4} T^2 + \frac{0.9965 M(p \times 10^{-5})^{1.124}}{(T/100)^{5.08}} \tag{2-44}$$

式中 T——节流前后温度平均值，K；

M——气体平均相对分子质量；

p——节流前后压力平均值，Pa。

二、注入抑制剂防止天然气水合物形成

（一）常用抑制剂的使用条件

对热力学抑制剂的基本要求是：

(1) 尽可能大地降低水合物形成温度；

(2) 不和天然气组分反应，且无固体沉淀；

(3) 不增加天然气及其燃烧产物的毒性；

(4) 完全溶于水，并易再生；

(5) 来源充足，价格便宜；

(6) 凝固点低。

实际上，完全满足上述条件的抑制剂是不存在的，目前常用的抑制剂只是在某些方面满足上述要求。

甲醇可用于任何操作温度下的天然气管道和设备，但由于其沸点低，操作温度较高时气相损失过大，故多用于低温场合。当操作温度低于$-10℃$时，一般不采用二甘醇，这是因其黏度太大，且与液烃分离困难；当操作温度高于$-7℃$时，可优先考虑二甘醇，它与乙二醇相比，气相损失较少。如按水溶液中相同质量分数抑制剂引起水合物形成温度降来比较，甲醇抑制效果最好，其次为乙二醇。

（二）甲醇

通常甲醇适用的情况是：
(1) 气量小，不宜采用脱水方法；
(2) 采用其他水合物抑制剂时用量多、投资大；
(3) 在建设正式厂、站之前，采用临时设施；
(4) 水合物形成不严重，不常出现或季节性出现；
(5) 只是在开工时将甲醇注入脱水系统中，以抑制水合物形成；
(6) 管道较长（例如超过 1.5km）。

甲醇沸点较低，宜用于较低温度的场合，温度高时损失大，通常用于气量较小的井场节流设备或管线。

一般情况下，注入到天然气中的甲醇蒸发到气相中的那部分不再回收，而在水溶液中的那部分甲醇可经蒸馏后循环使用。然而，如果注入甲醇的天然气还要在集中处理站内采用三甘醇脱水，则损失到气相中的那部分甲醇可经济、方便地从三甘醇再生塔的顶部加以回收。

甲醇可溶于液态烃中，其最大质量分数约3%。甲醇具有中等程度的毒性，可通过呼吸道、食道及皮肤侵入人体。甲醇对人中毒剂量为$5\sim10mL$，致死剂量为$30mL$。空气中甲醇含量达到$39\sim65mg/m^3$时，人在$30\sim60min$内即会出现中毒现象，因而，使用甲醇防冻剂时应注意采取安全措施。

（三）甘醇类

甘醇类抑制剂无毒，沸点远高于甲醇，因而在气相中的蒸发损失少，一般可回收循环使用，适用于气量大而不宜采用脱水方法的场合。使用甘醇类抑制剂时应注意以下事项：

(1) 为保证抑制剂的效果，甘醇类必须以非常细小的液滴（例如呈雾状）注入到气流中。如果注入的雾状甘醇液滴未与天然气充分混合，则注入的甘醇不能防止水合物的形成。对甲醇来讲，注入的方式就不是十分重要。这是由于甲醇蒸气压高，注入到气流中的甲醇会全部或大部分蒸发到气相中，并随水蒸气的冷凝而均匀地溶于水溶液中。

(2) 甘醇类黏度较大，特别当有液烃（或凝析油）存在时，操作温度过低会使甘醇水溶液与液烃分离困难，增加了甘醇在液烃中的损失。因此，甘醇类抑制剂通常用于操作温度不是很低的场合，在经济上才有明显的优点。例如，在一些采用浅冷分离的天然气凝液回收装置中，经常使用甘醇类作为水合物抑制剂，将其注入到装置中可能形成水合物的低温系统中。

(3) 如果管道和设备的操作温度低于$0℃$，注入甘醇类抑制剂时还必须根据图 2-15 判断抑制剂水溶液在此浓度和操作温度下有无"凝固"的可能性。

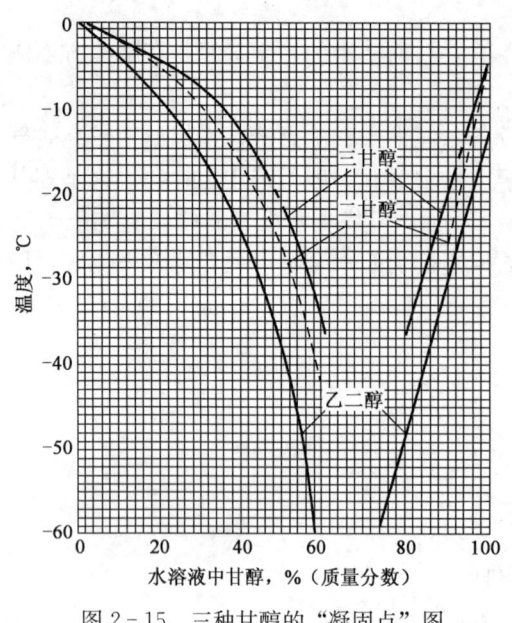

图 2-15 三种甘醇的"凝固点"图

一般来说，采用甲醇作抑制剂投资费用较低，但因其气相损失较大，故操作费用较高。采用乙二醇或二甘醇作抑制剂投资费用较高，但操作费用低。根据经验，需要注入的甲醇量超过 115L/h 时，就应采用甘醇类抑制剂。甘醇类抑制剂虽可用于防止水合物的形成，但不能分解或溶解已经形成的水合物。相反，甲醇可在一定程度上溶解已有的水合物。此外，当管道被水合物堵塞时，还可以采用降低管道压力的办法来解堵。

石油天然气行业标准 SY/T 0076—2008《天然气脱水设计规范》规定的抑制剂适用范围如下：

(1) 甲醇适用于气流温度在 $-85℃$ 以上且压力较高的场合，也可用于季节性或临时性局部解堵。如果甲醇用量过大，则应予以回收。

(2) 当气流温度不低于 $-25℃$ 时，宜用二甘醇；当气流温度不低于 $-40℃$ 时，宜用乙二醇。

(四) 注入抑制剂防冻计算

1. 水合物形成温度降计算

$$\Delta t = (t_1 - t_2) + (3 \sim 5℃) \tag{2-45}$$

式中　Δt——天然气水合物形成温度降，℃；

t_1——未加抑制剂时，天然气在管道或设备中最高操作压力下形成水合物的温度，℃，对于集气管线，t_1 是在管线最高操作压力下天然气的水合物形成的平衡温度，对于节流过程，则为节流阀后气体压力下的天然气形成水合物的平衡温度；

t_2——天然气在管道或设备中的最低操作温度，即要求加入抑制剂后天然气不形成水合物的最低温度，℃，对于集气管，t_2 是管输气体的最低流动温度，对于节流过程，t_2 为天然气节流后的温度；

$3 \sim 5℃$——防止水合物生成的温度裕量范围值，℃。

2. 抑制剂富液浓度计算

对于给定的水合物形成温度降 Δt，水合物抑制剂在液相水溶液中必须具有的最低浓度 x 可按式 (2-46)（哈默斯米特公式）计算：

$$x = \frac{M\Delta t}{K_c + M\Delta t} \times 100\% \tag{2-46}$$

式中　x——在最终的水相中抑制剂的质量分数（即富液的质量分数）；

Δt——天然气水合物形成温度降，℃；

M——防冻剂的相对分子质量；

K_c——常数，甲醇取 $K_c=1297$，乙二醇和二甘醇取 $K_c=2220$。

3. 抑制剂最低富液浓度校核

甘醇类化合物在低温下会丧失流动性。图 2-15 是三种甘醇不同浓度下的"凝固点"图。图中各曲线都有一最低值，而质量分数为 60%～75% 的各种甘醇溶液具有最小的"凝固点"，矿场实际使用的甘醇溶液多在此浓度范围内。

4. 抑制剂注入量计算

注入甘醇时：

$$G_e = 10^{-6} q_v G [(W_1 - W_2) + W_f] \quad (2-47)$$

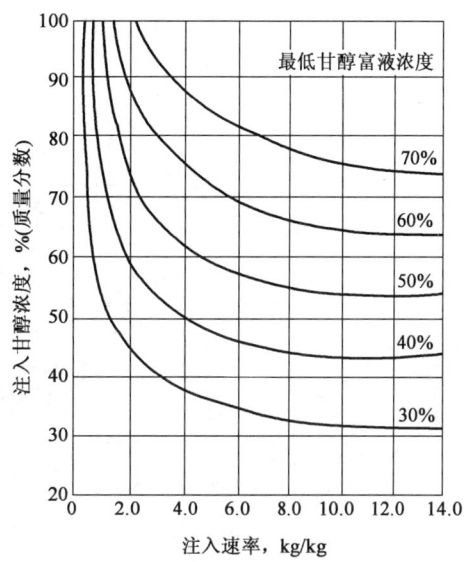

图 2-16 甘醇注入速率与浓度的关系

式中 G_e ——新鲜甘醇注入量，kg/d；
q_v ——天然气流量，m³/d；
G ——新鲜甘醇注入速率，kg/kg，查图 2-16；
W_1，W_2 ——天然气在膨胀前后温度和压力条件下的饱和含水量，mg/m³；
W_f ——天然气中的游离水，mg/m³。

注入甲醇时：

$$G_m = 10^{-6} q_v (G_s - G_g) \quad (2-48)$$

$$G_s = \frac{x}{C-x} \left(W_1 - W_2 + W_f + \frac{100-C}{100} \times G_g \right) \quad (2-49)$$

$$G_g = 10^5 \times \frac{x}{C} \times \alpha \quad (2-50)$$

式中 G_m ——甲醇注入量，kg/d；
q_v ——天然气流量，m³/d；
G_s ——液相中甲醇量，mg/m³；
G_g ——甲醇气相损失，mg/m³；
x ——甲醇富液浓度，%（质量分数）；
C ——注入甲醇溶液的浓度，%（质量分数）；
W_1，W_2 ——天然气在膨胀前后温度和压力条件下的饱和含水量，mg/m³，按式（2-51）计算；
W_f ——天然气中的游离水，mg/m³；
α ——甲醇在气体中的含量（g/m³）与甲醇在水中质量分数的比值，查图 2-17。

$$W = 0.983 W_0 C_B C_s \quad (2-51)$$

式中 W ——相对密度为 Δ 的天然气饱和湿含量；
W_0 ——相对密度为 0.6 的天然气饱和湿含量；
C_B ——相对密度校正系数；
C_s ——水的含盐量校正系数。

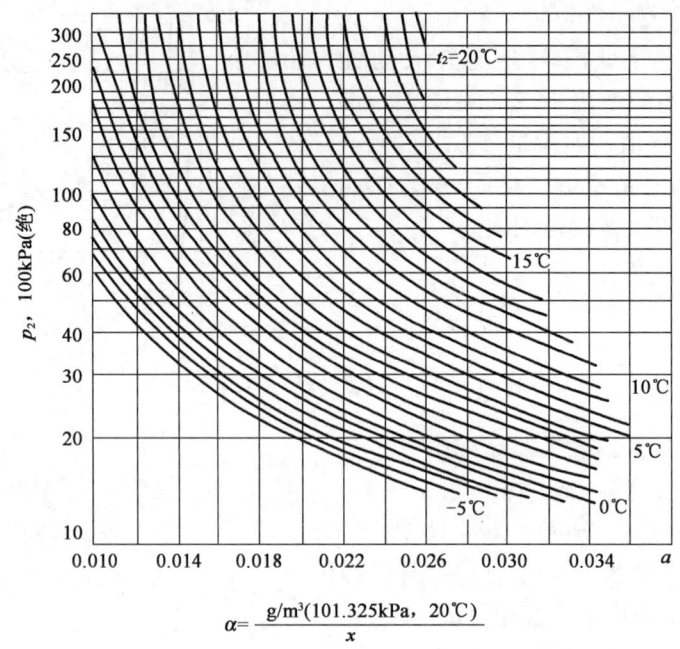

图 2-17 甲醇在气体中的含量与甲醇在水中质量分数
的比值和水合物形成处的压力和温度关系曲线图

（五）防冻剂的注入方式

防冻剂可采用自流或泵送两种方式。自流方式采用的设备比较简单，但不能使防冻剂连续注入，且难于控制和调节注入量；采用计量泵泵送，可克服以上缺点，而且防冻剂通过喷嘴喷入、增大了接触面，可获得更好的效果。

（六）工艺计算举例

某气井的日产气量为 $40 \times 10^4 \text{m}^3/\text{d}$（$p=101.325 \text{kPa}$，$t=20℃$），生产时的油管压力为 40.0MPa（绝），天然气出井的温度为 30℃，天然气的组成见表 2-6，采气管线压力为 9.0MPa（绝）。若采用注乙二醇防冻，试计算乙二醇注入量。

表 2-6 天然气组成

组分	CH_4	C_2H_6	C_3H_8	iC_4H_{10}	nC_4H_{10}	C_5H_{12}	N_2
体积分数，%	96.7	1.6	1	0.2	0.3	0.1	0.1

解：（1）计算天然气的相对密度 Δ。

按公式（1-10）计算天然气的平均相对分子质量：

$$M = \sum_{i=1}^{n} y_i M_i = 16.8236$$

天然气的相对密度：

$$\Delta = \frac{M}{M_a} = \frac{16.8236}{28.964} = 0.5809$$

（2）计算水合物形成温度降（Δt）。

由前面计算得知，天然气的相对密度 $\Delta=0.5809$。

天然气在井场的压力由 40MPa 降至 9MPa,由图 2-11 查得天然气在膨胀后的压力条件下不形成水合物的膨胀前温度 $t_1=59℃$。

已知天然气从井口出来的温度 $t_2=30℃$,取温度裕量为 4℃,由公式（2-45）求得水合物形成温度降为:

$$\Delta t = 59 - 30 + 4 = 33(℃)$$

（3）计算最低富液浓度 x。

乙二醇相对分子质量 $M=62.1$,由公式（2-46）计算最低富液浓度为:

$$x = \frac{33 \times 62.1}{2220 + 33 \times 62.1} \times 100\% = 48\%$$

（4）校核富液浓度。

天然气油管压力为 40MPa,温度为 30℃,膨胀为压力 9MPa 时,其温度降为 $59-20=39℃$,则膨胀后的实际温度为 $30-39=-9℃$。由图 2-15 查得富液温度在 -9℃ 时,质量分数为 48% 处于非结晶区。

（5）乙二醇注入量计算。

由图 2-1 查得天然气在膨胀前后温度和压力条件下的饱和水含量为:

$$W_1 = 280 \text{mg/m}^3, \quad W_2 = 10 \text{mg/m}^3$$

天然气无游离水携出, $W_f = 0$。

若采用浓度为 80% 的乙二醇注入防冻,由图 2-16 查得注入率 $G=2\text{kg/kg}$,由公式（2-47）求得乙二醇注入量为:

$$G_e = 10^{-6} \times 40 \times 10^4 \times 2 \times [(280-10) + 0] = 216 \text{ (kg/d)}$$

三、动力学抑制剂法

传统的热力学抑制剂已使用多年,由于其在水溶液中的质量分数很高（10%～50%）,用量较多,为了降低成本,不少学者力图开发一种可替代的、价格低廉且符合环保要求的新型水合物抑制剂,即动力学抑制剂。

（一）动力学抑制剂作用原理

根据分子作用的不同机理,可将动力学抑制剂分为水合物生长抑制剂、水合物聚集抑制剂和具有双重功能的抑制剂。

水合物生长抑制剂可以延缓水合物晶核生长速率,使水合物在一定流体滞留时间内不致生长过快而发生沉积。水合物聚集抑制剂通过化学和物理的协同作用,抑制水合物晶体的聚集趋势,使水合物悬浮在流体中并随液体流动,不致造成堵塞。

具有双重功能的抑制剂既能大大延迟水合物生长时间,又能防治水合物聚集。在这种抑制剂的作用下,即使管道中发生了自催化反应,也不会导致堵塞发生。

（二）动力学抑制剂技术现状

动力学抑制剂的使用浓度一般在 0.01%～0.5% 之间,相对分子质量从几千到几百万。与热力学抑制剂相比,使用动力学抑制剂成本可降低 50% 以上,并可大大减小储存体积和注入容量,使用和维护都很方便。动力学抑制剂大致包括表面活性剂和合成聚合物两大类。

1. 表面活性剂类

表面活性剂可降低质量转移常数,从而降低水与客体分子的接触机会,降低水合物的生成速率。属于此类的表面活性剂有聚氧乙烯壬基苯基酯、十二烷基硫酸钠、聚丙三醇油酸盐等。在管道中应用非离子表面活性剂,将产生大量小直径的水合物微粒,能有效防治其聚集。

2. 聚合物类

这类聚合物分子链的特点是含有大量水溶性基团并具有长的脂肪碳链,采用的聚合单体一般有N-乙烯基吡咯烷酮、(N,N-二甲胺)甲基丙烯酸乙酯、N-乙烯基己内酰胺、N-酰基聚烯烃亚胺、聚异丙基甲基丙烯酰胺、N,N-烷基丙烯酰胺、丙烯酸酯、N-甲基-N-乙烯基乙酰胺等,其作用机理是通过共晶或吸附作用,阻止水合物晶核的生长,或使水合物微粒保持分散而不发生聚集,从而抑制水合物的形成。

需要指出的是,动力学抑制剂的作用在于有效防止水合物的生成,一旦由于注入系统有故障、不定期关闭气井或抑制剂不足等原因造成水合物堵塞,动力学抑制剂并不能予以消除,这时,往往需要采用物理防治方法(如降压)或添加热力学抑制剂(如注入甲醇)等来清除水合物。

四、降低管线压力

集输管线如发生水合物阻塞,可用放空管泄放气体降压,同时形成水合物的温度也相应降低。当形成水合物的温度刚低于管线的温度,水合物即开始分解并自管壁脱落而被气流带走。如已知放空短管直径和放空时间,可用式(2-52)计算气体损失量:

$$G = \frac{\pi g}{4} d^2 p_0 \sqrt{\frac{19.62}{ZR_a T_0} \cdot \frac{K}{K+1} \left(\frac{2}{K+1}\right)^{\frac{2}{K+1}}} \quad (2-52)$$

式中 p_0——起始压力,Pa;

T_0——温度,K;

K——气体绝热指数;

d——放空管内径,m;

Z——气体压缩系数;

R_a——气体常数,$R_a = 287.1$ J/(kg·K);

g——重力加速度。

习 题

1. 天然气含水量有哪些表示方法?
2. 什么是天然气的水露点?与哪些因素有关?
3. 如何利用图2-1求取天然气的含水量?图2-1的适用条件有哪些?
4. 什么是天然气的水合物?水合物形成的条件有哪些?
5. 如何求取水合物的形成的温度(或压力)?
6. 天然气水合物防止方法有哪些?
7. 注入热力学抑制剂时,甲醇和乙二醇一般选用的条件是什么?
8. 气体压力为7.0MPa,温度为30℃,相对密度为0.75,输气管道地下温度4.4℃,气体处理量25×10^4 m³/d($p = 101.325$ kPa,$t = 20$℃)。注入浓度为80%的乙二醇(相对分子质量为62.1),防止水合物形成,求乙二醇的注入量。

第三章 天然气集输系统

第一节 概 述

一、天然气集输系统组成

天然气集输系统是由气田集输管网、气体净化与加工装置、输气干线、输气支线以及各种用途的站场所组成。它是一个统一的密闭的水动力系统。天然气集输系统示意图参见图 3-1。

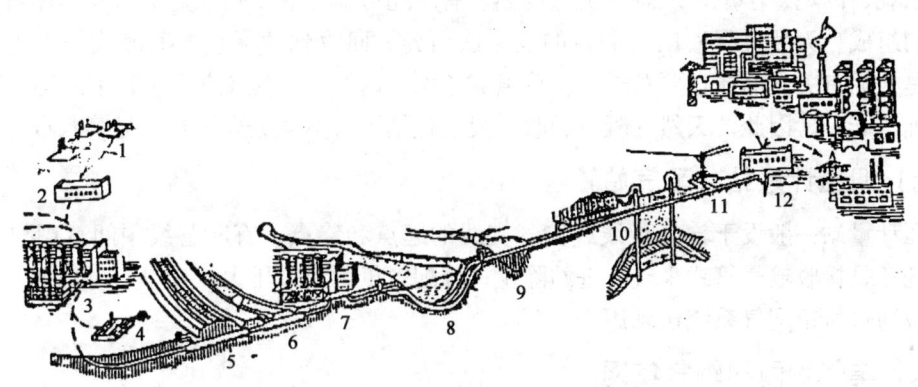

图 3-1 天然气集输系统示意图
1—井场；2—集气站；3—天然气净化厂和增压站；4—配气站；5，6—铁路与公路穿越；
7—中间压气站；8—河流穿越；9—沟谷跨越；10—地下储气库；
11—阴极保护站；12—终点配气站

（一）井场

井场一般设于气井附近。从气井出来的天然气，经节流调压后，在分离器中脱除游离水、凝析油及机械杂质，经过计量后送入集气管线。

（二）集气站

一般是将两口以上的气井用管线接到集气站，在集气站对各气井输送来的天然气分别进行节流，分离、计量后集中输入集气干管线。

（三）增压站

在气田开发后期（或低压气田），当气井井口压力不能满足生产和输送所要求的压力时，设置增压站，将气体增压，然后再输送到天然气处理厂或输气干线。

（四）脱水站

从地层采出的天然气，通常处于被水饱和的状态。当天然气中有液相水存在时，在一定条件下会形成水合物，堵塞管路、设备，影响集输生产的正常进行。另外，对于含有 CO_2、

H_2S 等酸性气体的天然气，液相水的存在会造成设备、管道的腐蚀。因此，有必要脱除天然气中的水分，或采取抑制水合物生成和控制腐蚀的其他措施。

（五）天然气处理厂

当天然气中硫化氢（H_2S）、二氧化碳、凝析油等的含量超过管输标准时，则需设置天然气处理厂进行脱硫化氢（二氧化碳）、脱凝析油，使气体质量达到管输的标准（见第六章）。

（六）天然气凝液回收站

天然气（尤其是伴生气及凝析气）中除含有甲烷外，还含有一定量的乙烷、丙烷、丁烷、戊烷以及更重烃类。为了满足商品气或管输气对烃露点的质量要求，或为了获得宝贵的化工原料，需将天然气中除甲烷外的一些烃类予以分离与回收。由天然气中回收的液烃混合物称为天然气凝液，简称凝液或液烃，我国习惯上称其为轻烃。通常，天然气凝液（NGL）中含有乙烷、丙烷、丁烷、戊烷及更重烃类，有时还可能含有少量非烃类，其具体组成根据天然气的组成、天然气凝液回收的目的及方法而异。回收到的天然气凝液或是直接作为商品，或是根据有关商品质量要求进一步分离成乙烷、丙烷、丁烷（或丙烷、丁烷混合物）及天然汽油等产品。因此，天然气凝液回收一般也包括了天然气分离过程（见第八章）。

（七）调压计量站（配气站）

调压计量站一般设于输气干线或输气支线的起点和终点，有时管线中间有用户也需设置，其任务是接收输气管线来气、进站除尘、分配气量、调节压力、计量后将气体直接送给用户，或通过城市配气系统送到用户。

（八）集气管网和输气集网

在矿场内部，将各气井的天然气输送到集气站的输气管道叫做集气集网，从矿场将处理好的天然气输送到远处的用户的输气管道叫输气干线。在输气干线经过铁路、公路、河流、沟谷时，有穿越和跨越工程。

（九）清管站

为清除管内铁锈和水等污物以提高管线输送能力，常在集气干线和输气干线设置清管站。通常清管站与调压计量站设计在一起便于管理。

（十）阴极保护站

为防止和延缓埋在土壤内的输气干线的电化学腐蚀，在输气干线上每隔一定距离设置一个阴极保护站。

二、集输系统设计原则

集输系统设计包括天然气从井口产出直至外输首站的全过程。集输系统的设计应根据天然气气质、气井产量、压力、温度和气田构造形态、井网布置、开采年限、逐年产量、产品方案及自然条件等因素，以提高气田开发的整体经济效益为目标，综合考虑确定。具体设计原则如下：

(1) 根据气田开发方案及气质特点的不同，确定合理的建设水平，选择集输系统设计应遵循的技术标准。工程建设水平既要符合工程实际的需要，以实用为主，避免工程建设超高标准所造成的浪费，又要满足气田长期安全生产和节能环保的要求。

（2）根据气田开发方案，集输系统的设计应综合考虑整体规划与分步实施的关系，做到既满足气田短中期建设的需要，又兼顾气田中长期发展的需要。气田后期的扩建工程不应与前期工程建设相冲突或因重复建设造成浪费。

（3）气田集输系统的站场布局应结合井网布置、地形条件、集输方式综合分析比较确定，站场布局应符合集输工艺总流程和产品流向的要求，方便生产管理。

（4）气田集输系统的设计能力应按气田开发方案中气井的配产确定。考虑到气田开发过程的长期性和不确定性，气田集输系统的设计能力应考虑留有一定的裕量，以满足气田后期发展或工况变化的需要。

（5）气田集输系统的设计应合理利用气田的压力能量和气田资源，尽量延缓气田增压的时间，以降低企业生产成本。

（6）气田集输系统的设计应考虑对气田产出水及站场工业废水、废气、废渣进行妥善处理或综合利用，对站场噪声应进行控制，满足国家和地方环保部门的要求。

（7）对于下游存在多个用户及各用户对天然气气质有不同要求的情况，应考虑对气田天然气分别进行处理的方案。在满足下游用户需求的前提下，通过优化天然气集输方案及处理方案来降低工程投资及天然气处理费用，提高企业经济效益。

（8）根据新气田的特点，如高酸性气田等，应积极、慎重地采用新工艺、新技术、新设备、新材料。

第二节　天然气集输管网

气田集气管网的布置形式是多种多样的，布置形式取决于气田的构造形态及大小、地形地貌、天然气气质条件等因素，并通过技术经济对比后确定。

一、集气系统管网构成

集气管网是集气系统各站场之间连接管线的总称，由采气管线、集气管线或采集管线等组成。

（一）采气管线

自井口装置节流阀至集气站一级油气分离器的天然气管线称为采气管线，其作用是将单井或相邻的一组气井采出的天然气汇集到集气站。

由于采气管线所输送的是从气井采出后未经气液分离和预处理的天然气，故会不同程度地含有游离水、凝析油和固体颗粒等机械杂质，还可能含有 H_2S、CO_2、Cl^- 等腐蚀性物质。为了缩小管线、设备尺寸，提高商品天然气外输压力，整个集气与处理系统多在高压下进行，其中又以采气管线压力最高。因此，所输送的天然气洁净度差、腐蚀性强、工作压力高、管径相对小和输送距离较短是采气管线的特点。

（二）集气管线

气田内部自集气站一级油气分离器至天然气商品交接点（通常是处理厂、站）之间的天然气管线称为集气管线,包括集气支线、集气支干线、集气干线等。

1. 集气支线

集气支线是由集气站(单井或多井集气站)到集气支干线、集气干线入口的管线,其作用是将集气站经过预处理的天然气输送到集气支干线、集气干线。

由于所输送的天然气已经在集气站经过气液分离和其他必要的预处理,故气质条件比采气管线好,工作压力也比采气管线低。但是,除非天然气已在集气站或专门的脱水站脱水,所输送的天然气在一定压力和温度下仍为含饱和水的湿气。

集气支线管径一般比采气管线大,输送距离则取决于集气站与集气支干线、集气干线的距离及输气量。

2. 集气支干线

集气支干线的作用是将部分集气支线的来气汇集到集气干线。

集气支干线的气质条件、工作压力与集气支线基本一致,管径在集气系统里居中,可以是等直径管或不等直径管的组合。变径设置时,随集气支线进气点数目增多和流量增加而加大管径。

3. 集气干线

集气干线的作用是将各集气支线或集气支干线的来气汇集到天然气处理厂(站)。

集气干线的气质条件、工作压力与集气支线基本一致,管径在集气系统中最大,可以是等直径管或不等直径管的组合。变径设置时,随集气支线、集气支干线进气点数目增多和流量增加而加大管径。

(三)采集管线

目前,一些含气面积不大、产量高和气质好的气田,常采用一级布站模式,即没有上述的采气管线和集气支线、集气支干线、集气干线,由井口采出的天然气经过采集管线直接进入天然气处理厂(站)。

二、集气管网分类

(一)放射状集气管网集输系统流程

放射状集气管网集输系统流程是以集气站为中心,管线以放射状的形式与多个气井站相连接。这类管网适合于气井相对集中或面积较小的气田,也可作为多井集气流程中的一个基本组成单元。天然气自井中采出,在井场节流后输送至集气站,在集气站上经加热、节流、分离、计量后输送至净化厂或输气干线起点站。管网基本形式见图3-2。

放射状集气管网集输系统流程的优点是:

(1)单井装置简化,可考虑无人值守,生产、管理费用低。

(2)气田开发后期,天然气压缩机组可集中设在集气站上,共同使用,生产成本相对较低,管理方便。

放射状集气管网集输系统流程的缺点是:

(1)采气管道采用气液混输方式,管路压损较高;

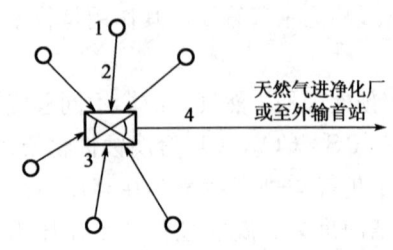

图3-2 放射状集气管网集输系统流程示意图

1—井场装置;2—采气管线;
3—多井集气站;4—集气管线

(2) 对输送介质为酸性天然气的管道，管内腐蚀较为严重，安全性差；
(3) 集气管线总长度较枝状集气管网长，钢材耗量较多。

（二）枝状集气管网集输系统流程

枝状集气管网形同树枝，一条集气干线沿构造长轴方向布置，将集气干线两侧各气井的天然气经集气支线纳入集气干线并输至目的地。该管网的特点是集气支线相对较短，便于气井天然气就近输入管网，适合于气藏面积狭长且井网距离较大的气田，可满足气田滚动开发和分期建设的需要。但该管网通常和单井集气工艺流程结合使用，因而所建的集气站较多。单纯枝状集气管网集输系统流程如图3-3所示。

天然气自井中采出，在井场经节流、加热、分离、计量后进入集气管线，送至集气站或气体净化厂，天然气经处理后外输。

枝状集气管网集输系统流程的优点是：

(1) 单井进行气液分离，有利于降低管路压损，减缓腐蚀；

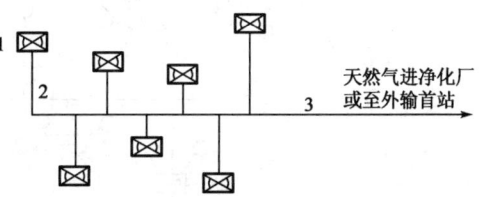

图3-3 枝状集气管网集输系统流程示意图
1—单井站（集气站）；2—集气支线；3—集气干线

(2) 集气支线可就近接入集气干线，有利于缩短管线长度，节省钢材及线路投资。

枝状集气管网集输系统流程的缺点是：

(1) 由于单井均需设置气液分离、计量装置，生产人员较多，不便集中管理，单井站场投资较大；

(2) 气田开发后期需增压采气时，天然气压缩机组只能设在井场，对每口井单独增压，难以集中使用。

（三）环状集气管网集输系统流程

环状集气管网集输系统流程适用于面积较大的方形、圆形或椭圆形气田。具备上述条件的气田，如果地形条件复杂，气田处于深山区，则不宜采用。该管网集输系统流程如图3-4所示。

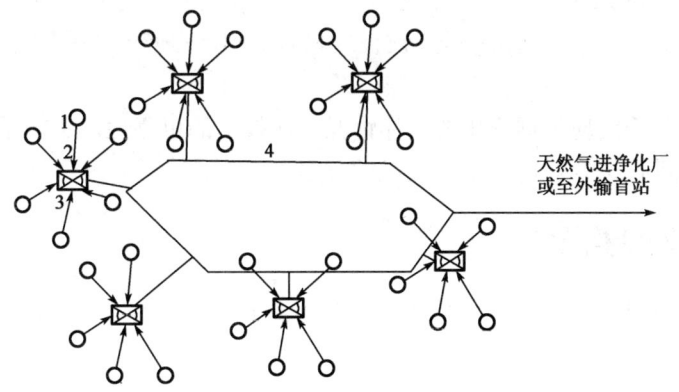

图3-4 环状管网集输系统流程示意图
1—井场装置；2—集气支线；3—多井集气站；4—集气干线

环状集气管网集输系统流程的优点是气田内各集气站汇集周边气井来气后可就近通过集气干线与下游净化厂或外输首站相连通，具有的一定灵活性；缺点是工程总投资较大，只适用于区域面积大、气井分布较分散的大型气田开发。

(四) 组合式集气管网集输系统流程

各种管网结构形式具有各自的优缺点,适用于不同的具体使用场合。由于产气区域涉及的地区范围比较大,各地的气井分布状况、单井产量和地形、公路交通条件有很大差异,因此大部分集气管网都只能采用包括枝状、放射状和环状结构在内的混合结构形式,尤以前两种结构的组合应用最为常见。组合式集气管网形式如图3-5所示。

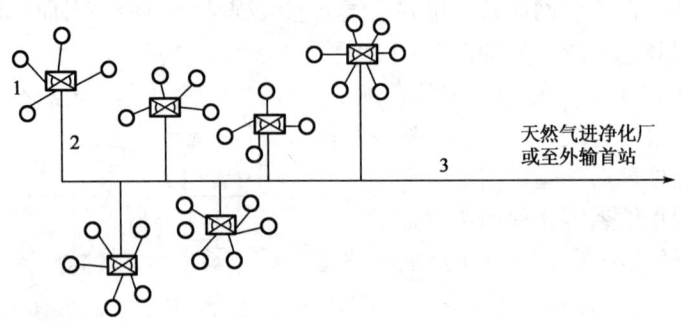

图3-5 组合式集气管网集输系统流程示意图
1—多井集气站;2—集气支线;3—集气干线

(五) 集输管网的设计原则

(1) 含气面积较大、井口数相对较少、单井产量较高的气田,宜采用枝状集气管网。

(2) 含气面积较小、井口数较多、单井产量较低的气田,宜采用放射状集气管网。

(3) 含气面积大、井口数较多且井网布置较分散、分期开发的气田,宜采用环状集气管网。

(4) 集输管网的选择应结合集气工艺进行确定。例如,当分离器设在井场时,宜采用枝状集气管网;当分离器设在集气站时,宜采用放射—枝状组合式集气管网或放射—环形组合式集气管网。

(5) 规划集气管网系统时,集气站的布点与采气管线的长度应相应考虑,一般采气管线长度不宜大于5km,且采气管线不宜敷设在陡峭的山坡地形位置,否则应调整集气站位置。

(6) 集输管网的确定应根据气田的具体情况,从技术的可靠性、集输系统的安全性、地面工程投资等方面进行综合对比,确定最优的方案。

三、采气管网结构形式

采气管线主要有单井来气直接进站、井丛来气进站、单井串接来气进站和阀组来气进站等结构。

(一) 单井来气直接进站

单井来气直接进站是目前气田中应用最广泛的采气管网结构形式,是典型的放射状管网,简化了井场设施,见图3-6。长庆气区靖边气田就采用了单井来气直接进站的多井集气形式。

（二）井丛来气进站

井丛（丛式井组）来气进站结构是通过钻丛式井的方式把相邻几口气井的井口装置集中布置在 1 个井场，然后把井口天然气汇集后输往集气站，能够简化井场设施和减少井场占地。目前，川渝气区罗家寨气田的 1 座丛式井场最多布置了 3 口气井；长庆气区榆林气田长北区 1 座丛式井场布置 1～3 口气井，苏里格气田 1 座丛式井场一般布置了 3～7 口气井，其管网结构也多为放射状，见图 3-7。

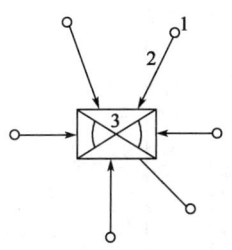

图 3-6　单井来气直接进站结构示意图
1—井场装置；2—采气管线；3—多井集气站

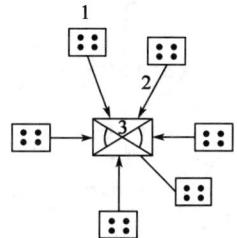

图 3-7　丛式井来气进站结构示意图
1—丛式井组；2—采气管线；3—多井集气站

（三）单井串接来气进站

单井串接来气进站结构是通过单井采气支线把相邻几口气井采出的天然气（或煤层气）串接到采气干线汇集后进入集气站。它是枝状与放射状管网的组合结构，适用于单井产气量低、井数多的气田。单井串接来气进站结构形式主要有以下两种。

1. 井间串接形式

单井采气管线就近接入临近气井井场，有关井场来气顺序相连。根据气井布置、采气干线按不同方位呈放射状进入集气站。按照集气站辖井数量多少，一般建设 4～16 条采气干线，其结构示意见图 3-8。目前长庆气区苏里格气田、山西沁水盆地煤层气气田集气系统广泛采用了这种结构。

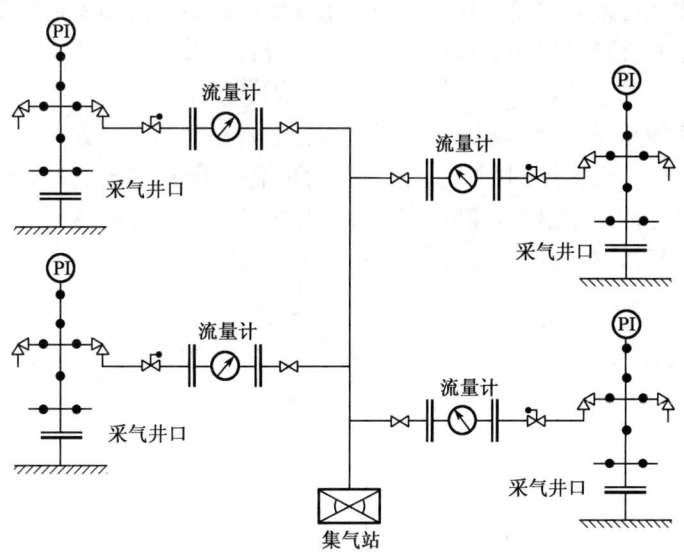

图 3-8　井间串接形式之一
PI—压力显示

这种形式的优点是新建井采气管线与干线的连接头施工可在井场进行，不必对原干线进行放空、置换。原因是已建单井采气管线至干线段设置了两个闸阀，接入新建井来气时，可关闭两个闸阀，拆除两个阀之间的管线，把直管段换成三通。这样新建井来气可从两个闸阀之间的三通接入，保证已建单井井口不动火，干线不放空，连入新建井来气时不会影响采气干线正常运行（图 3-9）。此外，此种串接方式的采气管线施工便道或巡检路可充分利用单井站前道路。该形式的缺点是管线略长。

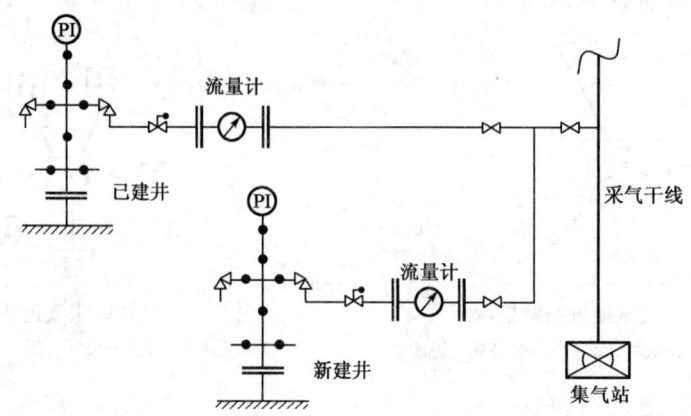

图 3-9　井间串接形式之二

为了能够计量串接的单井产量，在每个井场设置智能旋进旋涡流量计。该流量计不但能就地显示气井产量，还能将流量数据上传至井场的 RTU，经超短波无线数据远传电台传至集气站值班室，实现实时在线流量监测，减少了巡井工作量，节约了人力、物力。

但是，随着气田的开发，气井压力不断下降，存在后期由于单井压降速率不同导致与采气干线压力系统不匹配的问题。当关井压力不能达到采气干线系统压力时，采气干线的天然气将反输至低压井，在低压井形成"倒灌"现象，导致采气干线有效输气量大大减少。为了最大限度发挥气井产能，保证干管压力系统匹配，提高采气管网串接方式在后期的适应性，一方面应将同一批次打的井尽量串接进同一条采气干线，另一方面可进行以下优化试验：

（1）在低压单井井口设置小型移动式增压装置进行单井增压，使压降速率较快的低压单井天然气能够进入采气干线，使可采储量进一步得到利用。

（2）在采气干线至单井接口处设置止回阀或自力式压力切断装置，保证采气干线的气不"倒灌"至低压井井口。待低压井压力自然恢复后再输至采气干线，进入集气站。

（3）在新老井之间加引射器，利用高压井天然气抽吸低压井天然气，既可充分利用新建井的压力能，又可提高老井产量，实现气田的有效开发。

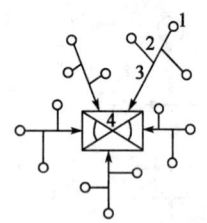

图 3-10　就近插入形式结构示意图
1—井场装置；2—采气管线；
3—集气干线；4—多井集气站

2. 就近插入形式

根据气井布置，按相对固定的方向敷设采气干线，单井采气支线以最短距离垂直就近接入临近的采气干线，其结构见图 3-10。

这种形式的优点是管线短；缺点是新建井采气管线连头时，需对原干线进行放空、置换。

（四）阀组来气进站

阀站来气进站是把相邻的几口气井采出的天然气汇集

至附近采气阀组,在阀组对来气进行汇集后再输送至集气站,是放射状管网的组合结构,目前在长庆气区苏里格气田和山西沁水盆地煤层气田有少量应用,其结构示意见图3-11。

这种方式采气干线串井数多,管径大,流速低,不适合湿气带液输送,气井间生产干扰大,可在气田区域面积较小及地下储量比较落实的边缘区块试验采用。

四、集输系统压力的确定

(1) 确定集输系统压力时,应考虑气田开发方案的开发年限、稳产期及压力递减变化的影响,在满足下游用户或处理厂用气压力需求的情况下,尽量利用气田自身压力能,延缓气田上增压采气的时间,减少气田生产经营费用。

(2) 集气系统压力应结合整体集气工艺方案来确定,根据气田自身的特点,在对不同集气工

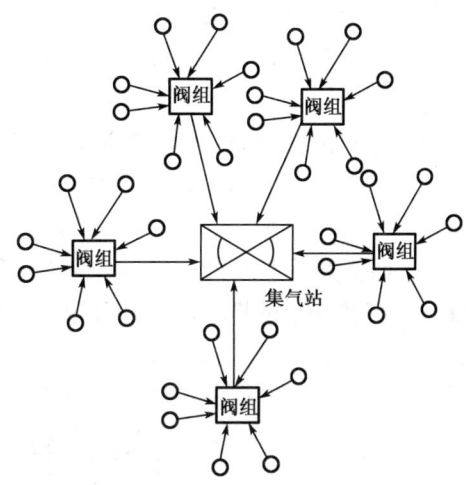

图3-11 阀组来气进站结构示意图

艺方案进行充分对比的基础上,确定合理的压力系统,既满足安全生产的要求,又能降低企业工程投资及经营费用,节约工程总投资。

(3) 集气系统压力应综合考虑气田开发后期增压方案的影响。

集气管网的系统压力主要分两级:第一级是采气压力,第二级是集气压力。采气管道的输送压力主要根据气井流动压力、集气工艺、压力能的利用等条件确定。集气管道的输送压力主要是满足输气干线的输压要求及用户对压力的要求,对于需进行处理的天然气(如含硫、含烃天然气),尚需考虑处理厂内部的压力损失。因此,气田集气系统压力的确定主要是根据上游气田的供气压力及下游用户的要求,结合气田开发方案及集气工艺方案进行综合考虑。

气田集气系统压力级制通常分为高压集气、中压集气和低压集气三种。高压集气的压力在10MPa以上,多为井场装置至集气站的采气管线采用;中压集气的压力在1.6MPa至10MPa之间,多为集气站至处理厂的集气管线采用,与下游处理厂的生产压力相适应;低压集气的压力在1.6MPa以下,如一些气田到开采后期,井口压力下降,不能进入输气干线,当不采取增压措施时,则采用低压集气供给邻近用户。对于较单一的气田,通常只设置一种压力的管网;对于气田内部存在不同气井压力且压力相差较大的情况,根据实际情况的需要可设置多种压力级制的管网与之相匹配。但考虑到多套管网系统的设置将在一定程度上增加建设投资和管理费用,因此同一气区或同一气田内的集气系统宜设一套管网。当天然气气质在压力差别较大,设一套压力级制的管网不经济时,可分设高压、低压集气管网。

五、集气管道流速的确定

集气管道流速的确定需考虑两方面的因素,一方面是管路沿线的压力损失,另一方面则是气体流速对管道冲刷及管内持液量的影响。

集气管道的流速越高,管路沿线的压力损失则越大,上游所需供气压力的提高将缩短气田的稳产时间。同时,过高的流速也将对管道弯头、三通等管路附件及线路阀门造成严重的

冲刷及腐蚀，产生不安全的因素。根据资料介绍，对于采用碳钢的集气管道，天然气的流速应控制在20m/s以内，以减缓气体冲刷所造成的冲蚀影响。集气管道的流速过低，则不仅造成集气管道的管径偏大，投资浪费，而且对于气液混输管道，由于气流速度较慢，在管道低洼处易形成积液，局部腐蚀情况将更加严重。因此，合理的流速选择应是对以上两种因素的综合考虑。

对于输送酸性介质的集气管道，需考虑表面气流速度及流态对腐蚀的影响。从防腐蚀观点来考虑，管道中气体呈环流方式是比较理想的，可使凝聚的液体被气流夹带走，但气流速度过高，压降会增加，能耗增加并对集气系统的冲蚀加剧，因此，采气管线流速一般宜为4～6m/s，不宜低于2～3m/s；当输送介质为酸性天然气时，管线流速宜控制在6～8m/s，既保证了气体一定的携液能力，又防止因气流速度过快所造成的缓蚀剂不易黏附的问题；集气管线流速宜为15～20 m/s。

第三节　井场装置

井场装置的作用是调控气井产量和调控采气管线的起点压力。气井采气压力（生产时的油管压力）远高于输气压力（采气管线的起点压力），需在井场装置进行大压差降低压力，在降压过程中同时产生温降，为了防止生成水合物，井场装置尚须具有防冻的功能。

一、按不同防止水合物生成的方法分类

目前常用的防止水合物生成有加热法、注醇法和脱水法三种方式。

加热法是对气井产出的天然气进行加热，保证井口节流和输送过程中天然气最低温度高于水合物形成温度3℃以上。加热法通常是在井口或集气站设置水套加热炉，工艺较为简单，站场操作管理方便并且运行费用较低。对于凝析油气田，加热法不但可以防止天然气水合物的生成，还可防止管输过程中凝析油的冻堵。

注醇法通常采用柱塞计量泵向天然气中注入抑制剂。广泛使用的天然气水合物抑制剂主要有甲醇、乙二醇、二甘醇等。甲醇宜用于较低温度的场合，温度高时损失大。由于甲醇具有中等程度的毒性，使用甲醇防冻剂时应注意采取安全措施，对集输系统分离出的含甲醇污水适当处置，达标排放。甘醇类防冻剂（常用的主要是乙二醇和二甘醇）无毒，沸点较甲醇高，蒸发损失小，一般都再生、回收后重复使用。但对于凝析油气田，若操作温度过低，甘醇类防冻剂与凝析油的分离较困难，凝析油中的溶解损失和携带损失较大。

对于含硫气田，气田集输若采用干气输送工艺，在集气站设置脱水装置，脱水后天然气的露点比集输条件下的最低温度低5～10℃，既可防止水合物形成，又可以解决腐蚀问题。

（一）加热防冻流程

如图3-12所示，加热设备通常采用水套加热炉。水套加热炉具有结构简单、操作方便、水质要求不高、投产快、易搬迁等优点，是中小型井、站较理想的加热设备。使用较多的为两进两出水套加热炉，热效率在80％以上。若采用橇装式水套炉，可以整体搬迁。

（二）注抑制剂防冻流程

如图3-13所示，广泛使用的天然气水合物抑制剂有甲醇和乙二醇。通常采用自力式注

醇泵，利用井口压力作动力，不用外界电源，解决了电动注醇泵受供电限制的问题。

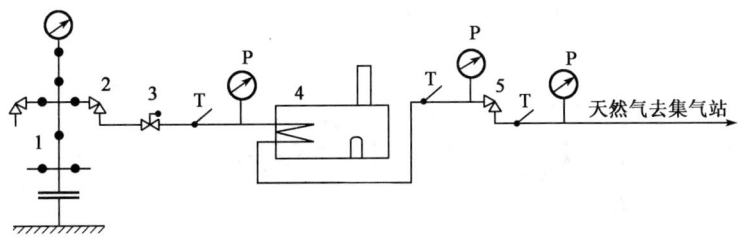

图 3-12 加热防冻井场装置原理流程图
1—采气树；2—节流阀；3—井口紧急截断阀；4—加热炉；5—节流阀；
T—温度计；P—压力表

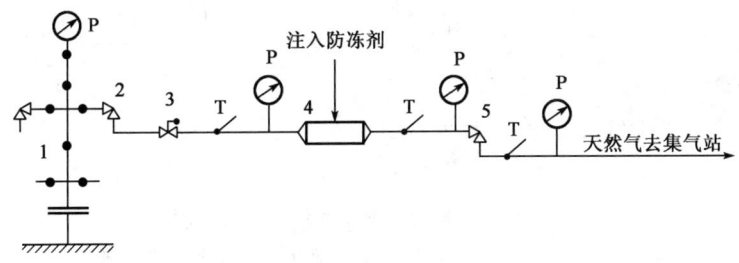

图 3-13 注抑制剂防冻井场装置原理流程图
1—采气树；2—节流阀；3—井口紧急截断阀；4—防冻抑制剂注入器；
5—节流阀；T—温度计；P—压力表

（三）采用井下节流器防冻流程

井下节流充分利用地层热能，在节流降压的同时避免天然气的温度大幅度下降，防止在井筒形成水合物，降低采气管线运行压力，提高气井携液能力，控制了生产压差，保护了储层。井下节流是简化集气工艺、节能降耗的关键技术。

苏里格气田井下节流的中低压集气井口装置工艺流程见图 3-14。

采用井下节流器后，降低了地面输气系统压力等级，大大节约了地面管道、设备的投资。

采用井下节流器后，应根据计算天然气进入集气站的温度，确定采气管线是否还需要采取其他防止水合物生成的措施。

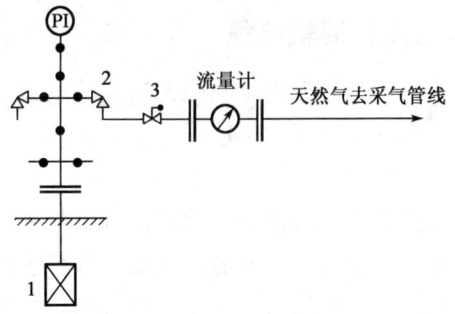

图 3-14 井下节流中低压集气井口工艺流程
1—井下节流装置；2—井口节流阀；
3—高低压紧急关断阀；PI—压力显示

二、分输流程和混输流程

（一）分输流程

气液分输流程是先将天然气在井场或集气站分离计量，然后气液分别外输。采用分输流程时，天然气在井场进行分离脱除气中的液、固杂质，呈单相流进入集气管线，分出的液体管输或车运。气液分输流程设置的站场数量多，使用大量的分离器，分离后对气、液分别计量，故井场或集气站流程较复杂，而且增加了液体管输或车运的投资及运行费用，给生产管理带来不便。气液分输典型井场工艺流程图见图3-15。

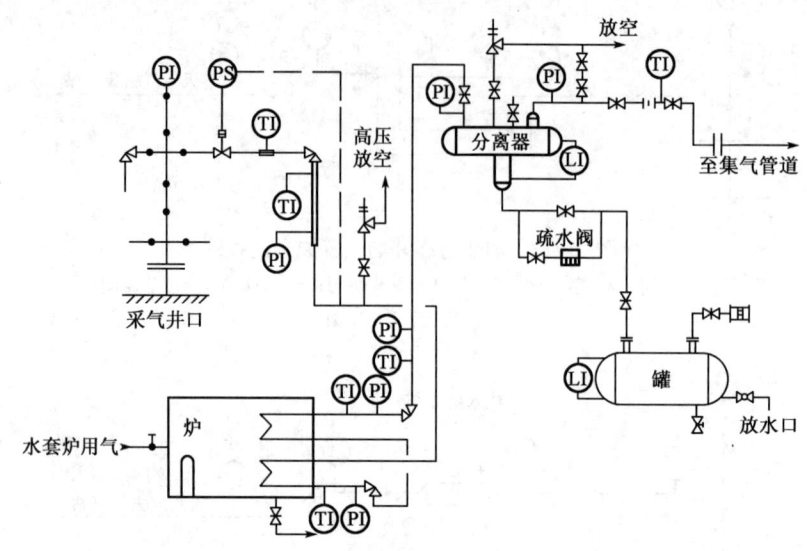

图3-15 气液分输典型井场工艺流程图
PI—压力显示；TI—温度显示；LI—液位显示；PS—压力控制

分输流程适用于气井距集气站较远且气井产液量较多的气井。该流程与常规单井站工艺流程类似，不同之处是对分离出来的液体处理工艺，即从分离器分离出来的气田凝析油和采出水分别进入密闭污油、污水常压闪蒸系统。根据采出量的多少，选择采用车运或管输方式，送至液烃加工厂和气田污水回注站统一处理或回注。闪蒸过程中产生的H_2S气体引入站场放空火炬燃烧后排放。

（二）混输流程

气液混输流程是利用天然气的压力将所携带的油、水等液体收集与输送，一般由集气支线、集气干线混输至油气处理厂或集中处理站。该流程大大地简化地面集输流程，节能降耗，站场设施少，操作简单，管理方便，节省投资。

在采用气液混输流程时，对于距离较长、地形起伏较大的采气管线，因流型变化多，气体压力波动大，需要适当提高集气系统的设计压力。气液混输管道为了防止清管工况下段塞流液体产生冲涌对下游设备的影响，在集气管道末端需段塞流捕集设施，因此，地形起伏大的地区一般不适合气液混输。气液混输井场工艺流程见图3-16。

目前对于凝析气田和低含硫气田普遍采用了气液混输流程，如在克拉2气田、长庆气田均已成功使用气液混输的集气流程。

此外，地形起伏大的高含H_2S气田更不适宜采用气液混输流程。一方面是由于H_2S含量高，水合物形成温度也相应提高，如果低洼处管线积液使气体通过的截面积减小，气体会在此处节流降温，并可能形成水合物；另一方是H_2S溶解于水中形成电解液，增强H_2S电化学腐蚀形成，加剧H_2S对管线的应力开裂腐蚀，腐蚀产物聚集在低洼处，再次减小低洼处管线的有效截面积，导致气体流速增加，对管线内表面冲蚀作用加剧，增加了集气管线的不安全因素。

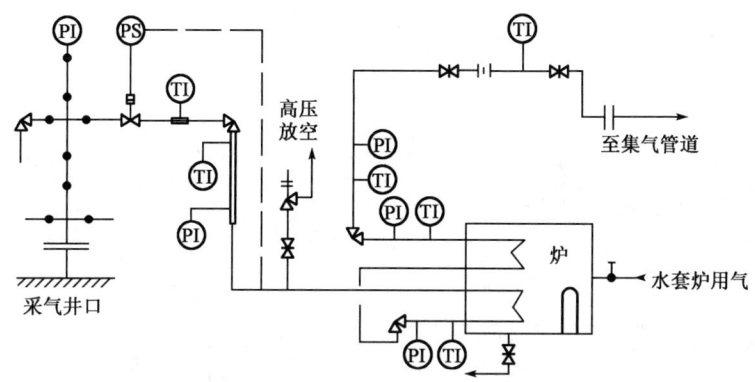

图 3-16 气液混输井场工艺流程
PI—压力显示；TI—温度显示；PS—压力控制

三、酸性气体缓蚀剂注入工艺

对于与高含 H_2S、CO_2 等腐蚀性气体接触的碳钢管道和设备系统，地面集输工艺设计中均应设置缓蚀剂加注系统。

为减缓井下油套管及井场设备腐蚀，井口设缓蚀剂注入装置。注入方式有两种：传统的高压罐滴注和泵喷注。

传统的高压罐滴注由高压滴注管和注入阀组成。该工艺流程简单，投资省，运行费用低。

缓蚀剂泵喷注由缓蚀剂加注泵和注入头组成，可实现连续加注和间断加注，利用计量泵对注入的缓蚀剂精确计量，缓蚀剂雾化效果好，现已广泛采用。

采气管道投入运行以前，宜在管线的内壁涂抹一层缓蚀剂，尽量防止酸性天然气与管线的直接接触，使管线在投运一开始时就得到充分的保护。

集气管道可采用清管发送装置进行缓蚀剂的批量加注处理，保证管线内壁被缓蚀剂膜所覆盖，达到减缓腐蚀的目的。在收球端测量残余的缓蚀剂浓度，确定加注效果。

对于设有气液分离器的单井站、集气站，由于经分离后缓蚀剂液相损失较多，为保证有足够的缓蚀剂保护出站下游管道，在出站管道应设置一处缓蚀剂加注点以保护下游管道。

四、常温单井站模块组合

按生产功能划分成 7 个区块，即井口采气区、加热节流区、分离计量区、储液区、清管区、自耗气区和放空区。工艺流程见图 3-17（图中不包括放空区）。

五、井场装置安全保护

井场装置应有两级安全保护设备：一是井口至集气站之间的一级系统保护，二是井场装置设备及下游管道系统的二级保护。前者的保护设备为井口安全截断系统，当井口下游管道出现超压或失压的情况时，井口安全截断设备自动快速关闭，以保护气井和下游管道、设备；二级保护设备为弹簧安全阀，是一种防止超高压泄放设备，防止上一级压力控制阀失控，保护下游的设备和管道。

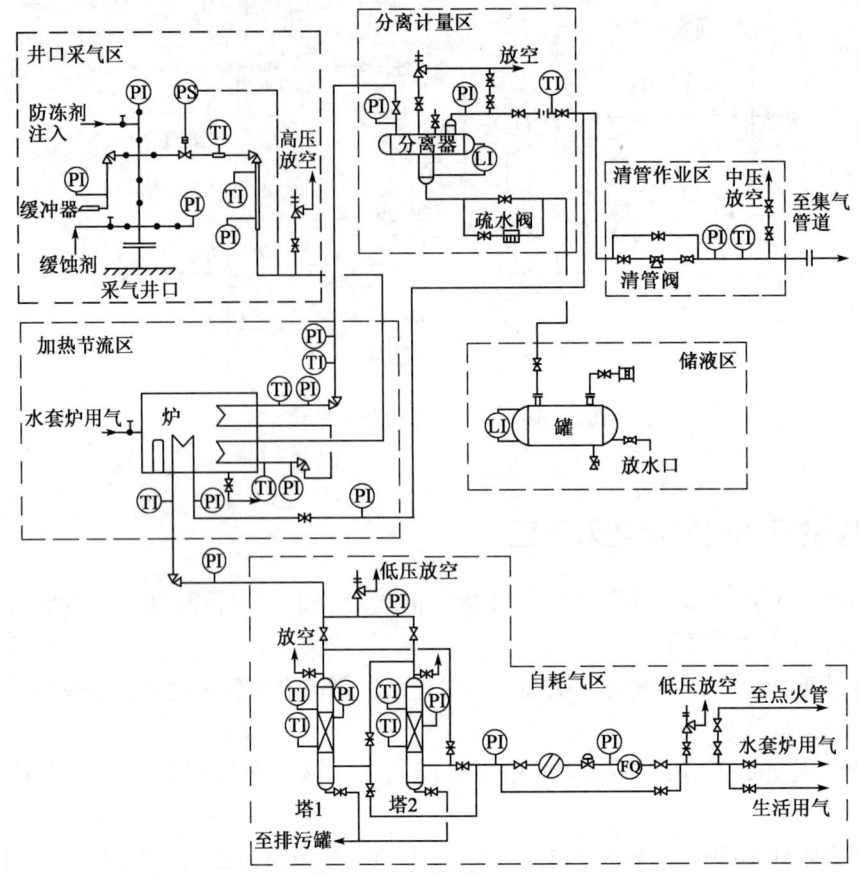

图 3-17 单井集输工艺流程模块组合

PI—压力显示；TI—温度显示；LI—液位显示；PS—压力控制；FQ—流量计

井场装置安全保护设备设置示意如图 3-18 所示。

当井场装置设计工作压力与气井采气压力相等时，节流阀 2 之间的弹簧安全阀可以取消。二级节流阀后的安全阀定压应按采气管线压力确定。

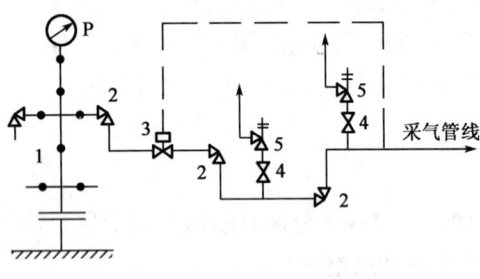

图 3-18 井场装置安全保护示意图
1—采气树；2—节流阀；3—高低压截断保护阀；
4—截断阀；5—弹簧安全阀

（一）高低压截断保护阀

高低压截断保护阀是井口紧急截断装置，通常是一种以气体为动力的自力式的活塞式高低压截断阀。它设有高低压敏感点，当压力超过设定值或集气管道爆破时可自动关闭井口，从而保护气井和下游管道的安全，同时减少天然气的泄漏。

（二）安全阀

集输系统中使用的安全阀主要是弹簧式安全阀和先导式安全阀，大多采用全启式结构。

弹簧式安全阀的主要特点在于一般开启高度等于或大于阀座通径的四分之一。阀瓣在开启过程中可突然跳起，达到全开的高度。这主要是由于阀瓣具有一个反冲盘，阀座具有一个可调的调节圈，两者之间可形成一个气室。当气体超压泄漏时，在气室形成一个回旋区。该回旋区的压力可作用在阀瓣反冲盘上，增加阀瓣的实际承压面积，因此可突然将阀瓣抬起，起到全启式的作用。

安全阀的进口和出口分别处于高压侧和低压侧，且出口直径比入口直径大，故其连接法兰也采取不同的压力等级；同时，由于气体介质由安全阀排放时压力降低，流速增加，故一般要求安全阀的出口通径大于进口通径，通常增大一级。

六、井场装置工艺计算

井场装置的工艺计算包括天然气节流降压计算、节流阀计算、防止水合物生成计算和加热炉的计算。防止水合物生成计算参见第二章，加热炉的计算见第五章。

（一）节流降压计算

井场装置第一级节流阀的功能是调控气井产量，故应在临界状态下操作，阀后压力应为：

$$p_2 < 0.55 p_1 \tag{3-1}$$

式中　p_1——气井采气压力（油管压力），MPa（绝）。
　　　p_2——节流降压后的压力，MPa（绝）。

井场装置第二级及以后节流阀的功能是调控采气管线的起点压力，故应在非临界状态下操作，阀后压力应为：

$$p_3 > 0.55 p_2 \tag{3-2}$$

$$p_4 > 0.55 p_3 \tag{3-3}$$

式中　p_3，p_4——依次节流降压后的压力，MPa（绝）。

（二）节流阀计算

井场装置第一级节流阀的功能是调控气井产量，节流阀的计算公式为：

$$d = \left(\frac{q_v}{156 p_1}\right)^{0.476} (\Delta Z T)^{0.238} \tag{3-4}$$

式中　d——节流阀流通直径，mm；
　　　q_v——天然气流量（$p=101.325\text{kPa}$，$t=20℃$），m³/d；
　　　p_1——阀前压力，100kPa（绝压）；
　　　Δ——天然气相对密度（对空气）；
　　　Z——阀前气体压缩系数；
　　　T——阀前气体热力学温度，K。

井场装置第二级和第三级节流阀的功能是调控采气管线起点压力，节流阀的计算公式为：

$$d = \left(\frac{q_v}{324}\right)^{0.476} \left[\frac{\Delta Z T}{p_2(p_1-p_2)}\right]^{0.238} \tag{3-5}$$

式中　p_2——阀后压力，100kPa（绝压）。

第四节 集 气 站

一、集气站工艺过程

将两口以上的气井用管线分别从井口接到集气站,在集气站对各气井输送来的天然气分别进行节流,分离、计量后集中输入集气管线。

集气站工艺过程主要由汇集工艺、分离工艺、调压工艺、计量工艺、防止生成水合物工艺、气田水处理工艺、防腐工艺等七部分组成。

(一)汇集工艺

汇集工艺将两口以上的气井用管线汇集至集气站进行集中处理,主要设备是汇管。

(二)分离工艺

由于从井场来的天然气中含有凝析油、水、泥砂等杂质,为了不影响天然气的输送和生产,需要对天然气在集气站进行分离处理。因此,在部分井场、集气站和天然气处理厂需要设置分离器,对天然气进行气液、气固分离,以满足集气和外输的要求。当天然气组成中丙烷及更重的烃类组分较多时,则宜进行天然气凝液回收。

天然气气液分离可采用重力分离器。当液量较少、要求液体在分离器内的停留时间较短时,宜选用立式重力分离器;当液量较多、要求液体在分离器内的停留时间较长时,宜选用卧式重力分离器;当气、油、水同时存在并需进行分离时,宜选用三相卧式分离器。

天然气分离器宜设在集气站内。对于需要在井口进行多级节流降压的气井、产液量大的气井和距集气站较远的气井,天然气分离器宜设置在井场。连续计量的气井,每口井必须设1台计量分离器,兼用作生产分离器。周期性计量的气井,计量分离器的数量应根据所计量的气井数、气井产量、计量周期和每次计量的持续时间确定。生产分离器的数量应根据气井产量及分离器的处理能力确定。

(三)调压工艺

由于集气站是汇集两口以上气井的天然气进行集中处理,每一口气井的压力均有差异,同时,井场来气压力与集气站外输压力常常有压差,因此在集气站中需要调压。调压主要设备是节流阀。

(四)计量工艺

为了便于气藏管理者掌握各气井生产动态,一般要计量每口气井的产气量、产液量。气井计量存在两种计量方式,即单井连续计量和多井轮换计量。

单井连续计量工艺通常在单井站设有两相和三相分离器,将油、气、水基本完全分离,采用孔板流量计、液体计量计分别对气、液计量。该工艺流程繁杂,分离、计量设备多,投资高,常用于气田开发初期的试采井、距集气站较远气井对气体的计量。

多井轮换计量工艺在多井集气站设置单井计量和总计量装置,对各井来气轮换进入单井分离计量装置,完成各单井的间隙计量。该工艺具有站场工艺流程简单、分离计量设备少、工程投资省等优点,但该种计量方式为间断计量,单井资料录取准确度低。

采用周期性轮换计量的气井,其计量周期根据计量的路数确定,一般为5~10d;每次计量的持续时间不少于24h。

近年来,有的气田采用移动分离计量工艺,配置车载式移动计量分离器橇定期对单井的气、液分别计量,计量后的气、液混合后再进入集气管道。该计量工艺简化了井场或集气站固定设施,节省了大量投资,但对于高压、大产量气田,移动计量橇装操作安全可靠性较差,实施难度大。

常用的天然气计量仪表主要有差压式流量计、速度式流量计和容积式流量计。

天然气计量采用标准孔板流量计(差压式流量计)时,应符合国家现行标准 GB/T 21446—2008《用标准孔板流量计测量天然气流量》的规定。

速度式流量计直接或间接测量封闭管道中满管流流体的流动速度而得到流体流量,如涡轮流量计、涡街流量计、旋进旋涡流量计和超声流量计等。

目前应用较多的容积式流量计是气体腰轮(罗茨)流量计和气体旋叶(刮动)流量计。游离水和天然气凝液的计量宜采用容积式流量计或容器计量。

(五)防止生成水合物工艺

由于天然气中含有一定数量的水,在一定条件下会形成水合物,堵塞管路、设备,影响集输生产的正常进行,因此在集气站中常常需要防止水合物的形成,在集气站中防止水合物的方式有加热和注入防冻剂。

(六)气田水处理工艺

在集气站对天然气进行预处理分离下来的水中含有较多的盐($CaCl_2$、$MgCl_2$、$NaCl$ 等)和凝析油,不能随意排放,需要对气田水进行处理。

(七)防腐工艺

由于天然气中含有水和 H_2S、CO_2 等腐蚀物,对集气管线和设备等具有很强的腐蚀性,因此在集气站中需要对管线和设备进行防腐。

二、集气站的分类

集气站按过程的温度和相变分为常温集气站和低温集气站。如果需要控制天然气中的水露点和烃露点,以及天然气有足够的压差可利用,一般采用低温集气站的形式;反之采用常温集气站。

集气站按站辖井数分为多井集气站和单井站。集气站一般管辖的井数都在10口井左右,故常称为多井集气站。如果集气站只处理一口井的天然气,称为单井站。

三、集气站工艺流程

(一)常温多井集气流程

对于凝析油含量不多(满足天然气外输烃露点要求)的天然气,只需在矿场集气站内进行节流调压和分离计量等操作,就可以输往用户了。在这种情况下,可以采用常温分离的集气站流程,以实现各气井来的天然气汇集,满足集气管线输压的要求。

1. 常温分离多井集气工艺流程

常温分离多井集气工艺流程如图3-19所示。在集气站中所采用的分离器可以是两相分离器，也可以采用三相分离器。它们的工艺过程相同，只是当气井中天然气中含油和含水均较多而需要同时进行油水分离时采用三相分离器；反之采用两相分离器。常温集气站防止水合物所采用的方法是加热。加热设备可以是套管式换热器，也可以采用水套加热炉，当水套炉热负荷能满足要求时，2口井或多口井可共用1台水套炉。

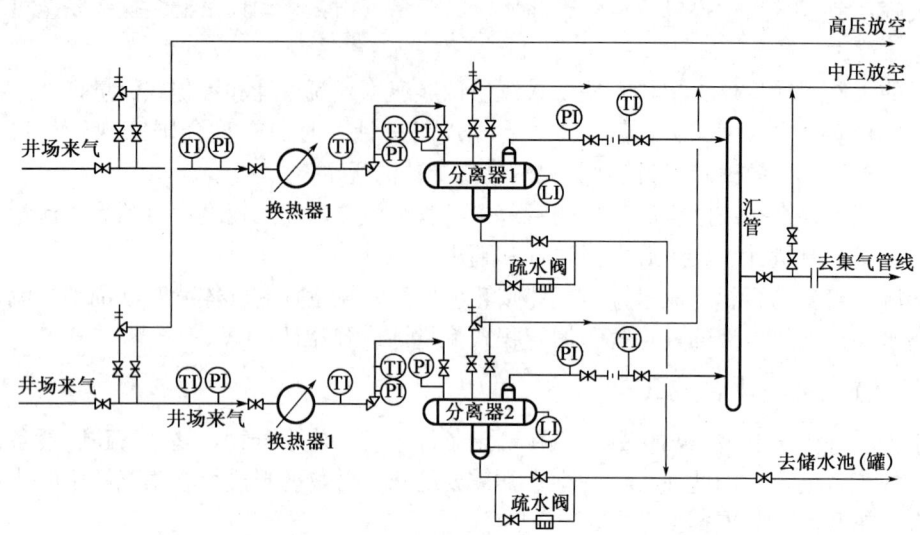

图 3-19 常温分离多井集气工艺原理图（气液两相分离）
PI—压力显示；TI—温度显示

2. 常温分离多井轮换计量流程

该流程适用于单井产量较低而井数较多的气田。全站按井数多少设置一个或数个计量分离器供各井轮换计量，再按集气量多少设置一个或数个生产分离器供多井共用。

当多口单井天然气采用中压输送至集气站时，工艺流程宜采用多井轮换计量集气流程。多井轮换计量集气站的典型流程如图 3-20 所示。

3. 高酸性气田常温分离多井集气工艺流程

高含硫常温多井集气站流程与常规集气站工艺流程类似，不同之处是对分离出来的液体处理工艺，即从分离器分离出来的气田凝析油和采出水分别进入密闭污油、污水常压闪蒸系统。根据采出量的多少，选择采用车运或管输方式，送至液烃加工厂和气田污水回注站统一处理或回注。闪蒸过程中产生的 H_2S 气体引入站场放空火炬燃烧后排放。

（二）低温冷凝分离集气站流程

1. 低温冷凝分离的目的

低温冷凝分离一般适用于丙烷及以上组分含量较高的天然气（富气）。所谓低温冷凝分离，即分离器的操作温度在 0℃ 以下，通常为 $-4 \sim -20℃$。天然气通过低温冷凝分离可回收更多的液烃，从而控制天然气的烃露点。特别对于凝析气藏的天然气，由于天然气中含有较多的凝析油组分，外输天然气常常需要控制天然气的烃露点，此时，需要采用低温冷凝分离。防止生成水合物的方式是注乙二醇。

2. 制冷方法

按照提供冷量的制冷系统不同，低温冷凝分离法可分为直接膨胀制冷法（节流阀制冷）、

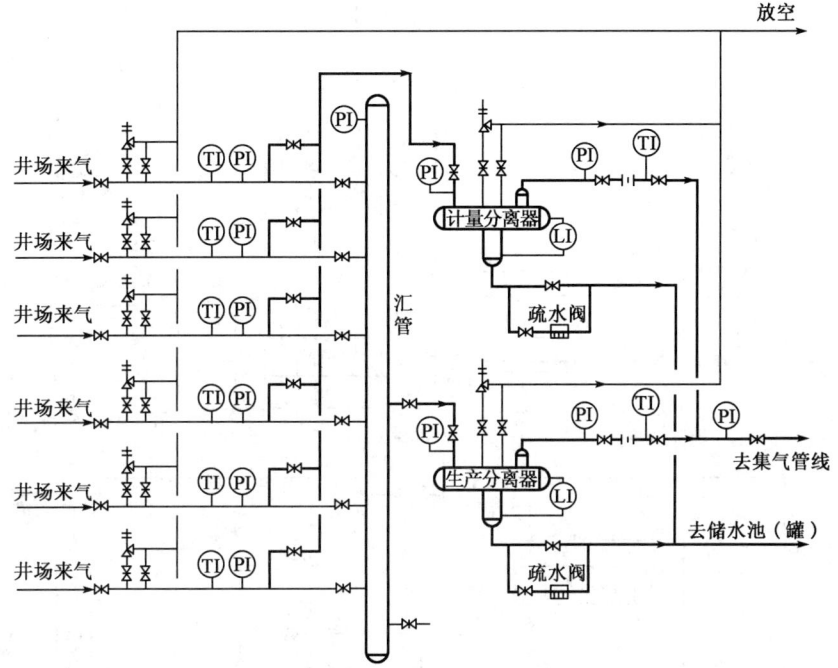

图 3-20 中压多井集气站轮换计量原理流程图
PI—压力显示；TI—温度显示；LI—液位显示

冷剂制冷法（丙烷制冷）和联合制冷法（节流阀制冷＋丙烷制冷）三种，原理和方法见第八章。

3. 低温冷凝分离集气站流程

低温冷凝分离集气工艺通常由以下几部分组成：

(1) 多井集气：包括各单井高压天然气进集气站后气液分离、计量。

(2) 低温冷凝分离：包括注入水合物抑制剂、气体预冷、节流制冷、低温冷凝分离、凝液回收。

(3) 凝液处理：包括凝析油稳定、油醇分离、凝析油储存及输送、抑制剂富液再生贫液与循环使用。

(4) 含醇污水预处理系统：多井集气站的低温冷凝分离流程如图 3-21 所示，气井来气进站后，气体进入一级分离器脱除游离液（水和凝析油）和机械杂质，进入混合室与高压计量泵注入的浓度为 80% 的乙二醇水溶液充分混合，再进入换冷器，与低温冷凝分离器出来的冷气换冷，预冷到规定的温度（低于形成水合物温度）。经预冷后的高压天然气，在节流阀处节流膨胀，降压到规定的压力，此时天然气的温度急剧降低到零下若干度。在这样低温冷冻的条件下，在第二级分离器（低温冷凝分离器）内，天然气中的凝析油和乙二醇稀释液（富液）大量地被沉析出来。脱除了水和凝析油的冷天然气从分离器顶部引出，作为冷源在换冷器中预冷热的高压天然气后，在常温下计量和出站外输。从低温冷凝分离器底部出来的冷冻液（未稳定的凝析油和乙二醇水溶液）去凝析油稳定装置。稳定后的液态产品进三相分离器进一步分离成凝析油和乙二醇富液。乙二醇富液去提浓装置，提浓再生后重复使用。稳定后的凝析油输往炼油厂作为原料。

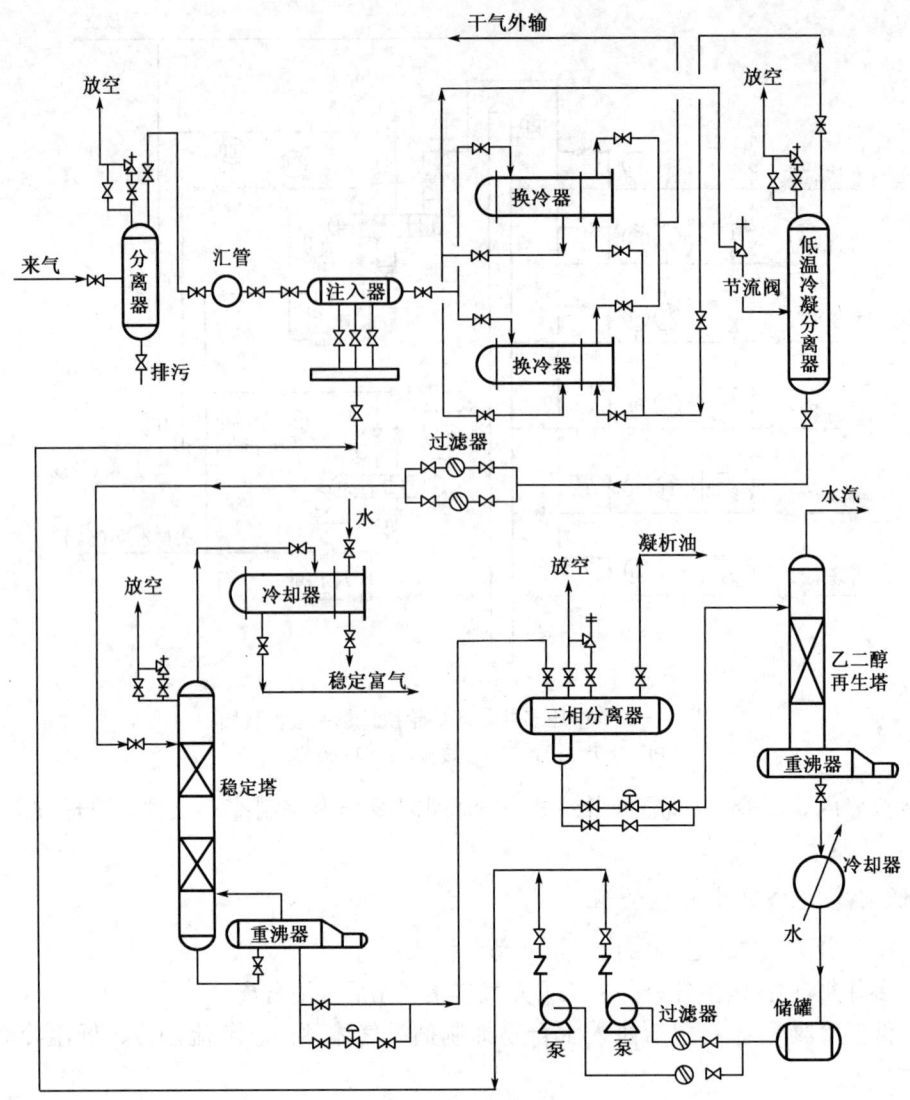

图 3-21 节流膨胀低温冷凝分离原理流程

2. 高含硫天然气含醇污水预处理系统

在高压下,高含硫天然气中的大量 H_2S 溶解在气田污水中。当压力降低、温度升高时,H_2S 就会从气田污水中溢出,对污水的输送处理、回注及醇回收等均造成较大困难,所以必须在集气站对污水进行处理,去除其中所含的 H_2S。当采用低温冷凝分离脱水时,气田污水将来自两部分,一部分为井口分离器出来的普通气田污水,另一部分为低温冷凝分离器出来的含醇(甲醇或乙二醇)气田污水。

对于含醇气田污水,原则上处理方法和普通气田污水相同,即先闪蒸后汽提,闪蒸气和汽提气焚烧后排放。但由于污水中醇的影响,高含硫气田含醇气田污水中 H_2S 的溶解度大大增加。而且,由于低温冷凝分离注醇量较大,必须对含醇气田污水中的醇进行回收,所以在输送到醇回收装置之前需对其进行预处理。这就是高含硫气田对含醇气田污水处理提出的更高要求。

首先,必须将含醇污水中的 H_2S 除去,这样才不致对下游的醇回收装置造成影响。其次,即使将 H_2S 全部从含醇污水中脱除,脱除的 H_2S 处理也存在很大的问题,这是因为含醇污水中 H_2S 的量较大,将其焚烧后产生的 SO_2 量将远远超出了大气污染综合排放标准对 SO_2 排放量的限制规定。采用将闪蒸气和汽提气在站场完全焚烧排放的做法是不可行的,故必须将污水中大部分的 H_2S 输送至净化厂硫黄回收装置进行处理。可以采用二级闪蒸+汽提方案,闪蒸气去净化厂,汽提气在站场焚烧。二级闪蒸+汽提方案中,含醇污水处理中 H_2S 的去向示意图如图 3-22 所示。

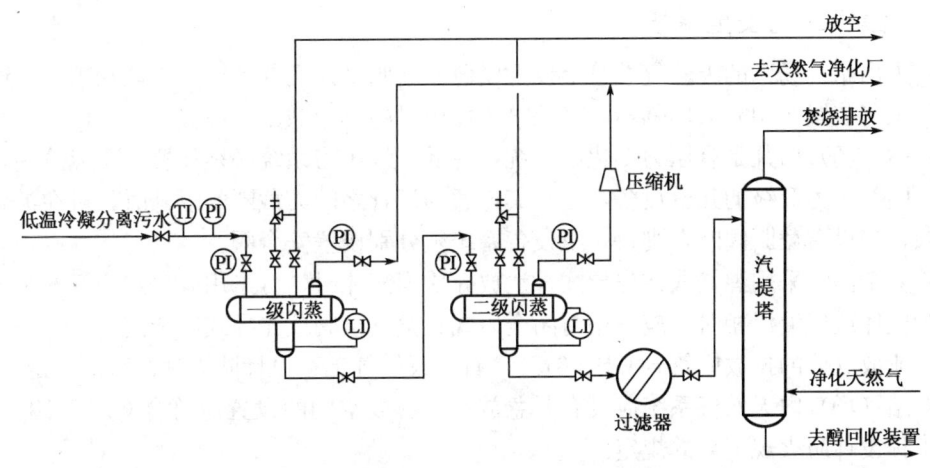

图 3-22 高含硫气田含醇污中 H_2S 的去向图
PI—压力显示;TI—温度显示;LI—液位显示

二级闪蒸+汽提,即从低温冷凝分离装置出来的含醇污水首先在高压下进行闪蒸,闪蒸气输送到净化厂,闪蒸后的污水进入常压下的第二次闪蒸,闪蒸气通过酸气压缩机压缩后与一级闪蒸气混合后输送至净化厂。通过一、二级闪蒸后的含醇污水中所含 H_2S 量已不多,通过天然气汽提,汽提气焚烧排放,就可以满足大气污染综合排放标准的要求了。

(三) 常温分离与低温冷凝分离的选择

根据气井产出物种类、数量和系统对分离工艺目的的要求,对常温分离工艺还是低温冷凝分离工艺进行选择。

低温冷凝分离工艺多用于天然气中凝析油回收和天然气脱水。低温冷凝分离为满足外输商品天然气对烃水露点的要求,采用浅冷的低温冷凝分离处理工艺。它主要适用于气藏压力高、开采过程压力递减平缓、原料气与外输气压力差可供利用而原料气较贫、回收凝液价值不大的气田,开采前采用 J-T 阀节流制冷,压力衰减后采用增压维持压力或外加冷源。

对于天然气较富、凝析油含量大(每立方天然气中戊烷及以上的烃类组分按液态计大于 10mL 时)而气井压力和外输气压力之间没有足够压差可利用的气井,可采用冷剂制冷法低温冷凝分离工艺,达到分离和回收天然气中凝析油目的。由于我国的伴生气大多具有组成较富、压力较低的特点,所以自 20 世纪 80 年代以来新建成或改扩建的天然气凝液回收装置多采用膨胀制冷和冷剂制冷的联合制冷法。

(四) 集气站工艺计算

(1) 物料平衡计算。通过各级和各类分离器的相态平衡计算,得出进站物料和出站物料之间的平衡，即通过原料天然气进站量计算出天然气出站量和液烃的回收量，以及游离水的出站量。计算方法采用闪蒸分离法（见第七章）。

（2）热平衡计算。常温单级分离和常温多级分离，当采用加热法防冻时，需进行热量平衡计算，以确定加热量和加热设备。低温冷凝分离热平衡计算包括冷、热天然气的换热量计算，换热设备的确定，计算方法见第八章。

（3）水合物抑制剂循环量计算。采用低温冷凝分离法脱水时，需进行抑制剂循环量计算，计算方法见第二章。

（五）集气站的安全保护

（1）进出站（场）的天然气总管上设置紧急截断阀，采用气动或气液联动球阀，设置阀组区，与工艺装置区用防火墙隔断，确保事故发生时能迅速截断气源。

（2）站（场）内凡是有压力变化的系统，在低一级压力系统必须设置安全泄放阀对其进行保护。同一压力等级的几台设备，当与其连通的汇管之间无截断阀隔开时，可在汇管上设置安全阀；当设有截断阀时，则每一组设备系统须分别设置安全阀。

（3）安全阀宜采用弹簧式或先导式。泄放介质为液体时，可采用微启式弹簧安全阀；泄放介质为气体或气液混相时，应采用封闭全启式弹簧安全阀或先导式安全阀。

（4）泄放气体的排放应符合 GB 50183《石油天然气工程设计防火规范》的规定。

（5）站（场）内天然气系统应设有紧急放空阀。放空阀的设置应符合 GB 50183《石油天然气工程设计防火规范》的规定。

（6）站（场）内需要定期检修的设备，应按系统分组设置进、出气体（液体）截断阀。在进、出截断阀之间设置检修放空阀，该阀一般不大于 50mm。放出气体应纳入同级压力的放空管线。

（7）对带有液烃的气体放空管线，在进入火炬之前应设分液罐。

第五节　矿场增压站

一、气田天然气增压简介

（一）增压目的

1. 满足集输管网对输送压力的需求

对于低压产气区产出的天然气以及气田开发后期产出的天然气，为了满足集输压力的要求而进行增压。

不同气田的气井压力也有很大差异。提高低压产气区的集气压力，常常可以降低生产设施的规格和建设费用。尤其是低压产气区与高压产气区共用集气管网时，这种增压更为必要。

2. 满足天然气凝液回收对压力的要求

当需要回收天然气凝液时，如果因天然气压力较低，采用膨胀制冷法不能获得凝液回收所要求的低温，经过技术经济对比，也可对天然气进行增压。增压的方式有前增压或后增压，以满足凝液回收和集输管道对天然气压力的要求。

(二) 气田增压的特点

1. 增压站的社会依托条件差

油气田大都位于偏远山区或沙漠,交通不便,供电设施不完善,动力供应极差,设备维修极不方便。

2. 介质不清洁

油气田生产的天然气都含有污水、H_2S、CO_2 和固体颗粒物等杂质,因天然气多不洁净,故增压前应将天然气中的杂质清除干净,为此须设置分离设施,以分离天然气中的水及固体杂质。CO_2、H_2S 超过一定量后,对天然气压缩机危害极大,此时必须在增压站前设置脱硫、脱 CO_2 装置,以延长压缩机的使用寿命。

3. 工况差

井口天然气工况范围变化宽,天然气压力、流量波动幅度较大。因此,天然气压缩机必须适应井口天然气变工况操作的要求,应使压缩机进口压力范围宽,天然气流量负荷变化大。

4. 分散、规模小

油田气井较分散,单井产量较低(尤其在开发后期),故矿场增压站设置应尽量考虑油气井地理分布及单井产量低的特点。

(三) 增压方法

1. 压缩机增压法

压缩机常用的有往复式压缩机、离心式压缩机、螺杆式压缩机等。气田天然气增压常用往复式压缩机。

2. 高、低压气压能传递增压法

高、低压气压能传递增压法是采用引射器(也称为增压喉),用一股高压天然气以很高速度流经引射器并从喷嘴喷出,由于其动压增加而静压降低,将喷嘴前的另一股低压天然气引入其中,从而达到使低压气增压的目的。它的特点是不需外加能源,结构简单,不存在运动部件,操作使用方便,但是效率低,且需高、低压气源同时存在才能使用。虽然在国内外天然气集气系统增压中均有应用,但不普遍。

(四) 压缩机及驱动机选型

压缩机的选型根据气体组成、进气压力和气量等变化的特点而进行。一般有下述原则:

(1) 往复式压缩机适用于气源不稳定或气量较小的低压天然气增压、高压注气和高压气举、压比较高的天然气增压。

(2) 当气源比较稳定、气量较大、压比不大时,宜选用适合气田气的离心式压缩机。

(3) 当气量较小、进气压力比较平衡时,可选用螺杆式压缩机。当气质较贫时,可选用喷油螺杆式压缩机。

(4) 压缩机的驱动机可选用电动机或燃气机。当气田附近有经济、可靠的电源时,宜采用电动机驱动;在无电或电力供应不可靠的地区,往复式压缩机采用燃气发动机驱动,功率较大的离心式压缩机宜采用燃气轮机驱动,余热加以利用。

(五) 增压方式和顺序

目前应用较多的增压方式主要是集气站增压和处理厂集中增压两种。

若采取处理厂集中增压方式，增压装置设在处理装置之前通常简称前增压，增压装置设在处理装置之后则简称后增压。采用何种增压方式，应根据处理厂内工艺装置设置要求经综合比较而定。

例如，长庆气区苏里格气田第一、三、四处理厂和榆林气田长北区处理厂设有增压装置和丙烷制冷的低温法脱油脱水装置。采用前增压时，脱油脱水装置运行压力较高，但设备尺寸相应较小，经综合比较后总投资较低且凝析油收率较高，故均采用前增压方式，即增压装置在脱油脱水装置之前。

采用后增压方式时，处理装置设备尺寸较大。但是，因天然气已经处理，故压缩机工作条件相对较好，可以提高其运行可靠性。因此，如有低压用户且其用气量较多时，选择后增压方式也是可行的。例如，苏里格气田第二天然气处理厂增压装置即在低温法脱油脱水装置之后。

二、气田增压站流程

当增压站采用往复式压缩机进行增压时，工艺流程设计应根据集输系统工艺要求，满足气体除尘、分液、增压、冷却、越站、试运作业和机组的启动、停机、正常操作及安全保护等要求。

目前，增压站使用的压缩机组均为往复式压缩机组，压缩机的驱动机可选用电动机或燃气机。

图3-23为气田增压站采用燃气发动机驱动增压的原理流程图。该流程适用于燃气发动机驱动的活塞往复式压缩机组，机组自带冷却系统。如无自带冷却系统，则需增加冷却系统。

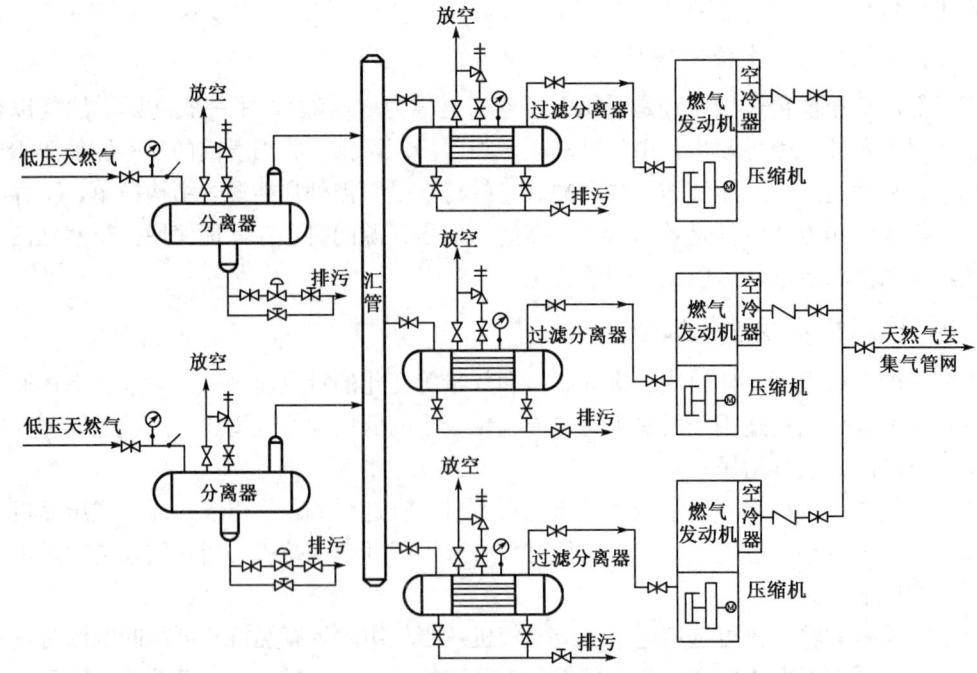

图3-23　气田天然气增压燃气发动机驱动工艺原理流程图

三、气田增压站工艺计算

压缩机工艺计算的主要内容有：
(1) 压缩机的压比和排量核算；
(2) 压缩后的天然气温度计算；
(3) 动力机的功率计算；
(4) 压缩机进出口缓冲罐容积计算；
(5) 气体压缩前的净化设备计算。
具体计算方法见第四章第三节。

第六节 矿场脱水站

在天然气集输过程中，由于天然气中始终含有水，当在天然气含有 H_2S、CO_2 时，H_2S、CO_2 与水形成具有很强的腐蚀性的酸，对管道造成腐蚀；为了解决天然气在集输过程中的腐蚀问题，在气田内部常常建立天然气脱水站脱出天然气中的水，采用干气输送，从而避免天然气在集输过程中的腐蚀。

天然气在集输过程中脱水深度只需要满足集输过程中没有水从天然气中凝析就可以。一般脱水后天然气的露点比集输条件下的最低温度低 5～10℃。

一、天然气脱水的方法

（一）低温冷凝分离法

这类方法可采用节流膨胀冷却或加压冷却。节流膨胀的方法适用于高压气田，它是使高压天然气经过焦耳—汤姆逊效应制冷而使气体中的部分水蒸气冷凝下来。为了防止在冷冻过程中生成水合物，可在过程气流中注入乙二醇作为水合物抑制剂（在 -18～-40℃ 的范围内有效）。如需进一步冷却，可使用膨胀机制冷。加压冷却是先用增压的方法使天然气中的部分水蒸气分离出来，然后再进一步冷却，此法适用于低压气田。

如果天然气田的压力不能满足制冷要求，增压或由外部供给冷源又不经济，就应采用其他类型的脱水方法。

（二）溶剂吸收法

溶剂吸收法是目前天然气工业中使用较为普遍的脱水方法。虽然有多种溶剂（或溶液）可以选用，但绝大多数装置都用甘醇类溶剂，被广泛采用的甘醇类溶剂是三甘醇（TEG）。三甘醇法脱水装置的露点降可达 40℃ 左右。三甘醇脱水工艺流程见第七章。

（三）固体吸附法

固体吸附法是用多孔性的固体吸附剂处理气体混合物，使其中所含的一种或数种组分吸附于固体表面上以达到分离。天然气脱水过程使用的吸附剂主要有硅胶、分子筛等。固体吸附法脱水工艺流程见第七章。

二、含有 H_2S 天然气矿场脱水注意事项

在含硫气田的开发过程中，为防止集输过程中管线发生腐蚀，应把含硫天然气先脱水后再集输。含硫天然气的 TEG 法脱水原则上是和一般气体同样操作的，但也有其特殊的地方，现简要介绍如下。

(一) 富 TEG 溶液的汽提

当含硫天然气与 TEG 溶液接触时，H_2S 会溶解到 TEG 溶液中，其溶解量随分压增加而增加，随温度升高而减少。H_2S 溶解于 TEG 溶液后，不仅导致溶液 pH 值下降，而且也会与 TEG 反应而导致溶液变质。因此，处理含硫天然气的装置，其流程 TEG 脱水流程有所不同，应在富 TEG 溶液进再生塔前的位置上增设一个富液汽提塔，以不含硫的天然气或其他惰性气汽提。

(二) 装置的防腐

TEG 脱水装置本身就存在腐蚀问题，处理含硫天然气的装置则腐蚀更为严重，必须充分重视。纯净的 TEG 溶液本身对碳钢基本上不腐蚀，一般认为腐蚀的加速是由于存在其他化合物，它们主要来自 TEG 的热降解、氧化降解以及与 H_2S 反应而产生的化学降解。甘醇类化合物氧化而生成的有机酸以及从气流中吸收 H_2S 和 CO_2 是装置腐蚀的重要化学因素。

TEG 脱水装置防腐问题的要点可大致归纳如下：

(1) 腐蚀严重的设备或部位采用耐腐蚀材料，如在吸收塔内采用不锈钢衬里、不锈钢板，等等。

(2) 采取工艺性的防腐措施，如加强分离和过滤措施，保持溶液清洁；用惰性气体保护溶剂储罐等设备，防止氧气进入系统；改进工艺设计，降低操作温度和流体流速，等等。

(3) 使用中和剂或缓蚀剂。TEG 装置的腐蚀与溶液的 pH 值密切有关。pH 值降低，则腐蚀加剧，因而可以在 TEG 溶液中注入中和剂和/或缓蚀剂，保持溶液 pH 值在 7.3～8.5 的范围内。pH 值也不宜过高，否则会增加溶液的发泡倾向。常用的中和剂和缓蚀剂有硼砂、一乙醇胺、三乙醇胺、磷酸钾、苛性钠、碳酸钠。

第七节 清 管

一、清管目的

(一) 管道竣工后投产前清除管内的污物

在施工过程中，管内常常遗留下许多泥土、岩石和焊渣，投产前需要清理，以免在生产时堵塞管线和设备。

(二) 管线运行一段时间后清除管内的一些污物

在生产过程中，在管线中的天然气中常常会凝析一些液态水、凝析油等液体，同时，这些液体对管线也会造成腐蚀，产生腐蚀产物，造成管线截面积降低，降低输气量，甚至造成管线的堵塞，因此，管线运行一段时间后需要清除管内的一些污物，从而提高管道的使用

效率。

（三）在对新建管道进行水压测试后清除水分

集输管道输送的天然气常常是未净化的天然气，天然气中的水以及 H_2S、CO_2 等对集输管道的腐蚀比较厉害，在清管的过程中，为了了解管道内壁的腐蚀状况和金属管道的损伤状况，需要对管道进行检测，一般可以通过智能清管器在清管的过程中进行检测。

清管器的设计和安装应该符合其相应使用要求，如管道的清理和检验，必须遵守相关设计规范，确保总体兼容性和安全性。

二、清管工艺

通常，在集气管线的起点设置清管器发送装置，管线的终点设置清管器接收装置。对于长度大于50km的集气干线，则应根据集气工艺、气质特点、地形条件、适当考虑线路中间增设发送、接收站的装置。在大型穿、跨越的两端，各设置一套既可收又可发的清管装置。这样，一则避免将前端管线所清除的污物流入穿、跨越管段；二则有利于穿、跨越管段的清管。

（1）当集气管道公称通径不大于100mm时，推荐采用清管阀或简易清管装置。

（2）当集气管道公称通径大于100mm时，可采用清管收发球筒或清管阀。

采用清管阀的工艺流程见图3-24，采用简易清管装置的工艺流程见图3-25，采用清管球筒的工艺流程见图3-26。

清管器的种类很多，目前在气田上使用最多的是清管球和皮碗清管器。

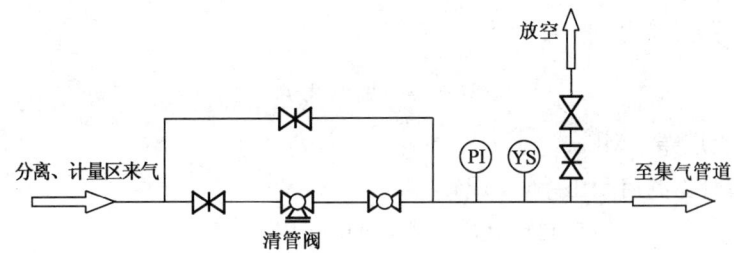

图 3-24 采用清管阀工艺流程图
PI—压力显示；YS—清管器通过指示

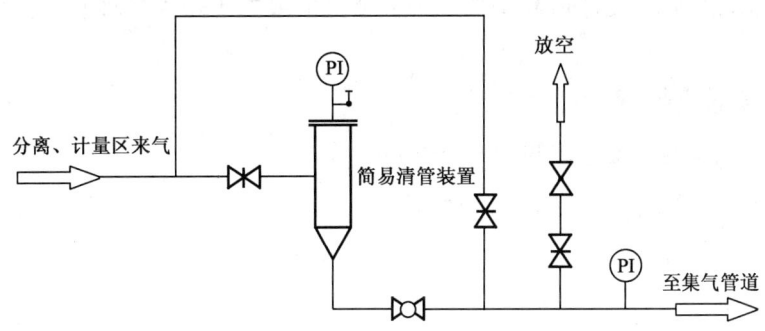

图 3-25 采用简易清管装置工艺流程图
PI—压力显示

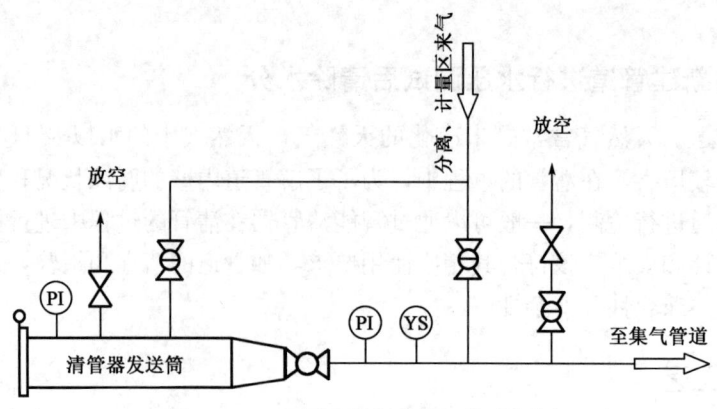

图 3-26 采用清管发球筒工艺流程图
PI—压力显示；YS—清管器通过指示

三、清管有关计算

（一）清管器过盈量选择

清管球注满水过盈量为 3‰～10‰。
皮碗清管器过盈量为 1‰～4‰。

（二）清管段起终点最大压差的估算

根据管道地形高程差、污水状况、启动压差、目前输气压力差、历次清管记录等估算清管段起终点最大压差。

一般近似计算公式为：

$$p = p_1 + p_2 + p_3 \tag{3-6}$$

式中　p——最大压差，MPa；
　　　p_1——清管器的启动压差，MPa；
　　　p_2——当前收、发站之间输气压力差，MPa；
　　　p_3——估算管内最大的积液高程压力，MPa。

（三）清管始发站输气压力

根据用气状况、管道允许最高工作压力、估算的最大压差等合理确定清管始发站输气压力。

（四）清管器运行速度

清管器的运行速度一般宜控制在 12～18km/h。

（五）清管所需推球输气流量的估算

根据清管器运行速度、推球平均压力、管道内径横截面积近似估算清管所需推球输气流量。一般近似计算公式为：

$$Q = 240F \cdot \bar{p} \cdot \bar{v} \tag{3-7}$$

式中　Q——输气流量，km³/d；

$\bar{v}$——清管器运行平均速度，km/h；
F——管道内径横截面积，m²；
$\bar{p}$——清管器后平均压力，MPa。

(六) 清管器所需总进气量的估算

清管前应估算清管所需总气量，安排好气量调度工作。如果管道内污物、积液多，高程度较大，特别应注意气量的储备。一般以下列公式近似估算总进气量：

$$Q_{总} = 10F \cdot L \cdot \bar{p} \tag{3-8}$$

式中　$Q_{总}$——总进气量，km³；
　　　F——管道内径横截面积，m²；
　　　L——清管器运行距离，km；
　　　$\bar{p}$——清管器后平均压力，MPa。

(七) 清管所需总运行时间的估算

一般近似公式为：

$$t = \frac{L}{\bar{v}} \tag{3-9}$$

式中　t——清管器运行时间，h；
　　　L——清管器运行距离，km；
　　　$\bar{v}$——清管器运行平均速度，km/h。

(八) 清管器运行过程工艺计算

当检查清管器确已发出后，开始进行各项工艺计算，结合沿途监听点的汇报，随时掌握清管器的运行情况，及时发现和正确处理各类问题。

1. 清管器运行距离的估算

近似公式如下：

$$L = \frac{Q_b}{10F \cdot \bar{p}} \tag{3-10}$$

式中　L——清管器运行距离，km；
　　　Q_b——发清管器后的累积进气量，km³；
　　　$\bar{p}$——器后平均压力，MPa；
　　　F——管道内径横截面积，m²。

2. 清管器运行速度的估算

$$v = \frac{Q}{240F \cdot \bar{p}} \tag{3-11}$$

式中　v——清管器运行速度，km/h；
　　　Q——输气流量，km³/d；
　　　F——管道内径横截面积，m²；
　　　$\bar{p}$——清管器后平均压力，MPa。

如果不能计算输气流量，可以采用下式估算清管器运行平均速度。

$$\bar{v} = \frac{L}{t} \tag{3-12}$$

式中 $\bar{v}$ ——清管器运行平均速度，km/h；
    L ——清管器运行距离，km；
    t ——运行 L 距离的实际时间，h。

3. 清管末站放空与排污

清管作业中，应保证管内污物不得超过清管管段，放空、排污符合环保要求，还应当估算放空气量和排污量。

4. 放空气量

$$Q_{放} = 231.5 \frac{D^2 \times p}{\sqrt{d}} \tag{3-13}$$

式中 $Q_{放}$ ——天然气放空瞬间气量，m^3/d；
    D ——放空管出口端内径，mm；
    p ——清管管段起点站压力，MPa。

第八节 我国典型的气田集气工艺系统

一、高含硫气田

（一）龙岗气田

龙岗气田天然气中 H_2S 含量为 4.52%（体积分数），CO_2 含量为 6.07%（体积分数），属于高含硫气田。设计关井压力为 50MPa，一级节流阀后高压管线设计压力为 27.5MPa，二级节流阀后设计压力与采、集气管线一致，采用 9.9MPa。

气田内单井至集气站采用气液混输工艺，即各单井原料气经节流、加热、再节流后，由采气管线气液混输至集气站或集气总站，再进入净化厂集中处理。对于单井水气比大、采气管线长的井站，采取单井分离、气液分输工艺，即各单井原料气经节流、加热、节流、分离后，气液分输至集气站。

集气干线、采气管线均采用保温方式。采气管线、集气干线采用 L360NCS 管材。集气管网采用多井集气湿气混输工艺。

集气管网系统设计压力为 9.9MPa。正常生产时，井口采用水套加热炉加热，防止水合物的形成；冬季和开停工工况下，可在缓蚀剂注入口加注抑制剂，防止水合物形成。井口连续加注缓蚀剂，防止 H_2S 和 CO_2 对管线的腐蚀。

气田水在各集气站或产水量较大的单井站采用低压闪蒸后，密闭管输至回注站回注于地层。根据龙岗气田的气田水富含 H_2S、CO_2、Cl^- 和矿化度高等特点，气田水输送管线采用钢丝网骨架增强聚乙烯塑料连续复合管，接口处采用金属卡套连接。

在龙岗净化厂中央控制室设置 SCADA 系统监控中心。各单井站设置 PLC，集气站设置站控系统，远控阀室、气田水回注站设置RTU。

(二) 普光气田

普光气田位于川东北宣汉县境内，所产的天然气为高含硫天然气，H_2S含量为14.14%（体积分数），CO_2含量为8.63%（体积分数），有机硫含量为340.6mg/m³。

普光气田采用气液混输工艺，集气站和井口天然气不脱水，气液混输到净化厂进行处理。

由于集气管线内为高含硫酸性气体，选用国外生产的专用抗硫管材，主要有镍基合金、镍基复合钢、不锈钢复合钢、抗硫碳钢管材等。这些管材除应满足力学性能外，还必须通过标准液的抗氢致开裂（HIC）及抗硫化物开裂（SSC）试验。

二、低含硫气田

(一) 长庆气田

长庆气田位于鄂尔多斯盆地中部，是低渗透、大面积、复合联片整装气田，资源量丰富，没有边水和底水。气田单井产量低（平均为$4.5 \times 10^4 m^3/d$），天然气中的含酸性气体（H_2S含量为0.05%，CO_2含量为4.8%）。根据该气田特点，地面技术形成了独具特色的"三多、三简、四小、四集中"为核心的模式。主要工艺流程：从气井井口出来的高压气流（22MPa，井口注醇）不经过加热和节流而通过采气管道直接输送到集气站，在集气站内进行加热节流降压（6.4MPa）、气液分离和计量，再经过脱水（三甘醇脱水）后进入集气干线，通过集气干线输到净化厂。

1. 三多

1) 多井高压常温集气工艺

多井高压常温集气工艺是指多口气井高压天然气不经过加热和节流，直接通过采气管线去集气站，在集气站内节流降压、气液分离和计量，再经脱水后进入集气管网，然后输至净化厂。一座集气站一般可辖井4～16口。

采用多井高压常温集气工艺使布站简化，集气站数量减少，整个气田实现了集气站、净化厂"二级"布站。

2) 多井高压集中注醇工艺

多井高压集中注醇工艺是在集气站设高压注醇泵通过与采气管线同沟敷设的注醇管线向井口和高压采气管线注入甲醇，除井口装置外无其他设备，实现了无人值守。

3) 多井加热工艺

集气站一台加热炉设有多组加热盘管，可同时对多口气井来气进行加热和节流。自动温度控制技术是一炉对多井加热节流的关键。一台多井加热炉可加热4～8口气井，大幅度减少了集气站的加热炉数量。

2. 三简

1) 简化井口

采用高压集气工艺和集中注醇后，仅在井口安装高压自动安全保护装置。该装置在采气管线发生事故前后压差达到1～1.5MPa时自动关闭，故可有效防止事故的发生或灾害的扩大。经过简化的井口除井口装置外没有需要维护的其他设备,实现了无人值守。

2) 简化计量

气田单井产量比较稳定,波动幅度较小,故采用间歇计量完全可以满足生产需要。因此,在集气站内设一台生产分离器用于混合生产,另设计量分离器用于单井计量。

3) 简化布站

采气管线和集气站的投资占集气系统建设总投资的60%以上,因此优化布站、简化集气管网可大幅度降低建设投资。靖边气田开发早期充分考虑了集气半径、集气站规模、水合物抑制剂消耗等多种因素的影响,应用管网优化软件,确定了最优集气半径在6km以内,集气站辖井数在4~16口之间,实现了优化布站。实践证明,优化后的集气站分布和采集气管网(包括注醇管线)的投资是最省的。

3. 两小

1) 小型橇装三甘醇脱水装置

采用小型橇装脱水装置降低了集气干线安全集气风险。橇装化三甘醇脱水装置集加热、脱水、溶剂再生、计量于一体,采用气动仪表实现自动化控制,溶剂循环泵为差压式柱塞泵,不需外接电源,适合靖边气田的特殊环境。

集气站脱水是靖边气田集气系统的特色。由于靖边气田天然气含硫,故在集气站脱水,将干气输送至净化厂,可以减缓H_2S和CO_2腐蚀,有效保护集气支干线安全运行,提高了集气支干线的使用寿命。

2) 小型天然气发电

靖边气田自然环境恶劣,气区面积大,采用专用电网为集气站供电投资巨大,运行维护困难。为了降低投资、方便管理,在集气站采用小型天然气发电机供电方式。每座集气站配置18kW或30kW的小型天然气发电机2台,互为备用。多年的生产实践证明可以满足生产需要。

4. 四集中

针对靖边气田地域面积大、井站分散、天然气碳硫比(即天然气中CO_2与H_2S的摩尔分数之比)高等特点,采取了天然气集中净化、甲醇集中回收、工业污水集中处理、生产运行集中监管的工艺技术。

1) 高碳硫比天然气集中净化

靖边气田1997年建成的第一净化厂采用了常规MDEA脱硫工艺。MDEA溶液具有选择性吸收H_2S、能耗低、腐蚀轻微、溶剂损失小、稳定性好等优点。随着气田的开发,为了适应天然气中H_2S、CO_2含量上升的变化,又对脱硫脱碳工艺和溶液进行了优化和选择,详见本书第六章。

2) 甲醇集中回收

靖边气田采用注入甲醇的方法抑制水合物的形成,由于注醇量大,为防止污染环境,故须对甲醇进行回收。该气田在净化厂附近配套建设了甲醇集中汇收装置,将各集气站收集的含醇污水用汽车拉回集中回收甲醇。

靖边气田甲醇回收处理工艺中,首次利用了污水中含有的铁离子作为水质处理混凝剂的技术，开发了适应进料中含醇量大幅度变化的"单塔精馏"自动控制技术，创建了现场甲醇快速测定方法。处理后污水中甲醇含量小于0.02%（质量分数），降低了气田生产成本。

3）工业污水集中处理

在净化厂建设了工业污水集中处理设施，回收甲醇后的污水和净化厂内工业污水混合后经过生物化学处理、沉淀、二级过滤，最后集中回灌地层（中生界三叠系上统延长组），达到了污水零排放，避免了工业污水对地面水环境的污染。

4）SCADA集中监控技术

靖边气田面积大，井站分散，自然环境恶劣，实现自动化数据采集和控制是满足生产要求的关键。

控制系统采用三级控制管理模式。第一级为气田生产调度中心，气田管理层可以通过网上的管理终端直接监视各集气站、净化厂的生产动态；第二级是各个系统控制中心，如气田集气系统、净化厂的集散系统（DCS）等；第三级是各系统的现场控制单元。

靖边气田的自动控制系统实现了对气田全方位监控、管理，以数据采集和信息管理为核心，以办公自动化为方向，为生产管理决策分析提供有力支持。

(二) 克拉2气田

克拉2气田位于新疆塔里木盆地拜城县境内，处于雅丹地貌区，气田地质储量$2840186\times10^8 m^3$，日产天然气$3000\times10^4 m^3$，产能规模雄居国内之首，在较长一段时间内占据西气东输日供气量的80%。气田内共有10口生产井，单井产量$300\times10^4\sim400\times10^4 m^3/d$，最高可达$700\times10^4 m^3/d$。气田具有异常高压、高产、高温的特点，井口压力为54~58MPa，井口温度为70~85℃，天然气中不含H_2S，但CO_2含量为0.17%，开采中期产出的气田水中Cl^-含量为100667mg/L，腐蚀性极强。

1. 集气工艺

1）单井集气

克拉2气田呈长方形条状，含气面积不大，10口生产井沿气田东西轴线均匀布置，东西最远井间距约12km，南北最远井间距仅为1.15km，因此，采用了单井集气工艺，集气干线尽量靠近单井敷设。

中央处理厂设于气田中部，气田内建东西两条集气干线，各单井由集气支线就近接入集气干线，形成枝状集气管网，简捷顺畅。集气干线为双管形式，一条干线发生事故，不影响另一条干线正常集气。集气支线进入干线处设有阀井，一条支线发生事故，不影响其余支线及干线的正常输气，提高了集气管网的安全可靠性。

2）气液混输

根据该气田开发方案，2011年后可能出现地层水，预计全气田总产水量为$1000m^3/d$，集气管网将出现明显的两相流，即气液混输。对不同工况进行模拟计算得知，清管时由集气管线排出的液塞最大，但因正常运行时管内水气比不大，管线内持液量较低，排出的液塞也较小，仅为$8\sim9m^3$，为此，中央处理厂集气装置区设有6台预分离器，直径为1600mm，长度为9000mm。清管时，在液塞到达之前，适当控制分离器中的液位，足可容纳该段液塞，从而保证清管时中央处理厂内其他装置的稳定运行。

因开发方案对气田产水预测的不确定性，鉴于克拉2气田产能较大，为应对今后产水量可能比目前预测值大幅度增加的不利情况，在中央处理厂进厂处的集气装置区预留有其他液塞捕集器的接口及场地。

3）水合物防止

在气田生产中前期，井口节流前流动压力为58MPa，流动温度为70～85℃，经节流至12.2～12.4MPa后，天然气温度为47～48℃，输送至中央处理厂的温度为45～46℃。在气田生产后期，井口天然气流动温度仍高达77℃左右，但井口保持定压开采，压力只有4.0MPa，不需节流，故在井口几乎无温降。因集气管线距离短，到中央处理厂仍可达73℃左右，均远远高于相应压力下的天然气水合物形成温度，因而在气田开采全过程的正常工况下不可能形成水合物。但是，考虑到气井投产及管网停产等非正常工况下有可能形成水合物，仍在井口设有注醇接头，配备了移动式注醇车。

4）计量

为了解各气井生产动态，对每口气井的产气量、产液量进行计量。由于采用了单井集气流程，对每口井均可实现连续计量，采用文丘里流量计不分离直接进行气液计量。

5）腐蚀控制

克拉2气田天然气中CO_2的体积分数虽然仅为0.017%，但因气体压力和温度高，特别在开采中后期，井口节流前流动温度基本不变，随着井口节流压差减小，集气管网中气体温度反而会有所上升，可达70～85℃，故在中后期CO_2腐蚀会更加严重。另外，气田采出水为$CaCl_2$型，Cl^-含量高达100667mg/L，HCO_3^-含量达800mg/L，更加剧了腐蚀速率。由于克拉2气田在我国商品天然气生产中占有举足轻重的特殊地位，根据气田开发经济效益情况，为了尽量提高安全供气的可靠性，经过反复论证，最终确定集气管网选用22Cr双相不锈钢管材，从材质上解决了抗腐蚀问题。

6）井场流程

该气田井场的主要功能为天然气节流降压、计量，设有水合物抑制剂、防蜡剂和阻垢剂的接口，还配备了外夹式测砂仪。井口装置安装了地下及地面两重安全紧急截断阀。井场无人值守，设有过程控制系统和ESD系统，由RTU实施数据监测与控制功能，并配备远程工业电视监视系统。

2. 集气系统特点

克拉2气田集气工艺具有以下主要技术特点：

(1) 集气管网布置综合考虑了井位分布、中央处理厂选址、外输天然气流向等因素，简洁顺畅，经济合理，可靠性高。

(2) 采用单井集气、气液混输工艺，流程简单实用。

(3) 采用孔板流量计或文丘里流量计实现湿气的连续计量，井场不设分离器，简化了地面集输流程。

(4) 地面集输管网采用双相不锈钢，整体提升抗蚀性能，安全可靠，降低了运行费用。

(5) 井口设有注醇接口，可有效防止各种工况下水合物形成，并可注入除蜡剂和阻垢剂，提高了对气藏预测不确定性的适应能力。

(6) 采气树设置三重安全紧急截断阀，节流阀远程控制，自动化水平高，井场无人值守。

三、凝析气田

牙哈凝析气田位于新疆库车县境内。该气田是国内最大的高压、高产凝析气田，也是目前国内第一个采用循环注气部分保持压力开发的整装凝析气田，具有"油藏流体"类型复杂、埋藏深（5000m以上）、地层压力高（55MPa）、凝析油含蜡高（9%）、凝点高（16.2℃）、水合物生成温度高（约20℃）、注气压力高（52 MPa）、凝析油含量高（550g/m³）的特点。主要工艺流程：凝析气经油嘴一次节流压力降至18～20 MPa后进站外集气阀组，再经生产汇管二次节流压力降至13～14 MPa后进集中处理站，在12 MPa下进行计量和分离；分出的凝析气经J-T阀节流压力降至7.25 MPa后，天然气去注气压缩机，凝析油进稳定管，生产凝析油和液化气；采用高压常温集输、凝析气高压注醇、高压J-T阀节流致冷处理、凝析油逐级闪蒸、微正压分馏稳定、高压循环注气等技术；采用集散控制系统，对全厂进行数据采集、监控。

四、煤层气田

煤层气俗称"瓦斯"，是煤矿的伴生气体，也称为煤层甲烷气。准确地讲，煤层气是指储存在煤层中，以吸附在煤基质颗粒表面为主，部分游离于煤孔隙中或溶解于煤层水中的以甲烷为主的烃类气体总称。

（一）煤层气与天然气的异同点

1. 相同点

煤层气主要由95%以上的甲烷组成，其他组分一般是CO_2或N_2；而天然气成分主要也是甲烷，但其他组分变化较大。

此外，煤层气和天然气燃烧特性相近，故可相互置换或混输混用。

2. 不同点

（1）煤层气基本不含C_2以上的重烃，而天然气一般含有C_2以上的重烃。

（2）煤层气主要是以大分子团的吸附状态存在于煤层中，而天然气主要是以游离状态存在与砂岩或石灰岩中。

（3）生产方式、产量变化情况不同。煤层气是通过排水降低地层压力，使煤层气在煤层中解吸—扩散—流动采出地而，而天然气主要是靠自身压力采出。此外，煤层气初期产量低，生产周期长，可达20～30年。

（4）煤层气是煤矿生产安全的主要威胁。同时，煤层气资源量又直接与采煤相关，采煤之前如不先采气，采煤过程中煤层气就会排放到大气中。据相关统计，我国每年随采煤而减少的煤层气资源量在$190×10^8 m^3$以上。而天然气资源量受其他采矿活动影响较小，可以有计划地进行控制。

（二）总工艺流程

煤层气气田具有低渗、低压、低产的特点。

沁水盆地单井煤层气产量一般为2000～5000m³/d，井口压力为0.2～0.5MPa，气质条件较好，C_1含量在96%以上，C_2、CO_2含量一般在1%以下，不合C_{3+}重烃和H_2S。沁水盆地煤层气气田采用了"井口→采气管网→集气站→中央处理厂→外输"的总工艺流程，以及

"排水采气、低压集气、井口计量、井间串接、常温分离、两地增压、集中处理"等适合于煤层气开发的地面工艺技术。

沁水盆地煤层气田低压集气站采用井组来气→常温分离→增压→经集气管线去处理厂的低压集气工艺流程。

(三) 采/集气和处理工艺

1. 排水采气

煤层气的开采就是先排水后采气的过程。煤层气的产出可分为三个过程：

(1) 排采初期煤层主要产水，同时也可能伴随有少量游离气、溶解气产出。

(2) 当煤层压力降至临临界压力以下时，煤层气迅速解吸，然后扩散到裂隙中，使气体的相对渗透率增加，水的相对渗透率减小，表现为气产量逐渐增大，水产量逐渐减小。

(3) 随着采出水量的增加，生产压差的进一步增大，煤层中含水饱和度相对降低，变为以产气为主，并逐渐达到产气高峰。水产量则相对稳定在一个较低的水平上。随着地层能量的衰竭，最后进入气产量缓慢下降阶段。

2. 低压集气

煤层气井口压力较低，一般为 $0.2\sim0.5MPa$。为充分利用其压力能，采用低压集气工艺，将采集气管线首末点压力损失控制在 $0.15MPa$ 以内。采出的煤层气不需加热或注入水合物抑制剂，采气管线埋设于最大冻土层以下，以防止形成水合物。

3. 单井简易计量

井口智能计量虽可比较准确掌握煤层气的产出规律，但因投资大、维护工作量高，不适合煤层气田的大规模开发。由于旋进流量计现场试验情况较好，且精度可以满足煤层气田单井计量需要，价格也较为便宜，故使用简易旋进流量计作为煤层气单井计量仪表。

4. 多井单管串接

多井单管串接是通过采气支线把相邻的几口单井采出的煤层气串接到采气干线，在采气干线中汇集后集中进入集气站。采用多井单管串接集工艺，简化了采气管网系统，降低了投资和运行费用。以沁水盆地樊庄区块煤层气田为例，一般每条采气干线串接井数为 $10\sim20$ 口，每座集气站辖井数量不少于 80 口。

5. 采用复合材质管材

采气管线主要采用聚乙烯管（PE管）和柔性复合管两种管材。这两种管材具有经济、实用的优点，而且具有与钢材同样的强度、刚度、柔韧佳、抗冲击性、耐腐蚀性、耐磨性等性能。

集气支干线采用国内 ERW 制钢管，适合煤层气低压、气质条件好的特点，降低了投资，满足煤层气低成本、高效益开发的目标。

6. 集气站和中央处理厂二次增压

煤层气集气与处理系统中各点压力的确定是开发煤层气田的基础。为此，樊庄区块煤层气田先在集气站分散增压以降低管网投资，又在中央处理厂集中二次增压，以满足外输压力的要求。

集气站内增压使煤层气压力从 $0.05\sim0.15MPa$ 增压到 $1.2\sim1.4MPa$ 后去中央处理厂，

进厂压力为1.0MPa，二次增压后出厂压力为5.7MPa。出厂的商品气经外输管道去沁水压气站由5.0MPa增压至10MPa后进入西气东输一线管道。

第九节　流程图的设计

工程设计中，一般流程图的设计分为3个阶段，第一阶段为工艺流程简图（工艺方法流程图或工艺流程方块图）；第二阶段为工艺流程图（PFD，Process Flow Diagram），也叫物料平衡图；第三阶段为管道和仪表流程图（PID，Piping and Instrument Diagram）。三个阶段的流程图互相联系，后一阶段在前一阶段的基础上深化。

一、工艺流程简图

工艺流程简图（工艺流程方块图）只定性地标出物料由原料转化为产品的流向顺序及采用的过程主要设备。

二、工艺流程图

工艺流程图也称为PFD图。PFD图的设计是工艺设计过程的一个重要阶段，是从工艺方案过渡到工艺流程设计的重要工序之一。在PFD图的设计过程中，要完成生产流程的设计、操作参数和主要控制方案的确定，以及设备尺寸的计算。

PFD图是项目设计的指导性文件之一，在工艺设计阶段完成，发布之后有关专业必须按PFD图进行工作，并只能由工艺专业解释和修改。

（一）PFD图的设计内容

PFD图的主要内容应包括：全部工艺设备及位号，主要设备的名称、操作温度、操作压力；物流走向及物流号，此外，应有与物流号对应的物流组成、温度、压力、状态、流量及物性的物料平衡表；PFD图必须反映出全部工艺物料和产品所经过的设备，重要物料所经过的管道，并表示出进出界区的流向。

（二）PFD图的绘制方法

1. 设备的画法

在PFD图中，设备用细实线简单绘出。如有多台相同设备并联，可以只画出一台，但要标明位号A、B。而对于需要再生的设备，需全部绘出。设备尽可能按适当比例画出相对位置、大小，而设备的基础、群座和管接头不表示。

按设备标注方法标注设备位号（图3-27）。

2. 工艺物流的画法

在工艺流程图中，工艺物流用粗实线绘出，并用箭头标明物流的去向。再生系统的物流用细实线标出。主要物流应标注物流号（除PFD图外，应有单独的物料平衡表），并在物料平衡表中列出PFD图上对应物流的组成、温度、压力、流量状态和相关物性。

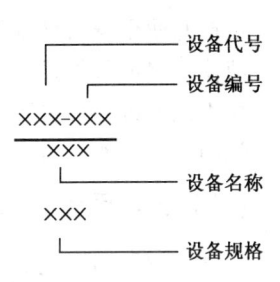

图3-27　设备位号标注方法

3. 集气站工艺流程图所表达的内容

（1）进出站物料平衡参数，即进站天然气量和出站天然气量及天然气液烃量、物料组成、产品或中间产品质量等参数；

（2）天然气进、出站压力及温度参数；

（3）天然气在站内的处理过程和工艺方法；

（4）天然气在站内各级降压前后的压力和温度、中间产物组成及产物量；

（5）天然气在站内降压防冻方法、热量或防冻剂耗量、燃料耗量；

（6）站内各级压力条件下的安全保护措施和泄压参数；

（7）各级压力控制方法和控制参数。

三、管道和仪表流程图

（一）PID图设计内容

管道和仪表控制流程图（PID图）的设计是从工艺流程设计过渡到工程施工设计的重要工序。由于PID图的设计千变万化，即使同一工艺流程的装置，也往往由于外界因素的影响（如用户要求、地理环境的不同，以及操作生产人员经验的差异等），需要在PID图设计时给出相应的对策；再加上设计者处理方法的不同，同一工艺流程在不同的工程项目中，其PID图不可能完全一致，但也不会有太大的差异。

PID图是工程施工图设计的依据。工艺流程对装置管道安装设计中的一切要求，除了高点放空和低点放净外，大到整个生产过程中所有的设备、管道（包括主要的和辅助的管道），小到每一个法兰和每一个阀门，都要在PID图中标示清楚。

一套完整的PID要能清楚地标示出设备、配管、仪表等方面的内容和数据。

（二）PID图绘制方法

PID图的设计过程是从无到有、从不完善到完善的过程。研究管道和仪表流程图的设计过程，有利于提高其设计质量。

PID图的设计必须待工艺流程完全确定后才能开始，否则容易造成大返工，从而导致人力的浪费。

PID图的设计是为装置内设备、自控等专业开展工作创造条件，用于装置内设备布置、主要管道走向、特殊管道和管架的研究，以及自控等相应专业开展基础工程设计。

PID图是在PFD图的基础上进行展开设计，绘出全部设备（包括备用设备）、连接设备的工艺物料管道，标出介质流向，绘出阀门、主要仪表、盲板、安全阀的大概尺寸及主要化验取样点，反映出工艺、设备、配管、仪表组成部分的总关系。

自控专业根据自动控制的参数按逻辑关系进行表示，选择被调参数如压力、流量、温度、液位、组成等根据不同的要求进行控制，标注功能参数和位号，完成仪表流程设计。

在工艺系统专业进行了安全分析和大量的计算后，需加注管道名称及规格，将全部管道、阀门、调节阀、流量计以及开停工管道表示出来，同时提出管道命名表。

（三）PID图设计举例

1. 容器的PID图设计要点

（1）容器的顶部与底部一般设有放空阀与放净阀，容器底部附近应设有带阀门的公用工程接口。阀门应直接与容器管口相接。

（2）容器的物料入口管处不一定设切断阀，一般情况下只在容器的液相出口处设置切断阀。若此管口水平距离 15m 内另有切断阀，则容器出口处可不设切断阀。与容器相接的公用工程管道靠近容器管口处应设切断阀。容器与连接管道之间的切断阀应尽量直接安装在容器管口。

（3）容器上的现场液位计、液位变送器、液位报警器或压力表的接管等，可根据具体情况设置在容器的气相与液相相连同的立管上。

（4）容器需设置安全阀时，可将安全阀设置在容器的顶部气相部分或气相管道上。

（5）容器对安装标高有具体要求时，应标出最低标高。

2. 典型设计示例

图 3-28 为卧式容器的管道和仪表流程图。图 3-29 为脱乙烷塔的管道和仪表流程图。

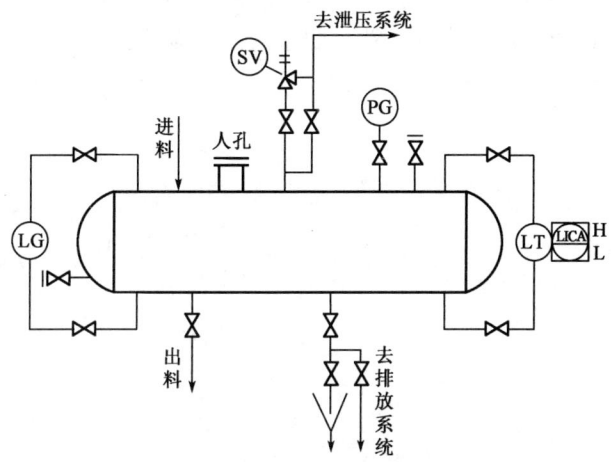

图 3-28 卧式容器的管道和仪表流程图
LG—液位计；SV—安全阀；PG—压力表

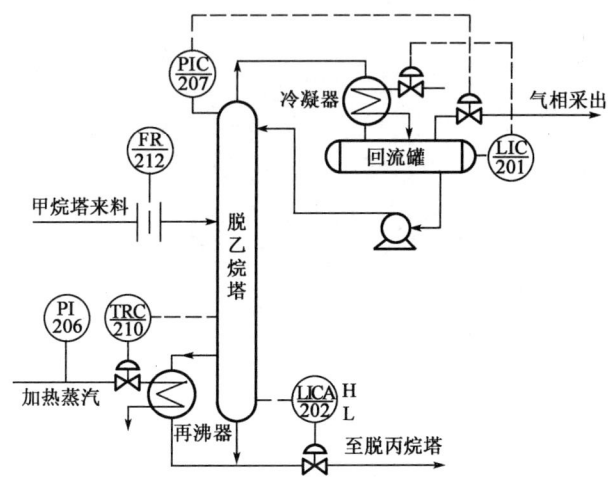

图 3-29 脱乙烷塔的管道及仪表流程图
PI—压力显示；TRC—温度控制；TR—流量记录；
PIC—压力控制；LIC—液位控制

习 题

1. 天然气集输系统由哪些组成?
2. 集输管网有哪些形式?各有什么优缺点?
3. 如何确定集输系统的压力和集输管道的流速?
4. 井场装置流程防止水合物的方式有哪些?各有什么特点?
5. 井场装置分输流程和混输流程各有什么优缺点?
6. 井场装置安全保护措施有哪些?
7. 集气站的作用有哪些?什么是常温集气站?什么是低温集气站?它们的适用条件是什么?
8. 矿场增压站设置的目的是什么?增压方式和顺序如何考虑?
9. 为何要设置矿场脱水站?含硫天然气脱水需注意哪些?

第四章 主要的集输设备

第一节 分 离 设 备

一、分离设备的类型

分离设备主要用来除去天然气中悬浮的固、液相杂质。分离设备按其作用原理主要可分为两大类,即重力分离器和旋风分离器。其他类型的分离器还有螺道式分离器、百叶窗式分离器、过滤分离器、三相分离器、多管干式除尘器等。

(一) 重力分离器

重力分离器按外形分为两种,即卧式分离器和立式分离器;按功能分为油气两相分离器、油气水三相分离器等,但都是利用天然气和被分离物质的密度差来实现分离的,因而称为重力分离器。

1. 立式分离器

立式分离器的主体为一立式圆筒体,气流一般从该筒体的中段(切线或法线)进入,顶部为气流出口,底部为液体出口,如图4-1所示。

(1) 初级分离段:即气体入口处。气流进入筒体后,由于速度突然降低,成股状的液体或大的液滴由于重力作用被分离出来直接沉降到积液段。为了提高初级分离的效果,常在气流入口处增设入口挡板或采用切线入口方式。

(2) 重力沉降段(二级分离段):经初级分离后的天然气流携带着较小的液滴向气流出口以较低的流速向上流动。此时,由于重力的作用,液滴则向下沉降与气流分离。本段的分离效率取决于气体和液体的特性、液滴尺寸、气流的平均流速与扰动程度。在分离器设计计算过程中,本分离段的各种流动参数是决定分离器计算直径的关键因素,也是分离器工艺计算的立足点。

(3) 积液段:本段主要收集液体。在设计中,本段还具有减少流动气流对已沉降液体扰动的功能。一般积液段还应有足够的容积,以保证溶解在液体中的气体能脱离液体而进入气相。对三相分离而言,积液段也是油水分离段。分离器的液体排放控制系统也是积液段的主要组成部分。为了防止排液时的气体旋涡,除了保留一段液封外,也常在排液口上方设置挡板类

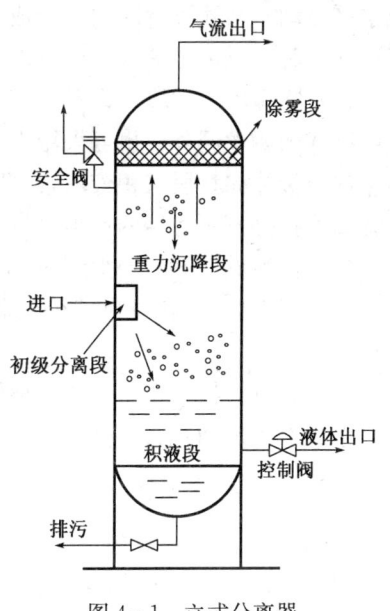

图4-1 立式分离器

的破旋装置。

（4）除雾段：通常设在气体的出口附近，由金属丝网等元件组成，用于捕集重力沉降段未能分离出来的较小液滴（$10\sim100\mu m$）。微小液滴在金属丝网上发生碰撞、凝聚，最后结合成较大液滴下沉至积液段。

2. 卧式分离器

卧式分离器的主体为一卧式圆筒体，气流从一端进入，从另一端流出，其作用原理与立式分离器大致相同，如图4-2所示。

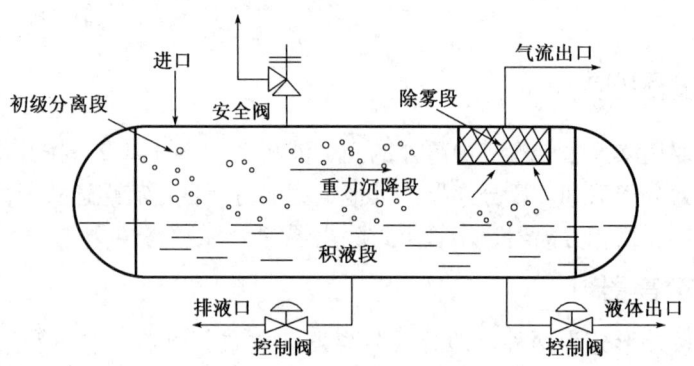

图4-2 卧式两相分离器结构图

（1）初级分离段：即气流入口处。气流的入口形式有多种，其目的在于对气体进行初级分离。除了入口处设挡板外，有的在入口内增设一个小内旋器，即在入口处对气、液进行一次旋风分离；还有的在入口处设置弯头，使气流进入分离器后先向相反方向流动，撞击挡板后再折返向出口方向流动。

（2）重力沉降段（二级分离段）：此段是气体与液滴实现重力分离的主体，其各种参数为设计卧式重力分离器的主要依据。在立式分离器的沉降段内，气流向上流动，液滴向下沉降，两者方向完全相反，因而气流对液滴下降的阻力较大；而在卧式分离器的沉降段内，气流水平流动，与液滴运动的方向成90°夹角，因而液滴下降的阻力小于立式分离器。通过计算可知，卧式分离器的气体处理能力比同直径的立式分离器的气体处理能力大。

（3）除雾段：此段可设置在筒体内，也可设置在筒体上部紧接气流出口处。除雾段除设置纤维或金属丝网外，也可采用专门的除雾芯子。

（4）液体储存段（积液段）：此段设计常需考虑液体必须在分离器内的停留时间，一般储存高度按分离器直径的一半（$D/2$）考虑。

（5）泥沙储存段：此段实际上在积液段下部，由于在水平筒体的底部泥沙等污物有$45°\sim60°$的静止角，因此卧式分离器排污比立式分离器困难。有时此段需增设两个以上的排污口。

与立式分离器相比，卧式分离器具有处理能力较大、安装方便和单位处理量成本低等优点，但也有占地面积大、液位控制比较困难和不易排污等缺点。

(二) 旋风分离器

如图4-3所示，旋风分离器的主要特点是：天然气和被分离液体沿分离器筒体壁切线方向以一定速度进入分离器，并沿筒体内壁做旋转运动。由于被分离液滴的密度远大于气体，因而液滴在此旋转运动中被抛向筒体壁，并附着在筒体壁上，聚集成较大液滴而沿筒体壁向下流动，最后流入分离器的集流段而排放出去。由此可见，旋风分离器的工作效率与气体进入分离器的线速度密切相关，而线速度的大小又直接与气体处理量有关。旋风分离器尽管有较高的分离效率，但却不适应负荷波动较大的场合，因而在负荷波动较大的集输系统中，其应用受到一定的限制。

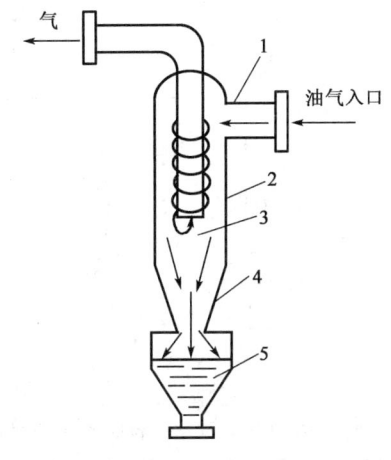

图4-3　旋风分离器
1—进口；2—筒体；3—气流；4—锥体；5—集流段

（三）过滤分离器

过滤分离器的主要特点是在气体分离的气流通道上加上了过滤介质或过滤元件，当含微量液体的气流通过过滤介质或过滤元件时，雾状液滴会聚结成较大的液滴并和入口分离室里的液体汇合流入储液罐内。过滤分离器可以脱除100%直径大于$2\mu m$的液滴和99%的小到$0.5\mu m$以上的液滴，通常用于对气体净化要求较高的场合，如气体处理装置、压缩机站进口管路或涡轮流量计等较精密的仪表之前。过滤分离器如图4-4所示。

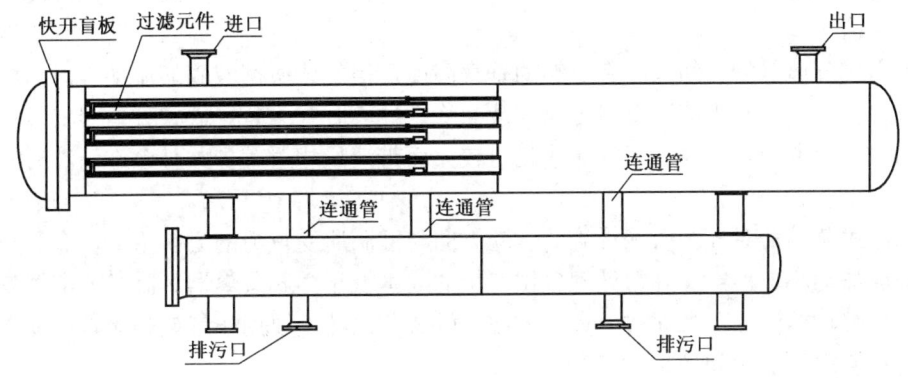

图4-4　过滤分离器结构图

（四）三相分离器

三相分离器（图4-5）与卧式分离器的结构和分离原理大致相同，油水气混合物由进口进入来料腔，经稳流器稳流后进入重力分离段，利用气体和油水的密度差将气体分离出来，再经分离元件进一步将气体中夹带的油、水蒸气分离。油水混合物进入污水腔，密度较小的油经溢流板进入油腔，从而达到油水分离的目的。

二、分离设备的选择

天然气集输系统用分离设备主要用来除去天然气中的固体、液相杂质。固体杂质主要是由气层中夹带出来的少量地层岩屑等杂物和设备、管道中的腐蚀产物。天然气中含砂不是常见现象，故天然气集输系统用分离设备主要是气液分离设备。

（1）在井场装置分离天然气中的岩砂或大量气田水时，应采用重力分离器。

（2）在集气站分离天然气中凝液（游离水或天然气液烃）时，应采用重力分离器。当进

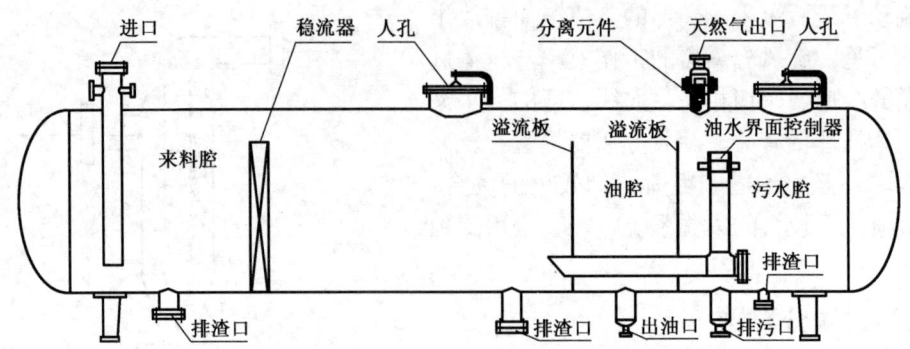

图 4-5　三相分离器结构图

行气、油、水分离时，应采用三相分离器。

（3）在气田压气站压缩机进口前天然气的净化，当以分离液体物质为主时，应采用重力分离器；当以分离粉尘物质为主时，应采用过滤分离器或多管干式除尘器。压缩机出口后的天然气分液应采用重力分离器。

气田集输站场气液分离器用得最多的是重力分离器。重力分离器分为立式分离器和卧式分离器两种，立式和卧式分离器的比较如下：

（1）当两种分离器的直径相同时，在相同的操作条件下，卧式分离器的处理能力为立式分离器的 4 倍。

（2）立式分离器的空间大，有足够的垂直高度，但气体所携液滴的流动方向与液滴所受重力的方向相反，不利于液滴沉降分离，液面稳定性较卧式为差。立式分离器安装占地面积较小，高位架设方便，主要用于气流速相对较大而带液量相对较少并且允许储液时间较短的场合。

（3）卧式分离器对气体所携液滴的运动方向与液滴所受重力的方向垂直，有利于沉降分离，其液面波动小、稳定性好，处理单位气量的成本低于立式分离器。卧式分离器安装占地面积较大，脏物的清除不如立式分离器方便。卧式分离器主要用于气量相对较小而带液量相对较大并且要求储液时间较长的场合。

三、分离器内部结构

（一）蝶形转向器—挡板系统

如图 4-6 所示，当高速流入容器的混合液冲击到蝶形转向表面时，流体的速度和运行方向突然改变，较重的液相沿"蝶"的下方流出，接近液面处设有一块挡液板防止飞溅，以利于水分的沉降。

（二）旋风进料口—堰系统

如图 4-7 所示，这种结构适用于含气量较高的油流。在分离器入口段设有一个旋风筒，混合液在筒内高速旋转。重度大的液相在离心力的作用下被甩向筒壁并呈液膜状滴入容器底部，而轻的气相则沿旋风筒中心管上部逸出。为了减轻容器底部液相的冲击和波动，旋风筒下方设有一块堰板，堰板上游的液体可从堰板下的小口缓缓而有控制地流入下游，使波动基本上被限制在上游结构。

 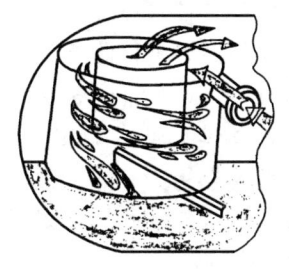

图 4-6　蝶形转向器—挡板系统　　　　　图 4-7　旋风进料口—堰系统

（三）波浪破碎器

在长的卧式分离器内，有必要安装波浪破碎器。波浪破碎器是一些垂直挡板，横跨在气液界面之上并与流动方向垂直。

（四）除沫板

当气泡从液体中逸放出来时，在气液界面可能形成泡沫。在进口处加入化学处理剂就可以使泡沫稳定下来。有效的解决办法是迫使泡沫流经一系列倾斜的平行板片或管束（图4-8），以便于泡沫聚结起来。

（五）旋流破碎器

旋流破碎器（图4-9）用以防止在当液流控制阀打开时产生旋涡。产生的旋涡可以从气体空间内吸出一些气体，然后在出口处再掺混到液体内。

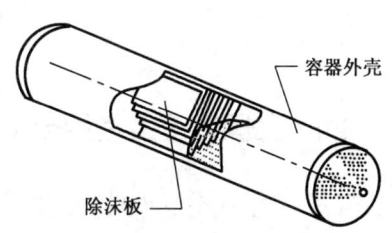

图 4-8　除沫板示意图

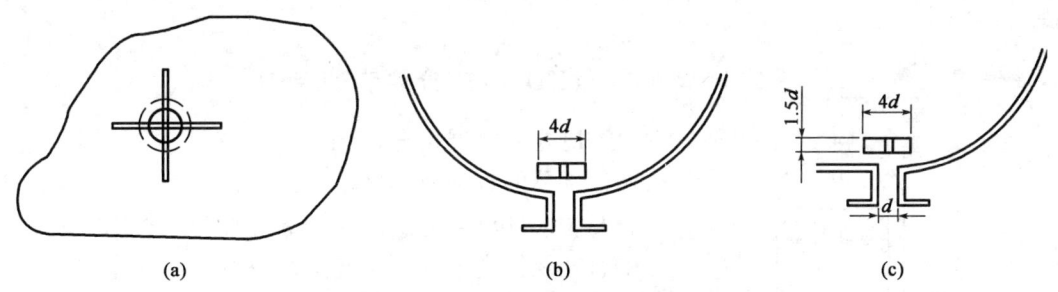

图 4-9　典型的旋流破碎器
(a) 顶视图；(b) 垂直于轴线的剖面图；(c) 通过轴线的纵剖面图

（六）雾沫脱除器（除雾器）

图 4-10 给出了两种最常用的雾沫脱除装置：丝网和叶板。

丝网是由很细的不锈钢丝缠绕成紧密的圆柱形填料垫层。丝网脱除液沫的机理是：夹带液沫的气体流经丝网时，与丝网相碰撞，液沫由于其表面张力而在丝与丝的交叉接头处聚集。当聚积到其本身重力足以超过气体上升速度力与液体表面张力的合力时，液滴就因过载而降离。

根据要求，通常规定丝网成某种厚度（一般是 75～180mm）和某种筛网密度（一般是每立方米 160～190kg）。经验表明，尺寸适宜的丝网除雾器可以脱除 99% 的 $10\mu m$ 和更大些的液滴。尽管丝网除雾器不很昂贵，但要比其他类型的除雾器容易堵塞。

叶板除雾器迫使气体在平行板内为层流，并使流动方向改变。液滴碰击到板面上就聚积起来，并向下沉降到液体收集处，然后按规定路线进入分离器的液体收集段。叶板除雾器在制造厂制成序列，以保证既是层流，又有某一最小的压力降。

某些分离器具有离心式除雾器，使液滴在离心力下被分离出来。这些除雾器要比丝网除雾器或叶板除雾器更为有效，很不容易被堵塞。然而，在生产操作过程中，这种除雾器还没有经常使用，因为它的除雾效果对流量的微小变化都很敏感。另外，它需要有相当大的压力降来产生离心力。

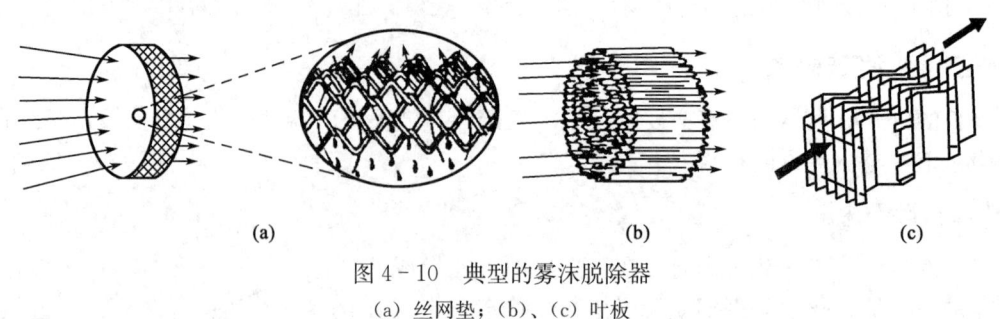

图 4-10　典型的雾沫脱除器
(a) 丝网垫；(b)、(c) 叶板

四、我国气田上常用分离器的结构

（一）立式分离器的结构

这种分离器的结构比较简单，其种类虽多，但都大同小异。图 4-11 为常见的一种。如果对气体分离的要求不太严格，可以不要丝网垫或者伞形挡板来实现脱除气流中的雾沫。图 4-12 就是带伞形挡板的立式分离器，图 4-13 是带叶板除雾器的立式分离器。

（二）卧式分离器的结构

卧式分离器由分离器本体及集液罐两部分构成，本体部分的直径及长度由公式求出；进、出口管的直径与立式分离器进出口直径的计算公式相同。集液罐的直径及长度根据经验选定，一般是比本体的直径小些或相等，而长度则比本体短些，本体与集液罐用两个连通管焊接起来一整体。图 4-14 是带有挡板的卧式分离器。

（三）旋风分离器的结构

旋风分离器由本体（包括筒体、锥形管、进口管及出口管等）及集液罐两部分组成。而有的旋风分离器的集液罐是筒体的延伸部分，图 4-15 就是这种结构的。旋分离器的进口管的末端做成矩形，直接伸到筒体和内管之间，并同固定在内管上的螺旋叶片衔接起来。

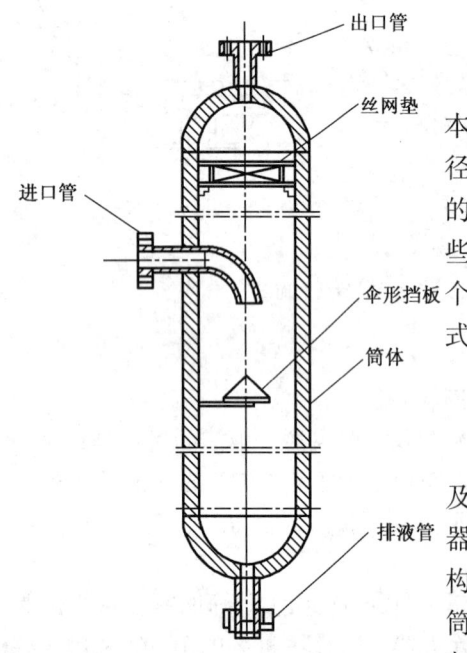

图 4-11　带丝网垫的立式分离器

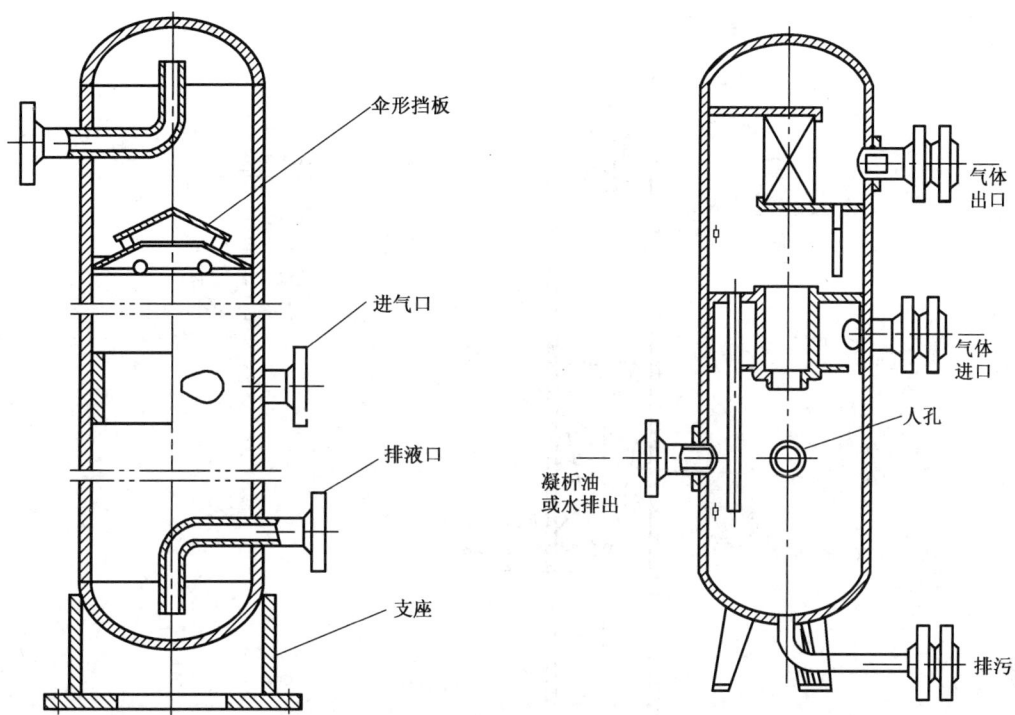

图 4-12 带伞形挡板的立式分离器　　　　图 4-13 带叶板除雾器的立式分离器

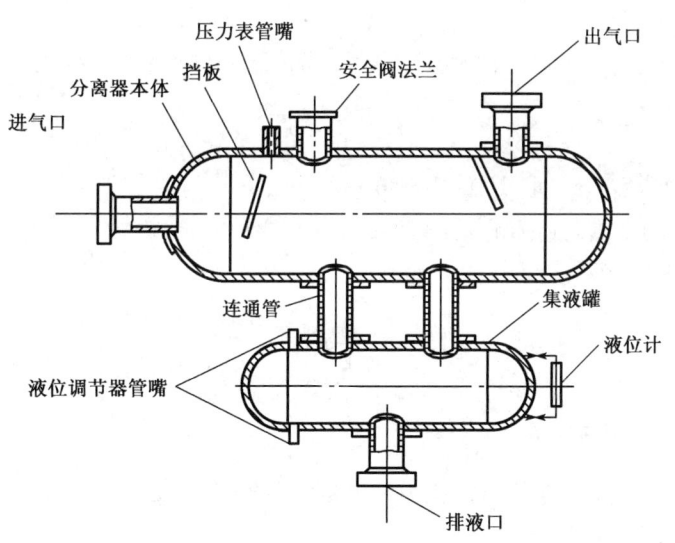

图 4-14 带挡板的卧式分离器

五、分离器的计算

(一) 液滴在分离器中的沉降速度

一球形颗粒在重力分离器中受三种力的作用，即重力、浮力、和下沉时受的阻力。
颗粒（液滴）本身的重力 G 为：

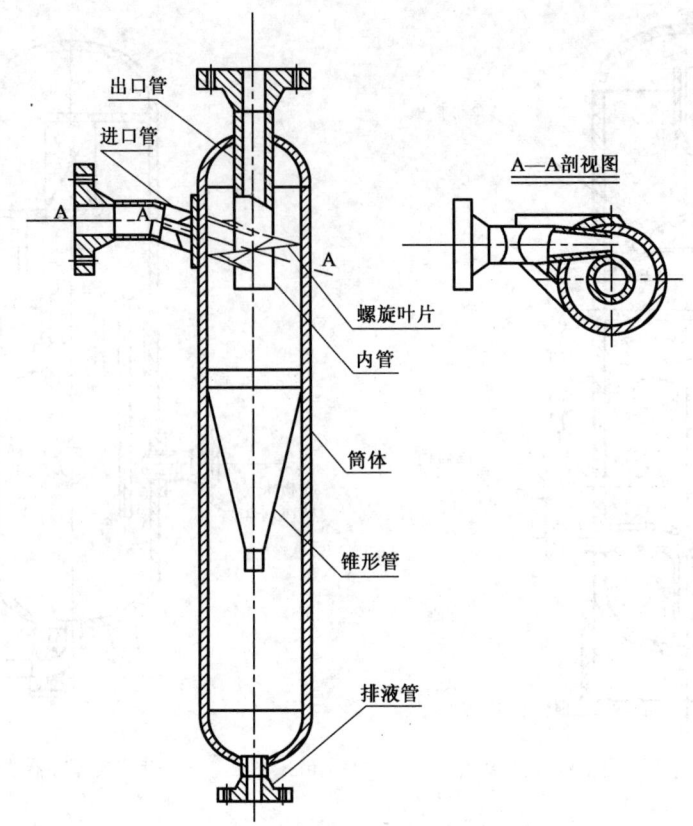

图 4-15 旋风式分离器的结构

$$G = \frac{\pi}{6} d^3 \rho_L g \tag{4-1}$$

式中　d——液滴直径，m，取 100×10^{-6} m；

　　　ρ_L——液滴的密度，kg/m³。

介质给予的阻力 R 为：

$$R = f \frac{\pi}{4} d^2 \rho_g g \frac{W^2}{2g} \tag{4-2}$$

式中　f——水力阻力系数，$f = \dfrac{a}{Re^n}$；

　　　ρ_g——介质（气体）在所给定压力和温度下的密度，kg/m³；

　　　W——颗粒沉降速度，m/s。

浮力 A 为：

$$A = \frac{\pi}{6} d^3 \rho_g g \tag{4-3}$$

当颗粒在气流中平衡或做匀速运动时，应有如下条件：

$$G = A + R \tag{4-4}$$

将式（4-1）、式（4-2）和式（4-3）代入式（4-4）得到：

$$\frac{\pi}{6}d^3\rho_L g = \frac{\pi}{6}d^3\rho_g g + f\frac{\pi}{4}d^2\rho_g g\frac{W^2}{2g} \tag{4-5}$$

化简后有：

$$W^2 = \frac{4}{3}\frac{d(\rho_L - \rho_g)g}{\rho_g f} \tag{4-6}$$

$$f = \frac{a}{Re^n}, Re = \frac{Wd\rho_g}{\mu} \tag{4-7}$$

式中　μ——气体黏度，kg/(m·s) 或 Pa·s。

于是：

$$W^2 = \frac{4}{3}\frac{d(\rho_L - \rho_g)g}{\rho_g}\left[\left(\frac{Wd\rho_g}{\mu}\right)^n/g\right] \tag{4-8}$$

方程（4-6）和方程（4-8）即为在重力作用下颗粒沉降速度的一般表达式。

如果围绕颗粒（液滴）的流动是层流，也就是在低雷诺数（$Re \leqslant 2$）情况下的流动，阻力系数 f 表达式中的 $n=1$，$a=24$，于是 $f=\frac{24}{Re}$；将其代入到颗粒沉降的一般表达式中，最后可得到 Stokes 公式：

$$W = \frac{d^2(\rho_L - \rho_g)g}{18\mu} \tag{4-9}$$

但是，对于生产设施的设计，Stokes 公式不适用。可以用下列较为完善的阻力系数公式来计算颗粒（液滴）的沉降速度：

$$f = \frac{24}{Re} + \frac{3}{Re^{0.5}} + 0.34 \tag{4-10}$$

将方程（4-6）中颗粒直径 d（单位为 m）换算为 d_m（单位为 μm），于是得到：

$$W = 1.155 \times 10^{-3}\left[\frac{d_m(\rho_L - \rho_g)g}{\rho_g f}\right]^{0.5} \tag{4-11}$$

对于 $f=0.34$，有：

$$W = 1.98 \times 10^{-3}\left[\frac{d_m(\rho_L - \rho_g)g}{\rho_g}\right]^{0.5} \tag{4-12}$$

根据方程（4-10）和方程（4-12），可以用如下迭代法来求解 W：

（1）以方程（4-12）即 $W = 1.98 \times 10^{-3}\left[\frac{d_m(\rho_L - \rho_g)g}{\rho_g}\right]^{0.5}$ 开始；

（2）$Re = 10^{-3}\frac{Wd_m\rho_g}{\mu}$；

（3）根据 Re，用方程（4-10）计算 f，即 $f = \frac{24}{Re} + \frac{3}{Re^{0.5}} + 0.34$；

（4）根据 f，用方程（4-11）即 $W = 1.155 \times 10^{-3}\left[\frac{d_m(\rho_L - \rho_g)g}{\rho_g f}\right]^{0.5}$ 计算 W；

（5）转至第（2）步，并迭代计算，直到计算出来的 W 满足要求为止。

（二）液滴的大小

分离器的气体分离段的作用是用雾沫脱除器使气体最后抛光（脱尽气体中的雾沫）。根据矿场经验，发现 $100\mu m$ 的微粒可以在气体分离段被脱除，雾沫脱除器不会被浸渍，能够完成脱除直径在 $10\sim100\mu m$ 颗粒的任务，所以在气体分离段，液滴大小一般取 $100\mu m$。

（三）停留时间

保证液体和气体在分离器压力下能达到平衡，液体存储是必需的。停留时间等于容器内存储的液体体积除以液体的流速。

对于最常应用的情况，发现停留时间为 30s 到 3min 就足够了；在原油发泡的情况下，停留时间可能需要高达这个数字的四倍。

（四）立式分离器直径计算

$$D_{立} = 0.350\times 10^{-3}\sqrt{\frac{q_v TZ}{pWK_1}} \qquad (4-13)$$

式中　$D_{立}$——立式分离器直径，m；
　　　q_v——气体流量，m^3/h；
　　　T——操作温度，K；
　　　Z——气体压缩系数；
　　　W——液滴沉降速度，m/s；
　　　K_1——立式分离器修正系数，通常取 $K_1=0.8$；
　　　p——操作压力，MPa（绝）。

高径比一般取 3~5。

（五）卧式分离器直径计算

$$D_{卧} = 0.350\times 10^{-3}\sqrt{\frac{K_3 q_v TZ}{pWK_2 K_4}} \qquad (4-14)$$

式中　K_2——气体空间占有的面积分率，参见表 4-1；
　　　K_3——气体空间占有的高度分率，参见表 4-1；
　　　K_4——长径比，$K_4=L/D$，K_4 按表 4-2 取值。

表 4-1　气体空间占有的面积分率 K_2 气体空间占有的高度分率 K_3 的关系表

K_3	0.98	0.96	0.94	0.92	0.90	0.88	0.86
K_2	0.995	0.987	0.976	0.963	0.948	0.932	0.914
K_3	0.84	0.82	0.80	0.78	0.76	0.74	0.72
K_2	0.897	0.878	0.858	0.837	0.816	0.793	0.771
K_3	0.70	0.68	0.66	0.64	0.62	0.60	0.58
K_2	0.748	0.724	0.700	0.676	0.651	0.627	0.601
K_3	0.56	0.54	0.52	0.50	0.48	0.46	0.44
K_2	0.576	0.551	0.526	0.500	0.475	0.449	0.424

表 4-2 操作压力与长径比的关系

操作压力，MPa	K_4
≤1.8MPa	3.0
1.8~3.5	4.0
>3.5MPa	5.0

（六）液滴在分离器中的沉降速度

由公式（4-6），根据经验有：

$$f \cdot (Re^2) = \frac{4}{3} \frac{g d^3 (\rho_L - \rho_g) \rho_g}{\mu_g^2} \tag{4-15}$$

式中　μ_g——气体在操作条件下的黏度，Pa·s。

根据 $f \cdot (Re^2)$ 查图 4-16 求取阻力系数 f。

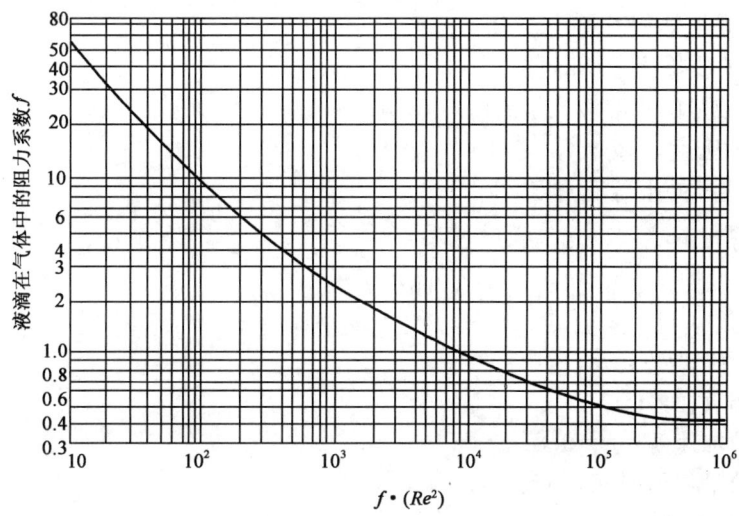

图 4-16　液体在气体中的阻力系数计算列线图

（七）三相分离器计算

图 4-17 为三相分离器示意图。

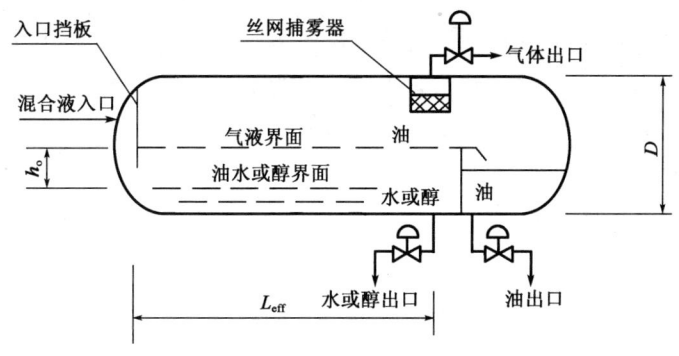

图 4-17　三相分离器示意图

1. 三相分离器直径计算

$$D = 0.206\sqrt{\frac{Q_m t_r}{L_{eff}}} \quad (4-16)$$

式中　D——三相分离器直径，m；
　　　Q_m——混合液体积流量，m³/h；
　　　t_r——混合液停留时间，min；
　　　L_{eff}——分离有效长度，m。

要计算分离器直径 D，应先设定分离有效长度 L_{eff} 值，然后代入公式（4-16）计算 D，并使 $L_{eff}/D=3\sim5$。若设定的 L_{eff} 和 D 的关系不在此范围，需重新设定 L_{eff} 进行计算，使之符合 $L_{eff}/D=3\sim5$。

2. 混合液体积流量计算

$$Q_m = \frac{Q_o}{\rho_o} + \frac{Q_w}{\rho_w} \quad (4-17)$$

式中　Q_m——混合液体积流量，m³/h；
　　　Q_o——油的质量流量，kg/h；
　　　Q_w——水或醇的水溶液质量流量，kg/h；
　　　ρ_o——油的密度，kg/m³；
　　　ρ_w——水或醇的水溶液密度，kg/h。

3. 油液层厚度计算

$$h_o = \frac{3.34 d^2 g t_r (\rho_w - \rho_o)}{\mu_o} \quad (4-18)$$

式中　h_o——油液层厚度，m；
　　　d——液滴直径，m；
　　　g——重力加速度，$g=9.81\text{m/s}^2$；
　　　t_r——混合液停留时间，min；
　　　ρ_o——油的密度，kg/m³；
　　　ρ_w——水或醇的水溶液密度，kg/h；
　　　μ_o——油的动力黏度，Pa·s。

混合液停留时间一般取为 10~20min，水滴粒度按 100μm 考虑。

4. 三相分离器计算举例

已知进入卧式三相分离器的油液和醇水溶液的质量流量分别为 3500kg/h 和 250kg/h，油的闪蒸气量为 620m³/h（标准状况），油的密度为 770kg/m³，醇的水溶密度为 1087kg/m³。油的黏度为 0.041×10^{-3}Pa·s。试计算分离器的直径和有效长度、油液层的厚度（设定混合液的停留时间为 15min）。

解：(1) 计算混合液流量 Q_m：

$$Q_m = \frac{3500}{770} + \frac{250}{1087} = 4.78 (\text{m}^3/\text{h})$$

(2) 计算分离器直径 D（设定有效长度 $L_{eff}=4$m）：

$$D = 0.206\sqrt{\frac{Q_m t_r}{L_{eff}}} = 0.206\sqrt{\frac{4.78 \times 15}{4}} = 0.87 (\text{m})$$

取 $D=1$m，则 $L_{eff}/D=4/1=4$，符合要求。

(3) 计算油液层厚度（取液滴直径为 100μm）：

$$h_o = \frac{3.34d^2 gt_r(\rho_w - \rho_o)}{\mu_0}$$

$$= \frac{3.34 \times (100 \times 10^{-6})^2 \times 9.81 \times 15 \times (1087 - 770)}{0.041 \times 10^{-3}}$$

$$= 0.38(m)$$

(4) 气液分离核算。采用公式（4-14）计算是否满足气液分离的要求。闪蒸气体量为 620m³/h，气量较小。1m 直径卧式分离器的处理能力，据估算大大超过闪蒸气体量，故此处对直径核算从略。

(八) 丝网除雾器的计算

丝网由圆形或扁形的耐腐蚀的金属丝编织而成，根据计算确定其横截面积和层厚。

要对丝网除雾器进行计算，必须知道和选取气体流经丝网的适宜速度。气体速度过低，被夹带的雾沫在气流中飘荡，未与丝网的细丝碰撞，就随着气流而被气体带走；而气体速度过高，聚积的液滴不易从丝网落下，液体充满丝网造成液泛，导致在丝网上的液体又再次被携带出去，使分离效率急剧降低。

1. 允许的最大气体流速

$$v_{max} = K\left(\frac{\rho_L - \rho_g}{\rho_g}\right)^{0.5} \tag{4-19}$$

式中　v_{max}——最大的气体流速，m/s；

　　　ρ_L, ρ_g——工作条件下液体和气体的密度，kg/m³；

　　　K——系数，与液体的黏度、表面张力、丝网的比表面积以及气体中液沫的含量等因素有关，标准型丝网可取 $K=0.107$m/s。

根据具体情况，操作的气流速度可取为：

$$v_g = (0.2 \sim 1.0)v_{max} \tag{4-20}$$

一般取 v_g 为 $0.8v_{max}$。

2. 丝网除雾器的面积

丝网除雾器的面积根据操作条件下的气体处理量和操作速度来确定。若丝网除雾器为圆形，其直径 D（单位为 m）按下式计算：

$$D = \left(\frac{4Q}{\pi v_g}\right)^{0.5} \tag{4-21}$$

式中　Q——操作条件下的气体处理量，m³/s。

　　　v_g——操作的气流速度，m/s。

若丝网除雾器为矩形，已知一边长为 A（单位为 m），则另一边长 B（单位为 m）为：

$$B = \frac{Q}{v_g \times A} \tag{4-22}$$

若丝网除雾器为正方形，则边长 A（单位为 m）为：

$$A = \left(\frac{Q}{v_g}\right)^{0.5} \tag{4-23}$$

（九）旋风分离器计算

1. 沉降速度

现假定在回转的气流中有一球形颗粒，可以近似地认为它受到两种力的作用。

离心力为：

$$F = m\frac{u^2}{r} = \frac{\pi}{6}d^3\rho_g r\omega^2 \qquad (4-24)$$

$$m = \frac{\pi}{6}d^3\rho_g \qquad (4-25)$$

式中　m——颗粒的质量，kg；
　　　r——回转半径，m；
　　　u——切线速度，m/s；
　　　ω——角速度；
　　　ρ_g——颗粒的密度，kg/m³。

介质给予的阻力为：

$$R = f\frac{\pi}{4}d^2\rho_g g\frac{W^2}{2g} \qquad (4-26)$$

当颗粒在气流中平衡或做匀速运动时，近似地有如下条件：

$$F \approx R \qquad (4-27)$$

将式（4-24）和式（4-26）代入到式（4-27）中，整理后得：

$$W^2 = \frac{4}{3}\frac{d\rho_p}{f\rho_g}r\omega^3, f = \frac{a}{Re^n}, Re = \frac{\omega d\rho_g}{\mu} \qquad (4-28)$$

或者：

$$W^2 = \frac{4}{3}\frac{d\rho_p}{\rho_g}r\omega^3\left[\left(\frac{\omega d\rho_g}{\mu}\right)^n/a\right] \qquad (4-29)$$

方程（4-28）和方程（4-29）即为在离心力作用下颗粒沉降的一般表达式。

同前面一样，当为微小颗粒时有：

$$W = \frac{d^2\rho_p r\omega^3}{18\mu} \qquad (4-30)$$

当为较大颗粒时有：

$$W = \frac{0.153 d^{1.14}\rho_p^{0.71}}{\mu^{0.43}\rho_g^{0.29}}(r\omega^2)^{0.71} \qquad (4-31)$$

当为最大颗粒时有：

$$W = 1.74\left(\frac{d\rho_p}{\rho_g}r\omega^2\right)^{0.5} \qquad (4-32)$$

由式（4-30）至式（4-32）可以看出，在离心力作用下，颗粒沉降的速度不仅取决于介质的状态和颗粒的直径，而且还取决于旋风分离器的结构和尺寸。这就是同重力式分离器不同的地方。

从式（4-30）至式（4-32）还可以看出，如果不考虑重力式分离器内浮力对颗粒的影响，颗粒在离心力作用下的沉降速度要比颗粒在重力作用下的沉降速度大$\left(\frac{r\omega^2}{g}\right)^m$倍，其中 m 分别为 1（最大）、0.71 和 0.5（最小），从而可以得到下面结论：在相同条件下，旋风分离器的分离效果要比重力分离器的效果好。

2. 旋风分离器直径及进出口管的计算

关于颗粒在旋风分离器内运动的严密理论至今尚未建立，因此在计算时常利用基于实验研究的经验公式。旋风分离器的计算是联立求解水力损失方程和产量公式而得出其直径；而旋风分离器的其他尺寸则根据直径来选定。

由水力损失方程得：

$$\Delta p = f\rho_g \frac{v^2}{2g} \quad (4-33)$$

式中 Δp——旋风分离器内的压力降，mmH_2O（$1mmH_2O=9.8Pa$）；
ρ_g——在分离器内压力、温度条件下的气体密度，kg/m^3；
v——气体在分离器内的平均流速，m/s；
f——水力阻力系数，由实验测定，一般取为180。

由产量公式得：

$$Q = \frac{\pi}{4} D^2 v \quad (4-34)$$

$$Q = \frac{Q_g}{86400} \times \frac{0.101325}{p} \times \frac{TZ}{293} \quad (4-35)$$

式中 Q——在分离器内压力和温度条件下的气体流量，m^3/s；
D——分离器圆筒部分的直径，m。

联立式（4-33）和式（4-35）得到：

$$D = 0.536 \left(\frac{Q^2 f \rho_g}{\Delta p}\right)^{0.25} \quad (4-36)$$

其中，$\frac{\Delta p}{\rho_g}$ 一般取为 55～180，正常情况下取为 55～75。

分离器进口管和出口管的直径可用下面公式计算（算出的直径仅供参考）：

$$D_1 = \left(\frac{Q}{0.785u}\right)^{0.5} \quad (4-37)$$

式中 u——气体的进口速度和出口速度。

在计算时，一般取进口速度为 15～25m/s，出口速度为 10～15m/s。

第二节 换 热 设 备

一、水套加热炉

（一）水套加热炉的基本结构

水套加热炉是目前气田集输系统中应用较广的天然气加热设备。水套加热炉主要由炉壳、可折盘管、被加热天然气盘管、燃烧器、可折烟管、烟囱等主要部件组成（图4-18）。在热负荷较大的地方，水套加热炉还配有一套温度控制与熄火自动保护系统。

（二）水套加热炉的工作原理

燃料在炉体内位于下部的火筒内燃烧，热量通过火筒烟管壁传给中间传热介质——水，水再加热在盘管内流动的被加热介质,被加热的水温一般不超过90℃。

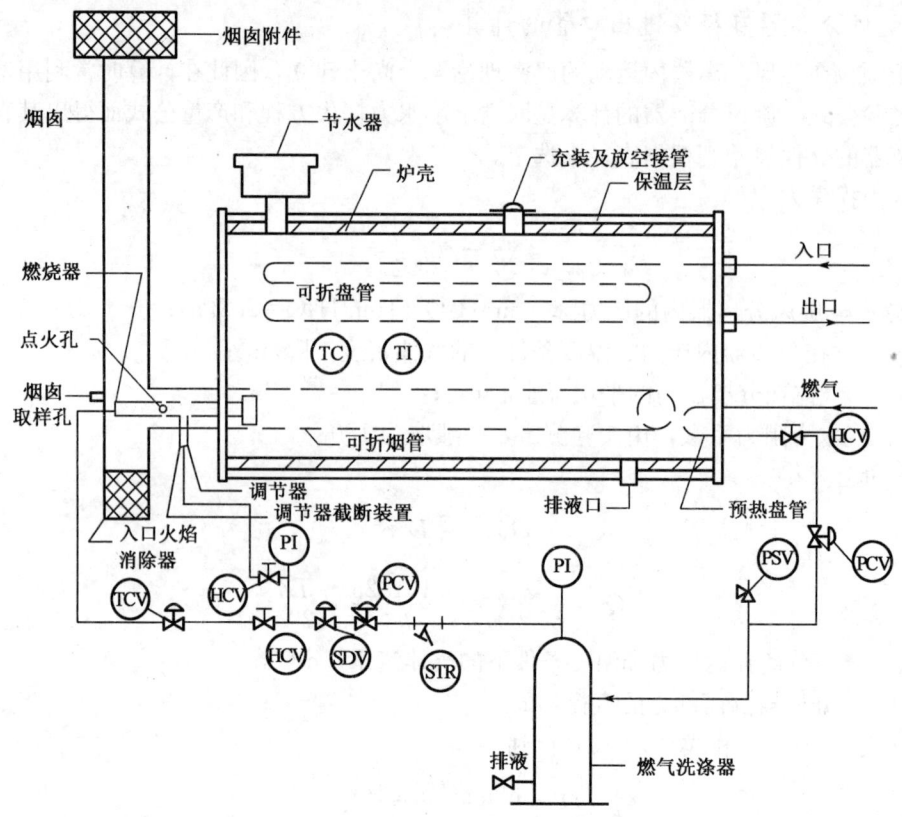

图 4-18 水套加热炉

TC—温度控制；TI—温度显示；PI—压力显示；PCV—压力控制阀；TCV—温度控制阀；
PSV—安全阀；STR—过滤器；SDV—调节阀；HCV—节流阀

二、换热器

换热器的型式繁多,不同的场合,使用的目的就不同,因此,对换热器的结构、材料、参数等提出了不同的要求,出现了各式各样的换热器。事实上,也不可能有一种万能的换热器能满足所有不同的要求,必须根据具体条件设计或选用某种型式的换热器。对于石油和天然气工业矿场集输工程来说,使用最为广泛的是壳管式换热器(图 4-19),包括以下几种。

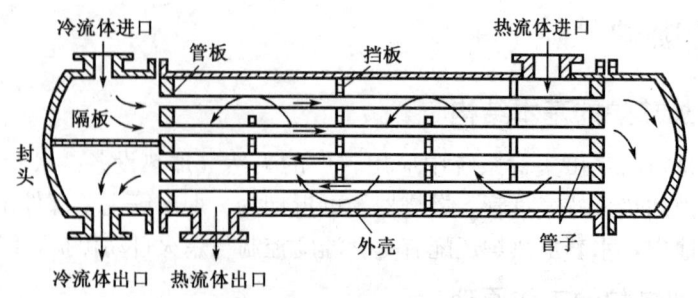

图 4-19 壳管式换热器示意图

(一) 固定管板式换热器

除壳程清扫困难和适应热膨胀能力差外，固定管板式换热器集中了壳管式换热器的一系列优点，因此，除壳程流体有腐蚀性、易结垢需经常拆换管束或机械清扫管束外表面的情况外，应尽量采用此型式。对于管子和壳体的温差超过 30~50℃ 的情况，需考虑在壳体上加装膨胀节。

(二) 浮头式换热器

针对固定管板式换热器的缺陷，浮头式换热器进行了结构上的改进，两端管板只有一端与外壳固定，另一端可相对壳体滑移，称为浮头。浮头封闭在壳体内的换热器称为内浮头式换热器，浮头露在壳体以外的换热器称为外浮头式换热器。为防止泄漏，外浮头与外壳的滑动接触面处常采用填料函密封结构，故又有填函式换热器或填塞式换热器的名称。

浮头式换热器由于管束的膨胀不受壳体的约束，因此不会因管束和壳体之间的差胀而产生温差热应力；浮头端可拆卸抽出管束，为检修更换管子、清理管束及壳体带来很大方便。这些优点表明，对于管子和壳体间温差大、壳程介质腐蚀性强、易结垢的情况，浮头式换热器很能适应。但这种换热器结构复杂，填函式滑动面处在高压时容易泄漏，使其应用受到限制。

(三) U形管式换热器

这种换热器是将换热管弯成 U 形（图 4-20），管端装于管板上，管板夹持在两个法兰之间。其优点是结构简单，制造容易，省去了一块浮头管板和浮头部分的加工件，耗钢量少，成本较低，换热管伸缩自由，每根管都可以自由膨胀，泄漏点少，检修方便，管外清扫容易，但管内清洗困难。由于每根管子的总长度不同，故物料的分布不如浮头式换热器和固定管板式换热器均匀。除最外层管子外，其他管子无法更换，管子泄漏后只能堵塞。随着使用时间的推移，其换热面积会变得越来越小。

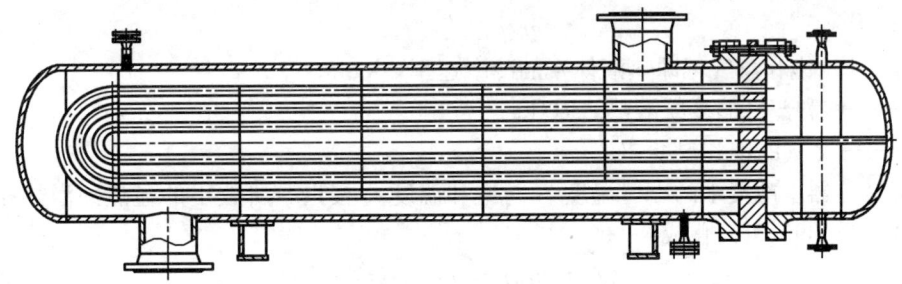

图 4-20 U形管式换热器

由于有上述特点，故 U 形管换热器适用于温差大、管程压力高、绝对不允许管内外介质窜漏和管内介质较清洁的场合。

(四) 套管式换热器

套管式换热器适用于传热面积较小的场合。虽然这种换热器占地面积较其他管壳式换热器大，但由于结构简单，制造方便，管程可流通高压介质，天然气流通内管可以采用与集输管线相同的材质和相同直径的管子，因而在集输系统应用较多，其工作原理如图 4-21所示。

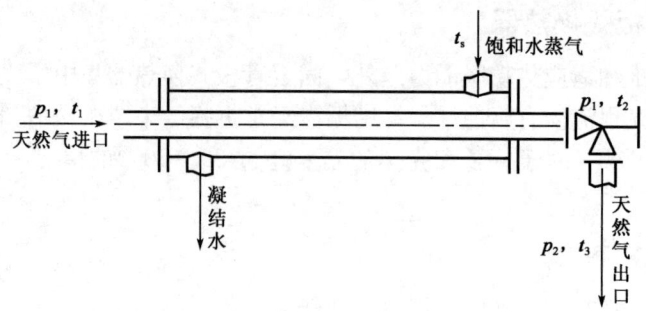

图 4-21 套管式换热器示意图

三、换热设备计算

(一) 换热设备的热负荷计算

设换热器的绝热良好,即热损失可以忽略,则热流体放出的热量等于冷液体吸收的热量。若冷热流体均无相变化,则热量衡算式为:

$$Q = m_{s1}c_{p1}(t_1' - t_1'') = m_{s2}c_{p2}(t_2'' - t_2') \tag{4-38}$$

式中 Q——单位时间内从热流体取走或加给冷流体的热量,kJ/s;

c_{p1},c_{p2}——热、冷流体的比定压热容,kJ/(kg·℃),可视为常数,各种流体的 c_p 值请参阅第一章;

m_{s1},m_{s2}——热、冷流体的质量流率,kg/s;

t_1',t_1''——热流体的进、出口温度,℃;

t_2',t_2''——冷流体的进、出口温度,℃。

若换热器中流体有相变化,例如饱和蒸气冷凝,而冷流体仍无相变化,则:

$$\begin{aligned}Q' &= m_{s1}[r + c_{p1}(t_s - t_1'')] \\ &= m_{s2}c_{p2}(t_2'' - t_2')\end{aligned} \tag{4-39}$$

式中 m_{s1}——饱和蒸气(即热液体)的冷凝速率,kg/s;

r——饱和蒸气的冷凝潜热,kJ/kg;

t_s——蒸气的饱和温度,℃。

一般换热器中冷凝水的出口温度 t_1'' 与饱和温度 t_s 接近,所放出的显热同潜热相比可忽略,故式(4-39)可简化成:

$$Q' = m_{s1}r = m_{s2}c_{p2}(t_2'' - t_2') \tag{4-40}$$

在工程实际中,进、出换热器的流体并不总是单相的,可能是多相的,有油、水、气当中的二者或三者,此时就必须分别计算它们的热负荷(即放出或吸收的热流量)。

在最后算出的总热负荷中,在设计换热器时,考虑到散热等原因,还须附加某个裕量。

(二) 换热设备传热面积计算

$$F = \frac{Q}{K\Delta T} \tag{4-41}$$

式中 F——传热面积,m²;

Q——热负荷,kJ/h;

ΔT——有效平均温度差,℃;

K——总传热系数，$kJ/(m^2 \cdot h \cdot \text{℃})$。

计算换热设备时应先估算传热面积，传热系数 K 可在 $1500\sim3000kJ/(m^2 \cdot h \cdot \text{℃})$ 范围取值。根据估算的传热面积确定换热设备的结构尺寸和束管排列方式，并根据传热介质条件再进行精确的总传热系数计算。

(三) 平均温度差计算

$$\Delta T = \frac{\Delta t_h - \Delta t_c}{\ln \frac{\Delta t_h}{\Delta t_c}} \tag{4-42}$$

$$\Delta t_h = T_1 - t_2 \tag{4-43}$$

$$\Delta t_c = T_2 - t_1 \tag{4-44}$$

式中 ΔT——有效平均温度差，℃；

Δt_h——热端温差；

T_1——热流进口温度，℃；

t_2——冷流出口温度，℃；

Δt_c——冷端温差；

T_2——热流出口温度，℃；

t_1——冷流进口温度，℃。

(四) 总传热系数计算

$$K = \frac{1}{\frac{1}{h_i} + \frac{\delta}{\lambda} + \frac{1}{h_o}} \tag{4-45}$$

式中 K——总传热系数，$kJ/(m^2 \cdot h \cdot \text{℃})$；

h_i——管内流体的膜传热系数，$kJ/(m^2 \cdot h \cdot \text{℃})$；

h_o——管外流体的膜传热系数，$kJ/(m^2 \cdot h \cdot \text{℃})$；

δ——管束的管壁厚，m；

λ——管材金属的热传系数，$kJ/(m^2 \cdot h \cdot \text{℃})$。

(五) 管壳式换热器管内和管外流体的膜传热系数计算

1. 雷诺数计算

$$Re = \frac{dG}{\mu} \tag{4-46}$$

$$G = \frac{W}{3600S} \quad (\text{管程用 } S_i,\text{壳程用 } S_e) \tag{4-47}$$

式中 Re——管内、管外流体的雷诺数；

μ——流体黏度，$6.156 \times 10^{-4} Pa \cdot s$；

G——流体质量流率，kg/m^2；

W——流体的质量流量，kg/h；

S——流通面积，m^2；

S_i——一个管程的管内总截面积，m^2；

S_e——接近壳体中心线的管排的管间空隙总长度与折流板间距的乘积，m^2；

d——管径(管程用内径d_i,沿程用当量直径d_e)。

当管束为正方形排列时:

$$d_e = \frac{4\left(p^2 - \frac{\pi}{4}d_o^2\right)}{\pi d_o} \tag{4-48}$$

式中　p——两管间中心距,m;
　　　d_o——管束管的外径,m。

当管束为正三角形排列时:

$$d_e = \frac{8\left(\sqrt{3}p^2 - \frac{\pi}{8}d_o^2\right)}{\pi d_o} \tag{4-49}$$

2. 普朗特数计算

$$Pr = \frac{c_p \mu}{\lambda} \tag{4-50}$$

式中　Pr——管内或管外流体普朗特数;
　　　c_p——管内或管外流体比定压热容,kJ/(kg·℃);
　　　μ——管内或管外流体黏度,Pa·s;
　　　λ——管内或管外流体传热系数,kJ/(m·h·℃)。

3. 膜传热系数计算

$$h = \frac{J_H}{d}\lambda(Pr)^{1/3}\phi \tag{4-51}$$

$$\phi = \left(\frac{\mu}{\mu_p}\right)^{0.25} \quad (Re_i < 2100) \tag{4-52}$$

$$\phi = \left(\frac{\mu}{\mu_p}\right)^{0.14} \quad (Re_i > 2100) \tag{4-53}$$

式中　h——管内(h_i)或管外(h_o)流体膜传热系数,kJ/(m²·h·℃);
　　　J_H——传热因数,无因次,其值由图4-22或图4-23查得;
　　　λ——管内或管外流体导热系数,kJ/(m·h·℃);
　　　ϕ——黏度校正值,无因次;
　　　μ——标准状况下管内或管外流体黏度,Pa·s;
　　　μ_p——操作条件下管内或管外流体黏度,Pa·s。

四、工艺计算举例

某气井的日产气量为$40×10^4 m^3/d$(p=101.325kPa,t=20℃),生产时的油管压力为40.0MPa(绝),天然气出井的温度为30℃,采气管线压力为9.0MPa(绝)。天然气的组成见表4-3。试计算井场装置的节流级数、各级节流阀前后的压力和温度。当采用加热法防冻时,试计算天然气加热所需热量、加热器的热负荷,进行加热器选型。

表4-3　天然气组成

组　分	CH_4	C_2H_6	C_3H_8	iC_4H_{10}	nC_4H_{10}	C_5H_{12}	N_2
体积分数,%	96.7	1.6	1	0.2	0.3	0.1	0.1

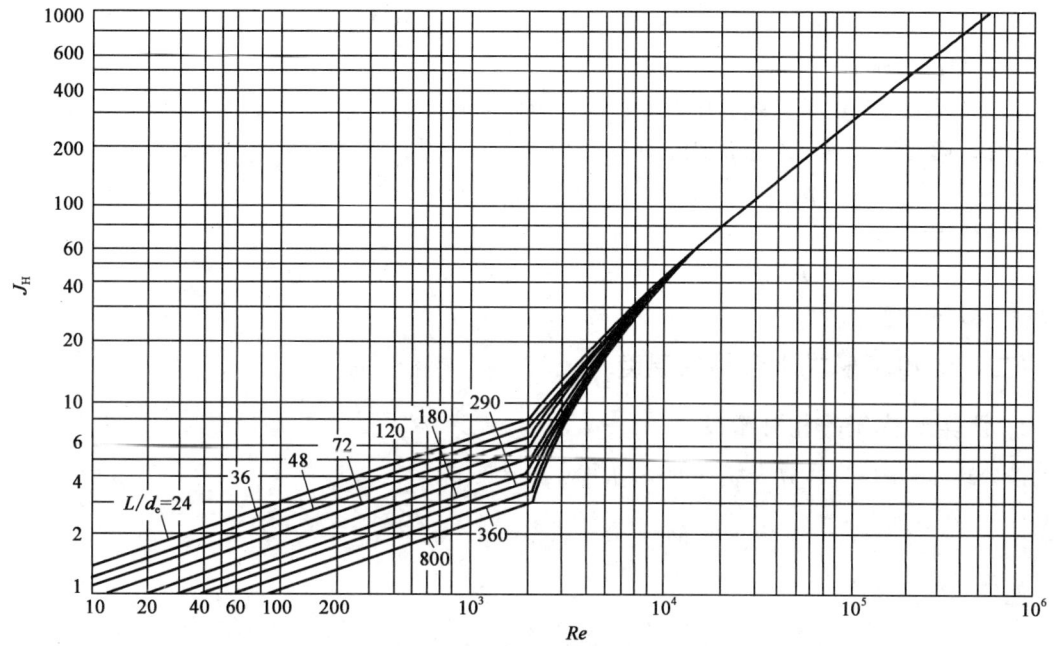

图 4-22 管程传热系数图

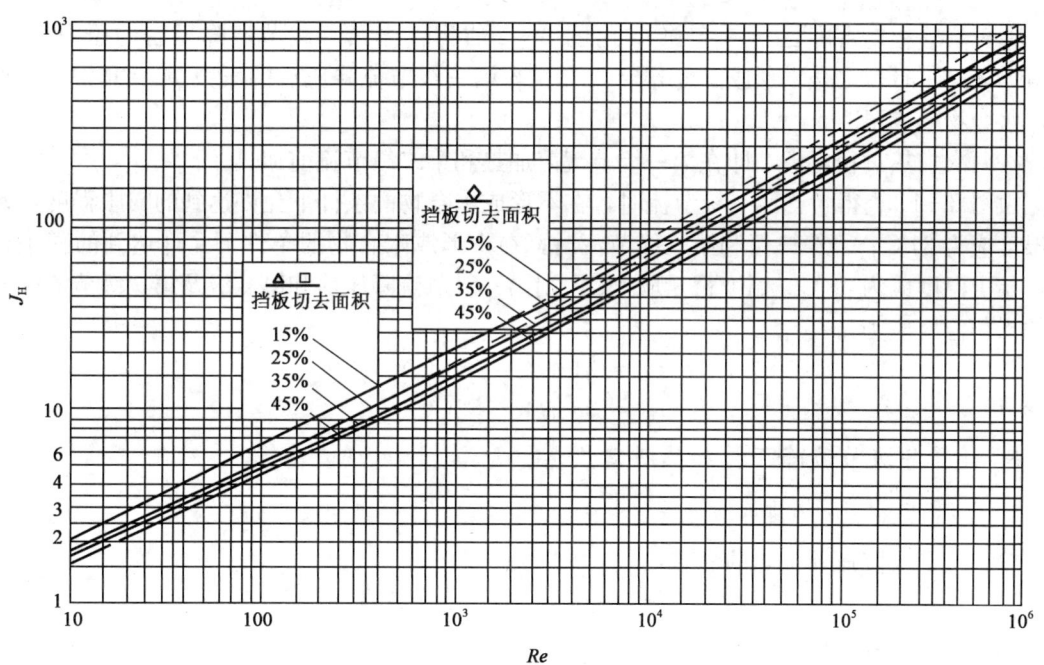

图 4-23 壳程传热系数图

△—管子呈正三角形排列；□—管子呈正方形排列；◇—管子呈正方形排列斜转 45°

（一）节流降压计算

已知从气井出来的压力和温度：$p_1=40.1$ MPa（绝），$t_1=30℃$。

因为第一级节流为流量控制阀，应使之在临界状态下操作，故按公式（3-1）进行节流计算。第一级节流阀的阀后压力为：
$$p_2 < 0.55 p_1 = 0.55 \times 40.0 = 22.0 (\text{MPa})(绝)$$
取 $p_2 = 21 \text{MPa}$（绝）。

第二级及其以后的节流阀为压力调控阀，应使之在非临界状态下操作，故按公式（3-2）进行计算，第二级和第三级节流阀的阀后压力为：
$$p_3 > 0.55 p_2 = 0.55 \times 21 = 11.55 (\text{MPa})(绝)$$
取 $p_3 = 13 \text{MPa}$（绝）。
$$p_4 > 0.55 p_3 = 0.55 \times 13 = 7.15 (\text{MPa})(绝)$$
取 $p_4 = 9 \text{MPa}$（绝）。

(二) 计算不形成水合物的温度

1. 计算天然气的相对密度 Δ

按公式（1-10）计算天然气的平均相对分子质量：
$$M = \sum_{i=1}^{n} y_i M_i = 16.8236$$

则天然气的相对密度为：
$$\Delta = \frac{M}{M_a} = \frac{16.8236}{28.964} = 0.5809$$

2. 计算各级降压膨胀前的操作温度 t_2

按天然气相对密度 $\Delta = 0.5809$，由图 2-8 查得：当第一级节流降压后的压力 $p_2 = 21 \text{MPa}$（绝）时，水合物形成温度 $t_{01} = 22℃$；当第三级节流降压后的压力 $p_4 = 9 \text{MPa}$（绝）时，水合物形成温度 $t_{02} = 17.5℃$。

按两次加热过程考虑，即在第一级节流前加热和第二级节流前加热。

由图 2-11 查得：当第一级节流时，在不形成水合物的条件下允许达到的膨胀程度，始点温度应为 31℃；当第二级和第三级节流时，在不形成水合物的条件下允许达到的膨胀程度，始点温度应为 48℃。温度裕量取 4℃，则第一级节流降压前和第二级及第三级节流降压前的操作温度应为：
$$t_{11} = 31 + 4 = 35 (℃)$$
$$t_{12} = 48 + 4 = 52 (℃)$$

3. 计算各级节流降压前加热所需热量

1) 计算天然气加热前后的温差

第一级节流降压前加热的温差：
$$\Delta t_1 = t_{11} - t_1 = 35 - 30 = 5 (℃)$$

第二级节流降压前加热的温差：
$$\Delta t_2 = t_{12} - t_{01} = 52 - 22 = 30 (℃)$$

2) 计算天然气的比定压热容

(1) 计算理想状态下的比热容。

① 计算平均温度：
$$35℃ \rightarrow 22℃ \qquad t_{cp1} = \frac{35 + 22}{2} = 28.5 (℃)$$

$$52℃ \to 17.5℃ \qquad t_{cp2} = \frac{52+17.5}{2} = 34.75(℃)$$

②计算天然气比热容。

第一级和第二级节流降压前后的平均温度比较接近，为了简化计算，即以 $t=30℃$ 由图查得各组分的摩尔质量热容，并按公式（1-62）计算天然气的比热容，如表4-4所示。

表4-4 天然气比热容计算

组分	y_i	M_i	y_iM_i	$X_{wi}=\dfrac{y_iM_i}{\sum y_iM_i}$	摩尔质量热容 kJ/(kmol·℃)	$X_{wi}\cdot C_{p,m}$ kJ/(kmol·℃)	$\dfrac{X_{wi}\cdot C_{p,m}}{M_i}$ kJ/(kg·℃)
CH_4	0.967	16.4	15.5107	0.9219	34.33	31.6488	1.9731
C_2H_6	0.016	30.07	0.4811	0.0286	57.78	1.6525	0.0550
C_3H_6	0.010	44.10	0.4410	0.0262	75.36	1.9744	0.0448
iC_4H_{10}	0.002	58.12	0.1162	0.0069	98.39	0.6789	0.0117
nC_4H_{10}	0.003	58.12	0.1744	0.0104	100.48	1.0450	0.0180
C_5H_{12}	0.001	72.15	0.0722	0.0043	125.60	0.5401	0.0075
N_2	0.002	28.01	0.0280	0.0017	29.31	0.0498	0.0018
共计	1.000		16.8236	1.0000			2.1119

（2）进行压力校正计算操作条件下比热容。

压力大于 3.54×10^5 Pa 时，应进行压力校正，计算平均压力：

$$40.0\text{MPa} \to 21\text{MPa} \qquad p_{cp1} = \frac{40.0+21}{2} = 30.5(\text{MPa})$$

$$21\text{MPa} \to 9\text{MPa} \qquad p_{cp2} = \frac{21+9}{2} = 15(\text{MPa})$$

按上列平均压力计算天然气的临界参数，如表4-5所示。

表4-5 天然气临界参数计算

组分	x_i	临界温度 T_{ci}, K	临界压力 p_{ci}, MPa（绝）	虚拟临界温度 T_e, K	虚拟临界压力 p_c, MPa（绝）
CH_4	0.967	190.55	4.604	184.2619	4.4521
C_2H_6	0.016	305.43	4.880	4.8869	0.0781
C_3H_8	0.010	369.82	4.249	3.6982	0.0425
iC_4H_{10}	0.002	408.13	3.648	0.8163	0.0073
nC_4H_{10}	0.003	425.16	3.797	1.2755	0.0114
C_5H_{12}	0.001	469.60	3.369	0.4696	0.0034
N_2	0.001	126.10	3.399	0.1261	0.0034
共计	1.0000			195.5345	4.5982

第一次加热对比参数：

$$T_{r1} = \frac{T_{cp1}}{T_c} = \frac{273+28.5}{195.5345} = 1.5419$$

$$p_{r1} = \frac{p_{cp1}}{p_c} = \frac{30.5}{4.5982} = 6.6330$$

第二次加热对比参数：

$$T_{r2} = \frac{T_{cp2}}{T_c} = \frac{273+34.75}{195.5345} = 1.5739$$

$$p_{r2} = \frac{p_{cp2}}{p_c} = \frac{15}{4.5982} = 3.2622$$

根据上列对比参数值由图 1-1 和图 1-2 查得，当第一次加热时：

$$\left(\frac{\tilde{c}_p^0 - \tilde{c}_p}{R}\right)^{(0)} = 2.45, \left(\frac{\tilde{c}_p^0 - \tilde{c}_p}{R}\right)^{(0)} = 3.15$$

当第二次加热时：

$$\left(\frac{\tilde{c}_p^0 - \tilde{c}_p}{R}\right)^{(0)} = 2.39, \left(\frac{\tilde{c}_p^0 - \tilde{c}_p}{R}\right)^{(0)} = 0.78$$

用公式（1-70）计算偏心因子 ω：

$$\omega = \sum_{i=1}^{n} x_i \omega_i$$

$= 0.976 \times 0.0126 + 0.016 \times 0.0978 + 0.010 \times 0.1541 + 0.002 \times 0.1840$
$\quad + 0.003 \times 0.2015 + 0.001 \times 0.2524 + 0.001 \times 0.0327$
$= 0.0123 + 0.0016 + 0.0015 + 0.0004 + 0.0006 + 0.0003 + 0.0001$
$= 0.0168$

当第一次加热时，压力校正值由公式（1-64）计算求得：

$$\frac{\tilde{c}_p^0 - \tilde{c}_p}{R} = 2.45 + 0.0168 \times 3.15 = 2.5029$$

当第二次加热时，压力校正值由公式（1-64）计算求得：

$$\frac{\tilde{c}_p^0 - \tilde{c}_p}{R} = 2.39 + 0.0168 \times 0.78 = 2.4031$$

天然气的比热容由公式（1-65）计算求得：
已知 $c_p = 2.1119 \text{kJ/(kg·℃)}$，$R=8.3144$，$M=16.8236$，则第一次加热时：

$$c_{p1} = 2.1119 - \frac{8.3144}{16.8236} \times 2.5029 = 0.8749 [\text{kJ/(kg·℃)}]$$

第二次加热时：

$$c_{p2} = 2.1119 - \frac{8.3144}{16.8236} \times 2.4031 = 0.9243 [\text{kJ/(kg·℃)}]$$

（3）计算天然气加热所需热量。
第一次和第二次加热量按公式下式计算：

$$Q_g = q_v \rho_g c_p \Delta t$$

已知 $q_v = \frac{40 \times 10^4}{24} \text{m}^3/\text{h}$，$\rho_g = \frac{16.8236}{22.4} \text{kg/m}^3$，$c_{p1} = 0.8749 \text{kJ/(kg·℃)}$，$c_{p2} = 0.9243 \text{kJ/(kg·℃)}$，$\Delta t_1 = 5℃$，$\Delta t_2 = 30℃$，则第一次加热量为：

$$Q_{g1} = \frac{40 \times 10^4}{24} \times \frac{16.8236}{22.4} \times 0.8749 \times 5 = 54758.06 (\text{kJ/h})$$

第二次加热量为：

$$Q_{g2} = \frac{40 \times 10^4}{24} \times \frac{16.8236}{22.4} \times 0.9243 \times 30 = 347099.4 (\text{kJ/h})$$

第一次加热的加热器热负荷为:
$$Q_1 = Q_{g1} \times 1.1 = 54758.06 \times 1.1 = 60233.87 (kJ/h)$$
第二次加热的加热器热负荷为:
$$Q_2 = Q_{g2} \times 1.1 = 347099.4 \times 1.1 = 381809.34 (kJ/h)$$

加热器设备选型：第一次加热和第二次加热选用双进双出水套加热炉，其额定热负荷为 418680kJ/h（通称 10 万大卡水套加热炉）。

工艺计算成果见表 4-6。

表 4-6 工艺计算结果

项目	压力，MPa（表）		温度，℃		加热量 kJ/h	加热器		
	阀前	阀后	阀前	阀后		热负荷，kJ/h	额定值，kJ/h	型式
一级节流	40	20.9	35	26				
二级节流	20.9	12.9	48	34				
三级节流	12.9	8.9	34	21.5				
一次加热					54758.06	401857.46	418680	两次加热合用双进双出水套炉
二次加热					347099.4			

第三节　压　缩　机

气体集输用的压缩机种类很多，如往复式、离心式、螺杆式等等。在矿场用于天然气增压的压缩机常采用往复式压缩机。在天然气集输设计中，主要是进行压缩机选型计算，压缩机的选型计算主要计算以下参数。

一、排气量和供气量

排气量与供气量的关系按下式计算：

$$V_s = \frac{p_0 T_s}{(p_s - \phi p_{sa}) T_0} V \tag{4-54}$$

式中　V_s——排气量，m³/min；
　　　ϕ——进气状态下的相对湿度；
　　　p_{sa}——进气温度下的饱和蒸气压力，kPa；
　　　p_0——标准大气压力，kPa；
　　　T_0——标准状态温度，K；
　　　p_s——进气压力，kPa；
　　　T_s——进气温度，$T_s = 40℃$；
　　　V——供气量，m³/min。

二、实际压缩机的排气量

压缩机在运行时，由于存在着余隙容积和气体泄漏等因素的影响，实际的排气量小于气缸行程容积。引用的系数称为排气系数，以 λ 表示：

$$V = V_t \cdot \lambda = V_t \cdot \lambda_V \cdot \lambda_p \cdot \lambda_t \cdot \lambda_g \tag{4-55}$$

式中　λ——排气系数，实际排气量与理论排气量之比。
　　　λ_V——容积系数；
　　　λ_p——压力系数；
　　　λ_t——温度系数；
　　　λ_g——气密系数。

三、排气压力及级数

$$\varepsilon = \sqrt[B]{\varepsilon_t} \qquad (4-56)$$

式中　ε_t——压缩机的总压缩比；
　　　B——级数。

四、排气温度

往复式压缩机的排气温度可按绝热压缩公式计算：

$$T_d = T_s \varepsilon^{\frac{k-1}{k}} \qquad (4-57)$$

式中　T_s, T_d——进、排气的热力学温度，K；
　　　ε——压缩比；
　　　k——绝热指数。

五、指示功率

压缩机指示功率按绝热循环计算。

对于理想气体，Z 级压缩机的指示功率为：

$$N_i = \sum_{i=1}^{Z} N_{idi} = \sum_{i=1}^{Z} p_{si} V_{ti} \lambda_{Vi} \frac{K_i}{K_i - 1} \left[\left(\frac{p'_{di}}{p'_{si}} \right)^{\frac{K_i - 1}{K_i}} - 1 \right] \qquad (4-58)$$

对于实际气体，Z 级压缩机的指示功率为：

$$N_i = \sum_{i=1}^{Z} N_{idi} = \sum_{i=1}^{Z} p_{si} V_{ti} \lambda_{Vi} \frac{K_{Ti}}{K_{Ti} - 1} \left[\left(\frac{p_{di}}{p_{si}} \right)^{\frac{K_{Ti} - 1}{K_{Ti}}} - 1 \right] \frac{z_{si} + z_{di}}{2 z_{si}} \qquad (4-59)$$

式中　N_i——指示功率，kW；
　　　p_{si}——第 i 级名义吸气压力，kPa；
　　　V_{ti}——第 i 级的气缸行程容积，m³/min；
　　　λ_{Vi}——第 i 级的容积系数；
　　　p'_{di}, p'_{si}——第 i 级的考虑压力损失的实际排气和吸气压力，kPa；
　　　K_i——第 i 级理想气体的绝热过程指数；
　　　K_{Ti}——第 i 级实际气体的温度绝热指数；
　　　z_{si}, z_{di}——第 i 级名义压力下的气体压缩系数。

轴功率为：

$$N = \frac{N_{id}}{\eta_m} \qquad (4-60)$$

式中　η_m——压缩机机械效率，一般中大型压缩机 $\eta_m = 0.90 \sim 0.95$，循环压缩机 $\eta_m = 0.80 \sim 0.85$。

驱动机的功率应为：

$$N_e = (1.05 \sim 1.15) \frac{N}{\eta_c} \tag{4-61}$$

式中　η_c——传动效率，皮带传动 $\eta_c=0.96\sim0.99$，齿轮传动 $\eta_c=0.97\sim0.99$，半弹性联轴节 $\eta_c=0.97\sim0.99$，刚性联轴节 $\eta_c=1$。

六、发动机的功率核算

$$N_{实际} = N_{确定}\left[1-\left(\frac{0.03h}{300}+\frac{0.01t_0}{5.5}\right)\right] \tag{4-62}$$

式中　$N_{实际}$——受海拔高度和环境温度影响的发动机实际功率，kW；

　　　$N_{确定}$——发动机的额定功率，kW；

　　　h——安装发动机位置的海拔高度，m；

　　　t_0——安装发动机位置的环境温度，℃。

七、压缩机进出口缓冲罐容积计算

由于活塞往复式压缩机排气具有脉冲性，应采取缓冲罐来控制由于脉冲引起的压力振动。缓冲罐容积可按下式计算：

$$V_{缓} = \phi V_{缸} \tag{4-63}$$

$$V_{缸} = \frac{\pi}{4}D^2 S \tag{4-64}$$

式中　$V_{缓}$——进口或出口缓冲罐容积，mm^3；

　　　$V_{缸}$——压缩机气缸容积，mm^3；

　　　ϕ——进口或出口缓冲系数；

　　　D——气缸直径，mm；

　　　S——活塞冲程长度，mm。

习　题

1. 从气井中出来的天然气为什么要进行机械杂质的分离操作？
2. 如何选用立式分离器和卧式分离器？
3. 立式分离器和卧式分离器的原理是什么？
4. 三相分离器分离的基本原理是什么？
5. 在旋风分离器中，颗粒的沉降规律是怎样的？
6. 为进一步提高分离效果，在分离器中应该设置哪些部件？
7. 推导液滴在分离器中的沉降速度计算公式。
8. 丝网除雾器为何要计算允许的最大气体流速？
9. 水套加热炉的工作原理是什么？
10. 壳管式换热器常用的有哪几种形式？
11. 计算换热设备传热面积时需要确定哪些参数？
12. 在设计换热器时，怎样提高其换热效率？

13. 压缩机的选型主要计算哪些参数？

14. 某井生产的天然气中含有比较多的凝析油，经分离后测得天然气产量为 $10 \times 10^4 \text{m}^3/\text{d}$，凝析油产量为 $20\text{m}^3/\text{d}$，天然气相对密度为 0.6，凝析油相对密度为 0.80，在生产时要求压力从 20MPa（绝）节流到 6.0MPa（绝），节流前温度 30℃。要求选用一台水套加热炉安装在井场上来加热从井口出来的天然气，以免节流后形成水合物而影响正常生产。请选择水套加热炉。

15. 现对天然气进行预分离，天然气中含少量固体颗粒及一定量的游离液烃，气体处理量为 $80 \times 10^4 \text{m}^3/\text{d}$（101.325kPa，20℃），压力为 7.0MPa，温度为 30℃，分离 $100\mu\text{m}$ 液滴，高径比按 4 计算。试按气体处理能力求立式分离器（或卧式分离器）直径和高度（长度）。

16. 每吨石油在 $p=2.5\times10^5\text{Pa}$、$t=40℃$ 下经分离器分出 923.6kg 原油，76.41kg 气。工程标准状态下，原油密度为 890kg/m³，标准状态下气体密度为 1.2136kg/m³。分离条件下，气体压缩系数 $Z=0.995$，要求原油在分离器中停留 3min，每口井产量为 20t/d 石油，10 口油井共用一个分离器。若采用立式分离器，试确定 D 和 H。

17. 已知进入卧式三相分离器的油液和水溶液质量流量分别为 4500kg/h 和 350kg/h，油的闪蒸气量为 850m³/h（标准状况），油的密度为 770kg/m³，水溶液的密度为 1027kg/m³。油的黏度为 $0.041\times10^{-3}\text{Pa}\cdot\text{s}$。试计算三相分离器的直径和有效长度、油液层的厚度（设混合液的停留时间为 15min）。

第五章 集输管道计算

第一节 集输管道的水力计算

一、气体管内稳定流动的基本方程

描述气体管内流动状态的参数有压力 p、密度 ρ 和流速 w。求解该三参数存在三个方程,即运动方程,连续性方程和气体状态方程。

(1) 连续性方程:

$$\frac{\partial \rho}{\partial \tau} + \frac{\partial (\rho w)}{\partial x} = 0 \qquad (5-1)$$

(2) 运动方程:

$$\frac{\partial (\rho w)}{\partial \tau} + \frac{\partial (\rho w^2)}{\partial x} = -\frac{\partial p}{\partial x} - \rho g \sin\alpha - \frac{\lambda w^2 \rho}{2D} \qquad (5-2)$$

(3) 气体状态方程:

$$p = Z\rho RT \qquad (5-3)$$

式中　p——压力,Pa;
　　　ρ——气体的密度,kg/m³;
　　　λ——水力摩阻系数;
　　　x——管道的轴向长度,m;
　　　D——管道内径,m;
　　　w——管道内气体流速,m/s;
　　　g——重力加速度,m/s²;
　　　α——管道与水平面的夹角。
　　　τ——时间。

由运动方程(5-1)、连续性方程(5-2)和状态方程(5-3)组成的方程组,可用来求解管道中任一断面 x 和任一时间 τ 的气体流动参数 p、ρ 和 w。这是一组非线性偏微分方程,一般情况下没有解析解,只能在一定条件下以简化和线性化的方法求得近似解。

对于稳定流动,式(5-1)和式(5-2)所示的连续性方程和运动方程中与时间 τ 有关的各项均可舍弃,即可得到如式(5-4)所示的气体在管内作稳定流动的基本方程式:

$$-\frac{\mathrm{d}p}{\rho} = \frac{\lambda}{D}\mathrm{d}x\frac{w^2}{2} + g\mathrm{d}s + \frac{\mathrm{d}w^2}{2} \qquad (5-4)$$

式中　p——压力,Pa;
　　　ρ——气体的密度,kg/m³;
　　　λ——水力摩阻系数;
　　　x——管道的轴向长度,m;

D——管道内径，m；
w——管道内气体流速，m/s；
g——重力加速度，m/s^2；
s——高程，m。

公式（5-4）说明，管道的压降由三部分组成：消耗于摩阻的压降、气体上升克服高程的压降和流速增大引起的压降。式（5-4）即为稳定流动的气体管流的基本方程，也是推导输气管水力计算基本公式的基础。

二、气体流量计算的一般表达式

由气体状态方程和气体所处的稳定流动状态可知：

$$\rho = \frac{p}{ZRT}, w = \frac{M}{F\rho}$$

将 ρ 和 w 值代入式（5-4），将等式两端同乘以 $\frac{p^2}{ZRT}$ 并经整理后即可得到：

$$-p\mathrm{d}p = \frac{M^2 ZRT}{2F^2}\left(\frac{\lambda}{D}\mathrm{d}x + \frac{2\mathrm{d}p}{p}\right)$$

将上式左端以 $[p_1, p_2]$ 为积分区间，右端以 $[0, L]$ 和 $[p_1, p_2]$ 为积分区间分别积分，即：

$$\int_{p_1}^{p_2} p\mathrm{d}p = \frac{M^2 ZRT}{2F^2}\left(\frac{\lambda}{D}\int_0^L \mathrm{d}x + 2\int_{p_1}^{p_2}\frac{1}{p}\mathrm{d}p\right)$$

$$-\frac{p_2^2 - p_1^2}{2} = \frac{M^2 ZRT}{2F^2}\left(\frac{\lambda}{D}L + 2\ln\frac{p_2}{p_1}\right)$$

$$-p_2^2 + p_1^2 = \frac{M^2 ZRT}{F^2}\left(\frac{\lambda}{D}L + 2\ln\frac{p_2}{p_1}\right)$$

得到如式（5-5）所示的流量一般表达式：

$$M = \frac{\pi}{4}\sqrt{\frac{(p_1^2 - p_2^2)D^4}{ZRT\left(\lambda\dfrac{L}{D} + 2\ln\dfrac{p_1}{p_2}\right)}} \qquad (5-5)$$

式中 M——气体质量流量，kg/s；
p_1，p_2——计算管段起点和终点处的压力，MPa（绝）；
D——管道内径，m；
Z——气体在输送状态下的压缩系数；
R——气体通用常数，J/(kg·K)；
λ——气体的水力摩擦系数；
T——气体温度，K；
L——计算管段的长度，m。

工程中一般规定流量的单位为 m^3/d（101.325kPa，293.15K），因此，必须把质量流量转换成标准状况下的体积流量。

体积流量 Q（单位为 m^3/d）和质量流量 M（单位为 kg/s）间的关系为：

$$M = \frac{Qp_0}{24 \times 3600} = \frac{Qp_0}{RT_0} \times \frac{1}{24 \times 3600} = \frac{Qp_0\Delta}{R_a T_0} \times \frac{1}{24 \times 3600}$$

将上式代入 (5-5),可得:

$$Q = C\sqrt{\frac{(p_1^2 - p_2^2)D^4}{\lambda Z \Delta T L}} \quad (5-6)$$

$$C = \frac{\pi}{4}\frac{T_0}{P_0}\sqrt{R_a} \quad (5-7)$$

式中 Q——天然气在标准状态下的体积流量,m^3/d;
　　　C——常数;
　　　R_a——空气的气田常数,$m^2/(s^2 \cdot K)$;
　　　Δ——天然气相对密度。

在标准状态下,$T_0 = 293.15K$, $p_0 = 101.325kPa$, $R_a = 287.1 m^2/(s^2 \cdot K)$ 时,$C = 0.0384\ m^2 \cdot s \cdot K^{0.5}/kg$。

三、集输管道常用的计算公式

(一) 摩擦阻力系数

气体管流的摩擦阻力系数(简称为摩阻系数)在本质上与液体的没有区别。它的值与流动状态、管道内壁的粗糙度、连接方法、安装质量及气体的性质有关。

1. 雷诺数

雷诺数 Re 可按下式计算:

$$Re = \frac{4\Delta \rho_a Q_0}{\pi D \mu} \quad (5-8)$$

式中 Δ——气体的相对密度;
　　　ρ_a——空气的密度,工程标准状况下取 $\rho_a = 1.206 kg/m^3$;
　　　Q_0——气体流量,m^3/s;
　　　D——管内径,m;
　　　μ——气体的动力黏度,$N \cdot s/m^2$。

输气管的雷诺数高达 $10^6 \sim 10^7$,为输油管的 $10 \sim 100$ 倍。一般集气干线都在阻力平方区,不满负荷时在混合摩擦区;城市及居民区的配气管道多在水力光滑区。可用下面两个临界雷诺数来判断处于什么区工作:

$$Re_1 = \frac{59.7}{\left(\frac{2K}{D}\right)^{8/7}} \quad (5-9)$$

$$Re_2 = \frac{11}{\left(\frac{2K}{D}\right)^{1.5}} \quad (5-10)$$

式中 K——管内壁的当量粗糙度。

当输气管的 $Re < Re_1$ 为水力光滑区;$Re_1 < Re < Re_2$ 为混合摩擦区;$Re > Re_2$ 为阻力平方区。

2. 摩擦阻力系数 λ

1) 层流区

在层流区($Re < 2000$),摩阻系数 λ 值仅与雷诺数有关,可用下式计算:

$$\lambda = \frac{64}{Re} \tag{5-11}$$

2) 临界区

当 $2000<Re<4000$ 时称为临界区，又称临界过渡区。该区的摩阻系数可采用扎依琴柯公式计算：

$$\lambda = 0.0025\sqrt[3]{Re} \tag{5-12}$$

3) 紊流区

紊流区包括水力光滑区、过渡区（又称混合摩擦区）和阻力平方区。由于紊流区中的流动状态比较复杂，摩阻系数 λ 的计算公式也很多。此处介绍一些适用于紊流三个区的综合公式。

柯列勃洛克（F. Colebrook）公式：

$$\frac{1}{\sqrt{\lambda}} = -2\lg\left(\frac{K}{3.7D} + \frac{2.51}{Re\sqrt{\lambda}}\right) \tag{5-13}$$

阿里特苏里（A. д. Альтшулъ）公式：

$$\lambda = 0.11\left(\frac{K}{D} + \frac{68}{Re}\right)^{0.25} \tag{5-14}$$

前苏联使用的公式：

$$\lambda = 0.067\left(\frac{158}{Re} + \frac{2K}{D}\right)^{0.2} \tag{5-15}$$

由式（5-15）可知，在紊流光滑区，$158/Re \gg 2K/D$，可得出：

$$\lambda = 0.067\left(\frac{158}{Re}\right)^{0.2} = 0.1844/Re^{0.2} \tag{5-16}$$

在阻力平方区，$158/Re \ll 2K/D$，则得：

$$\lambda = 0.067\left(\frac{2K}{D}\right)^{0.2} \tag{5-17}$$

对集气干线进行计算时，考虑到局部阻力（如阀门、弯管等）的影响，可将摩阻系数的值加大 5%。

3. 集输管线常用的摩阻系数

1) 威莫斯（Weymouth）公式

$$\lambda = \frac{0.009407}{\sqrt[3]{D}} \tag{5-18}$$

式中　D——管内径，m。

威莫斯公式是 1912 年从生产实践中归纳出来的。按该式计算干线输气管比实际输气量小 10% 左右。由于该式的 λ 为 D 的函数，所以在阻力平方区是合理的，在管径较小、输气量不很大而净化较低的矿场集气管和干线上仍有足够的准确性。

2) 潘汉德尔（Panhandle）公式

A 式：

$$\lambda = 0.0847 Re^{-0.1461} \tag{5-19}$$

B式：
$$\lambda = 0.0147 Re^{-0.0392} \tag{5-20}$$

A式主要用于雷诺数不算很大的光滑区，B式则可用于雷诺数的阻力平方区。B式是对A式的修正，目前应用中常采用B式。

潘汉德公式适用于气质条件比较好的商品天然气输送管道，尤其是大直径长距离的商品天然气管道，一般不在矿场集输管道中使用。但当矿场集输中出于腐蚀防护的目的已对天然气进行矿场干燥处理，或集输中在低温状态进行凝液回收，已使天然气干燥状态时，可以采用潘汉德公式。

3) 前苏联使用的公式

前苏联计算输气干线所使用的摩阻系数公式即公式 (5-17)，并取 $K=0.03$mm（新管的平均值），即：

$$\lambda = 0.03817 D^{-0.2} \tag{5-21}$$

式中 D——管内径，mm。

(二) 矿场集输常用的输气管流量公式

威莫斯公式适用于有液相水和烃类液相物存在的天然气矿场集输管道流量计算。由于天然气矿场集输中的天然气气液分离效果较差，天然气管道腐蚀较大，因此，在计算集输管道时常采用威莫斯公式。只有当天然气已经矿场干燥时，才会考虑采用其他的流量计算公式。

另外，由于矿场集输管线都比较短，高差不大（管道沿线的相对高差 $\Delta h \leqslant 200$m），因此，在矿场集输管道计算时可以均按水平管计算，故在本章管道计算时不考虑高差对计算的影响。

将摩阻系数公式 (5-18) 代入输气管道基本计算公式 (5-5)，可得到威莫斯流量计算公式：

$$Q = 5033.11 d^{\frac{8}{3}} \sqrt{\frac{p_1^2 - p_2^2}{Z \Delta T L}} \tag{5-22}$$

式中 Q——天然气在标准状态下的体积流量，m³/d；
  d——管子内径，cm；
  p_1，p_2——计算段的起点和终点压力，MPa；
  Δ——天然气对空气的相对密度，无因次；
  Z——计算段内天然气在平均压力和平均温度下的压缩系数；
  T——计算段内天然气的平均温度，K；
  L——计算段的长度，km。

当管道沿线的相对高差 $\Delta h \geqslant 200$m 时，采用下式计算：

$$Q = 5033.11 d^{\frac{8}{3}} \left\{ \frac{p_1^2 - p_2^2(1 + \alpha \Delta h)}{\Delta Z T L \left[1 + \frac{\alpha}{2L} \sum_{i=1}^{n}(h_i + h_{i-1}) L_i \right]} \right\}^{0.5} \tag{5-23}$$

$$\alpha = \frac{2g\Delta}{R_a Z T}$$

式中　Δh——管道计算的终点对计算段起点的标高差，m；
　　　α——系数，m^{-1}；
　　　g——重力加速度，$9.81m/s^2$；
　　　R_a——空气的气体常数，在标准状态下 $R_a=287.1m^2/(s^2·K)$；
　　　n——管道沿线计算管段数，计算管段是沿管道走向，从起点开始，当相对高差 $\Delta h \leqslant$ 200m 时划为一个计算管段；
　　　h_i——各计算管段终点的标高，m；
　　　h_{i-1}——各计算管段起点的标高，m；
　　　L_i——各计算管段的长度，km。

四、集输管道的压力分布和平均压力

（一）管道轴向上压力变化

设输气管 AB，长为 L，起点压力 p_1，终点压力 p_2，M 为 AB 管段中的任意一点，压力为 p_x，AM 段长为 x，输气管流量为 Q。采用威莫斯公式进行计算。

根据基本方程（5-22）有：

$$Q = A\left(\frac{p_1^2 - p_2^2}{L}\right)^{0.5}$$

$$A = 5033.11 d^{\frac{8}{3}} \left(\frac{1}{\Delta ZT}\right)^{0.5} \quad (5-24)$$

对 AM 段，可写出：

$$Q = A\left(\frac{p_1^2 - p_x^2}{x}\right)^{0.5}$$

对 MB 段，可写出：

$$Q = A\left(\frac{p_x^2 - p_2^2}{L-x}\right)^{0.5}$$

由以上两式可得到：

$$p_x = \left[p_1^2 - (p_1^2 - p_2^2)\frac{x}{L}\right]^{0.5} \quad (5-25)$$

方程（5-25）表示输气管道内压力变化的规律，它是一条抛物线；在输气管道起始段，压力沿曲线缓慢降低；接近末端时压力降低很快。所以在输气管道内，压力不是按直线规律变化，而是按抛物线规律变化。这是与输送液体的管道不同的地方。

如果输气管道始端和末端的压力已知，根据方程（5-25），就可以计算输气管道内任何一点的压力。

（二）管段平均压力

输气管停止输气时，高压端的气体逐渐流向低压端，起点压力 p_1 逐渐下降，终点压力逐渐上升，最后全线达到某一压力值 p_{pj}，即平均压力。根据管内平衡前后质量守恒可得平均压力：

$$p_{pj} = \frac{1}{L}\int_0^L p_x dx = \frac{1}{L}\int_0^L \sqrt{p_1^2 - (p_1^2 - p_2^2)\frac{x}{L}} dx = \frac{2}{3}\frac{p_1^3 - p_2^3}{p_1^2 - p_2^2}$$

或

$$p_{pj} = \frac{2}{3}\left(p_1 + \frac{p_2^2}{p_1 + p_2}\right) \tag{5-26}$$

在式（5-26）中，如果设管道某点的压力 $p=p_{pj}$，则可求得该点距起点的距离：

$$X_0 = \frac{p_1^2 - p_{pj}^2}{p_1^2 - p_2^2}L \tag{5-27}$$

也就是说，压力管上距起点 X_0 以后的任何地方，输气时压力虽然低于平均压力，但停气后，由于压力平衡，X_0 以后的地方承受的压力不低于平均压力，即 X_0 以后的管道至少要按照承载 p_{pj} 进行强度设计。距离 X_0 是随着压力比 p_1/p_2 而变化的。

计算管内天然气平均压力的作用如下：

（1）用于确定天然气某些物理性质。有关集输过程的水力和热力计算需要使用某些天然气物性数据，而这些数据的数值随天然气所处的压力而变化。对于压力随轴向变化的集输管道，只能以天然气在给定管段的平均压力为依据来确定天然气的物性数据。

（2）确定集输管道在运行状态下管内天然气积存量。对管道和管网进行分段或分区域的事故紧急截断设计时，管内天然气积存量是确定截断阀数目和位置的主要依据，而平均压力是计算给定管段或管网内天然气积存量的依据。准确预计平均压力才能使破裂事故发生的天然气自然泄放量得到有效控制。

五、各种复杂集输气管道的计算

（一）沿线有气体输入（输出）的复杂集输气管道

输气管道全长度上可能是同径的，也可能是变径的，即沿线有气体输入时，管径增大；沿线有气体输出时，管径减小。

1. 同径输气管道

如图 5-1 所示，已知 p_1、p_{n+1}，每一管段的长度及其流量也是已知的。输气管道内气体的温度、压缩系数、相对密度都取常数。

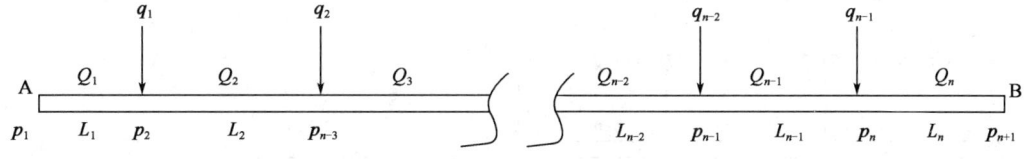

图 5-1　复杂输气管道示意图

对每一管段来说，可写出每一管段的输气量方程。

第一段的输气量方程为：

$$Q_1 = Cd^{\frac{8}{3}}\left(\frac{p_1^2 - p_2^2}{L_1}\right)^{0.5} \tag{5-28}$$

$$C = 5033.11\left(\frac{1}{\Delta ZT}\right)^{0.5}$$

于是：

$$Q_1^2 L_1 = C^2 d^{\frac{16}{3}}(p_1^2 - p_2^2)$$

同理,第二段的输气量方程为:
$$Q_2^2 L_2 = C^2 d^{\frac{16}{3}} (p_2^2 - p_3^2)$$
第三段的输气量方程为:
$$Q_3^2 L_3 = C^2 d^{\frac{16}{3}} (p_3^2 - p_4^2)$$
$$\vdots$$

第 $n-1$ 段的输气量方程为:
$$Q_{n-1}^2 L_{n-1} = C^2 d^{\frac{16}{3}} (p_{n-1}^2 - p_n^2)$$
第 n 段的输气量方程为:
$$Q_n^2 L_n = C^2 d^{\frac{16}{3}} (p_n^2 - p_{n+1}^2)$$
将上面各式相加,得到:
$$\sum Q_i^2 L_i = C^2 d^{\frac{16}{3}} (p_1^2 - p_{n+1}^2) \quad (i=1,2,\cdots,n)$$
于是:
$$d = \left[\frac{\sum Q_i^2 \cdot L_i}{C^2 (p_1^2 - p_{n+1}^2)} \right]^{\frac{3}{16}} \tag{5-29}$$

利用方程(5-29),就可以求得同径输气管道直径。在求得直径 d 后,也就不难求得各个节点的压力。

由基本方程:
$$Q = C d^{\frac{8}{3}} \left(\frac{p_1^2 - p_2^2}{L} \right)^{0.5}$$
可得到:
$$p_{i+1} = \left(p_i^2 - \frac{Q_i^2 L_i}{C^2 d^{\frac{8}{3}}} \right)^{0.5} \quad (i=1,2,\cdots,n-1) \tag{5-30}$$

利用方程(5-30),就可以依序地求出各个节点的压力。

【例 5-1】 某矿场集气管道总长 $L=40$km,$p_1=4.0$ MPa(绝),$p_{n+1}=3.0$MPa(绝),此输气管道如图 5-2 所示,试求同径输气管道的直径及各节点的压力。

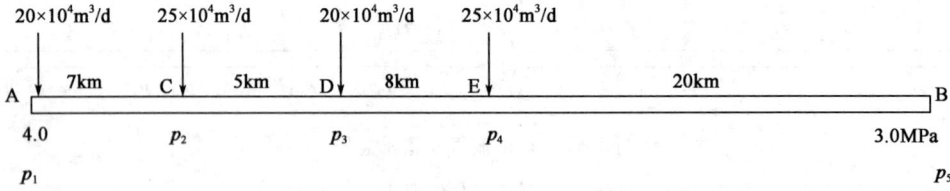

图 5-2 输气管道示意图

解:利用方程(5-29):
$$d = \left[\frac{\sum Q_i^2 \cdot L_i}{C^2 (p_1^2 - p_{n+1}^2)} \right]^{\frac{3}{16}}$$

常数 C 为:
$$C = 5033.11 \left(\frac{1}{\Delta Z T} \right)^{0.5}$$

气体相对密度 Δ 取为 0.6，气体温度 T 取为 288K，由式（1-51）计算天然气压缩系数，得 $Z=0.925$，于是：

$$C = 5033.11 \times \left(\frac{1}{0.6 \times 0.925 \times 288}\right)^{0.5} \approx 396.7$$

$$\sum Q_i^2 \cdot L_i = (20 \times 10^4)^2 \times 7 + (45 \times 10^4)^2 \times 5 + (65 \times 10^4)^2 \times 8 + (90 \times 10^4)^2 \times 20$$
$$= 208.725 \times 10^8$$

于是由方程（5-30）得到：

$$d = \left[\frac{208725 \times 10^8}{39.67^2(4^2-3^2)}\right]^{\frac{3}{16}} = 23.3 \text{(cm)}$$

利用方程（5-30）来求各个节点的压力：

$$p_2 = \left[40^2 - \frac{(20 \times 10^4)^2 \times 7}{396.7^2 \times 23.3^{16/3}}\right]^{0.5} = 3.988 \text{(MPa)（绝）}$$

$$p_3 = \left[3.988^2 - \frac{(45 \times 10^4)^2 \times 5}{396.7^2 \times 23.3^{16/3}}\right]^{0.5} = 3.945 \text{(MPa)（绝）}$$

$$p_4 = \left[3.945^2 - \frac{(65 \times 10^4)^2 \times 8}{396.7^2 \times 23.3^{16/3}}\right]^{0.5} = 3.80 \text{(MPa)（绝）}$$

2. 变径输气管道

从上面关于沿线有气体输入的同径输气管道之计算可以看出，在开始时，由于气体流量较小，压力下降很慢；而在终端时，气体流量接近于最大值，压力下降非常快。很明显，这是因为平均直径是按气体流量介于 Q_1 和 Q_n 之间的某个平均流量而计算出来的，所以对输气管线开始部分显得过大，而对于终端部分则过小。

当沿线有气体输出（如城市配气管道）时，在起始管段中气体流量最大，终端管段的气体流量最小，因此这里的压力变化情况正好与前面的情况相反；在开始时，压力下降很快，在终端则很慢。

基于上述情况，当管段的数目不很多、输气管道总长很大时，采用那种管段直径随气体流量增加或减少而改变的输气管道是有利的。当有气体输入时，管径增大；有气体输出时，管径减小。

这种变径输气管道的计算是按下列程序进行的（以例 5-1 的数据来进行说明）：

第一步，假定输气管道内压力按直线规律变化，然后求出各个节点的压力：

$$p_{i+1} = p_i - \frac{L_i}{L}(p_1 - p_{n+1}), \quad (i=1,2,\cdots,n-1) \tag{5-31}$$

式中　p_{i+1}，p_i——第 i 管段始端和末端的压力；

　　　L_i，L——第 i 管段的长度和总长。

对于例 5-1，由方程（5-31）求得：

$$p_2 = p_1 - \frac{L_1}{L}(p_1 - p_5) = 40 - \frac{7}{40} \times (4.0 - 3.0) = 4.0 - 0.175 = 3.825 \text{(MPa)（绝）}$$

$$p_3 = p_2 - \frac{L_2}{L}(p_1 - p_5) = 3.825 - \frac{5}{40} \times (4.0 - 3.0) = 3.825 - 0.125 = 3.7 \text{(MPa)（绝）}$$

$$p_4 = p_3 - \frac{L_3}{L}(p_1 - p_5) = 3.7 - \frac{8}{40} \times (4.0 - 3.0) = 3.7 - 0.2 = 3.5 \text{(MPa)（绝）}$$

第二步，根据各个节点的压力，由基本方程求各管段的直径。
由方程（5-29）有：

$$d = \left[\frac{Q_i}{C}\left(\frac{L_i}{p_i^2 - p_{i+1}^2}\right)^{0.5}\right]^{\frac{3}{8}} \tag{5-32}$$

式中，$C=5033.11\left(\dfrac{1}{\Delta ZT}\right)^{0.5}$。

对于例 5-1，由方程（5-32）求得：
第一管段 AC：

$$d_1 = \left[\frac{20 \times 10^4 \times 7^{0.5}}{396.7 \times (4.0^2 - 3.825^2)^{0.5}}\right]^{\frac{3}{8}} = 14.25 (\text{cm})$$

第二管段 CD：

$$d_2 = \left[\frac{45 \times 10^4 \times 5^{0.5}}{396.7 \times (3.825^2 - 3.7^2)^{0.5}}\right]^{\frac{3}{8}} = 19.12 (\text{cm})$$

第三管段 DE：

$$d_3 = \left[\frac{65 \times 10^4 \times 8^{0.5}}{396.7 \times (3.7^2 - 3.0^2)^{0.5}}\right]^{\frac{3}{8}} = 25.13 (\text{cm})$$

第四管段 EB：

$$d_4 = \left[\frac{90 \times 10^4 \times 20^{0.5}}{396.7 \times (3.5^2 - 3.0^2)^{0.5}}\right]^{\frac{3}{8}} = 25.5 (\text{cm})$$

由计算可以看出，如输气管道按同径管计算，其直径为 23.3cm；如按变径管计算，则各管段的直径分别为 $d_1=14.25$cm，$d_2=19.12$cm，$d_3=22.13$cm，$d_4=25.5$cm，所以同径管的直径对变径管的前面三个管段都偏大，对第四管段（最后一段）则偏小。

（二）具有不同直径而沿线没有气体输入（或输出）的复杂输气管道

第一种情况，新设计输气管道时，p_1、p_2、Q、L 等参数为已知，算出的管径 d 不是实际的标准管径，此时可选用 $d_1<d_c<d_2$ 两种标准管径配合使用。在这种情况下，需要计算两种标准管径的长度。

第二种情况，由于气体输量增加，原有管道满足不了要求（即 p_1 和 p_2 保持不变），此时可在管道后面部分插入一段大直径的管段。变径管是提高流量或终点压力的措施之一。但必须指出，尽管变（异）径管道有其优点，但由于管径不同，给清管等管理措施带来了麻烦，同时也将造成浪费。

1. 第一种情况

如图 5-3 所示，对前面一段可写出：

$$Q = C d_1^{\frac{8}{3}} \left(\frac{p_1^2 - p_x^2}{x}\right)^{0.5} \tag{5-33}$$

式中，$C=5033.11\left(\dfrac{1}{\Delta ZT}\right)^{0.5}$。

对后面一段可写出：

$$Q = C d_2^{\frac{8}{3}} \left(\frac{p_x^2 - p_2^2}{L-x}\right)^{0.5} \tag{5-34}$$

由式（5-33）和式（5-34）消去 p_x，可得到：

$$Q = C \frac{(p_1^2 - p_2^2)^{0.5}}{\left(\dfrac{x}{d_1^{\frac{16}{3}}} + \dfrac{L-x}{d_2^{\frac{16}{3}}}\right)^{0.5}} \tag{5-35}$$

请注意，方程（5-35）中的 d_1 和 d_2 为标准管径。

2. 第二种情况

如图 5-4 所示，设原有输气管道直径为 d，其输气量为 Q，现在输气量增大到 Q'，p_1 和 p_2 保持不变，输气管道全长为 L，插入的大直径管段长度为 l，其直径为 D_c。

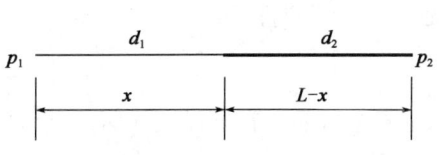

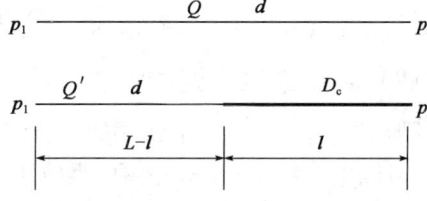

图 5-3 变径输气管道的第一种情况　　图 5-4 变径输气管道的第二种情况

对原来的输气量 Q 时可写出：

$$Q = Cd^{\frac{8}{3}} \left(\frac{p_1^2 - p_2^2}{L}\right)^{0.5} \tag{5-36}$$

对现在的输气量 Q'（增加了的）可写出：

小直径（d）管段：

$$Q' = Cd^{\frac{8}{3}} \left(\frac{p_1^2 - p_x^2}{L - l}\right)^{0.5} \tag{5-37}$$

大直径（D_c）管段：

$$Q' = CD_c^{\frac{8}{3}} \left(\frac{p_x^2 - p_2^2}{l}\right)^{0.5} \tag{5-38}$$

由式（5-37）和式（5-38），并考虑到式（5-36），于是得到：

$$\left(\frac{Q}{Q'}\right)^2 = 1 - \frac{l}{L} + \frac{l}{L}\left(\frac{d}{D_c}\right)^{\frac{16}{3}} \tag{5-39}$$

利用方程（5-39），就可进行各种计算了。

（三）平行副管

增大输气管道的输气量的另一方法是铺设平行副管（图 5-5）。设原有管道输气量为 Q，铺设平行副管后的输气量为 Q_F，副管的直径为 d_F，长度为 x。

对原来的输气量 Q 可写出：

$$Q = Cd^{\frac{8}{3}} \left(\frac{p_1^2 - p_2^2}{L}\right)^{0.5} \tag{5-40}$$

铺设平行副管后，对前面一段，可写出：

$$Q_F = Cd^{\frac{8}{3}} \left(\frac{p_1^2 - p_x^2}{L - x}\right)^{0.5} \tag{5-41}$$

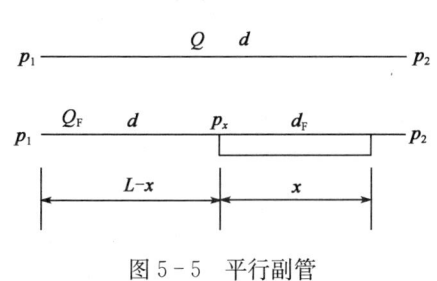

图 5-5 平行副管

对后面一段，可写出：

$$Q_F = C(d^{\frac{8}{3}} + d_F^{\frac{8}{3}})\left(\frac{p_x^2 - p_2^2}{x}\right)^{0.5} \tag{5-42}$$

由式（5-41）和式（5-42）消去 p_x，并考虑到式（5-40），化简后得到：

$$\left(\frac{Q}{Q_F}\right)^2 = 1 - \frac{x}{L} + \frac{\dfrac{x}{L}}{\left[1 + \left(\dfrac{d_F}{d}\right)^{\frac{8}{3}}\right]^2} \tag{5-43}$$

利用方程（5-43）可以进行各种计算：
(1) 为使输气量增加到 Q_F，求直径 d_F 的副长度 x。
(2) 铺设直径为 d_F 和长度为 x 的副管后，求 Q_F。
(3) 当副管长度为 x，新增加后的输气量为 Q_F 时，求副管的直径 d_F。

（四）环形集气管网的计算

环形集气管网是气田上常用的一种管网。其特点是安全可靠，在管段上任何一点出现事故时，可以不中断输气，但这种管网消耗钢材较多，其计算方法如下（图5-6）：

(1) 集气站住于图上左边标有▨附近，然后从集气站的 O 点作一想象的线如 OA（Oa）将所有气井分割成大致相等的两组，则环形管道就变成两支沿线有气体输入的管道：上边一支的输气量 Q_1，Q_2，…，Q_n 通过 ABO 输至 O 点；下边一支的输气量 q_1，q_2，…，q_n 通过 abO 输至为点。

(2) BOb 长为 L_n，BO 段长为 x，则 bO 段长为 $L_n - x$。

(3) Aa 为零段（或称中立段），在此管段中假定气体不流动，其压力为 p_1，二半环的汇合点 O 为 p_2。

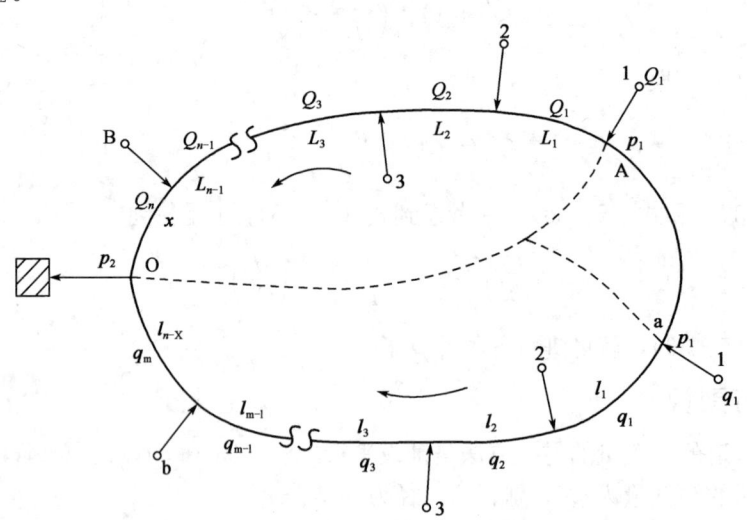

图 5-6　例 5-1 环形集气管网示意图

于是根据前面的方程（5-29）可写出：
对上边的一支 ABO：

$$d = \left[\frac{\sum_{i=1}^{n-1} Q_i^2 L_i + Q_n^2 x}{C^2(p_1^2 - p_2^2)}\right]^{\frac{3}{16}} \tag{5-44}$$

同理，对下边一支 abO：

$$d' = \left[\frac{\sum_{i=1}^{m-1} q_i^2 l_i + q_m^2 (L_n - x)}{C^2 (p_1^2 - p_2^2)} \right]^{\frac{3}{16}} \quad (5-45)$$

令 $d=d'$，则得到：

$$x = \frac{\sum_{i=1}^{m-1} q_i^2 l_i - \sum_{i=1}^{n-1} Q_i^2 L_i + q_m^2 L_n}{Q_n^2 + q_m^2} \quad (5-46)$$

如果算出的 x 为负值，但集气站的位置又不能在较大范围内移动，此时就得重新"分割"，再进行如上的计算。

【例 5-2】 如图 5-7 所示，已知某环形集气干线的始端压力 $p_1=6.5$ MPa（绝），终端压力 $p_2=4.5$ MPa（绝），共有 8 口气井纳入该环形集气管网内。天然气的相对密度 $\Delta=0.6$，$t=15$℃，气体压缩系数 $Z=0.925$。试求集气站的位置及集气干线的管径。

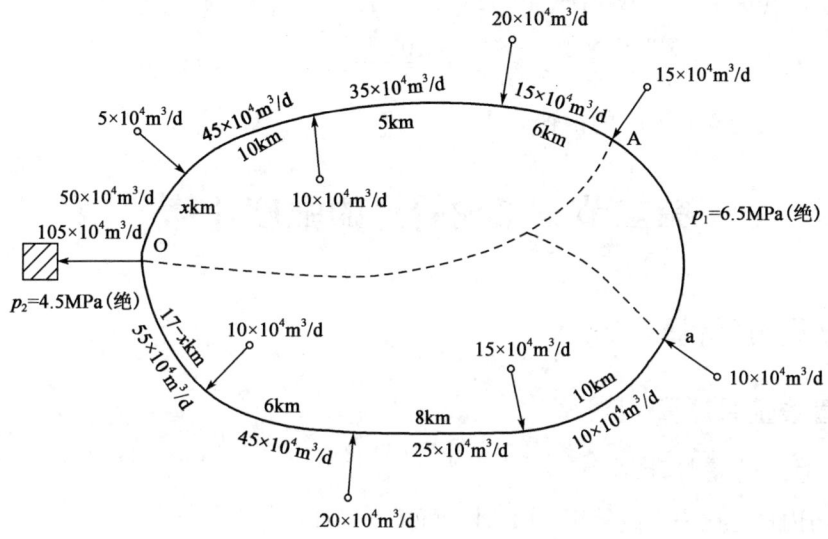

图 5-7 例 5-2 环形管网示意图

解：（1）假定集气站位于 O 点附近，从 O 点想象地引一条线将 8 口井分成两组，则 A 及 a 分别为上半环和下半环的起点，其压力 $p_1=6.5$MPa（绝）；O 点为上、下半环的终点，其压力 $p_2=4.5$MPa（绝），Aa 为零段（中立段）。

（2）计算上边一支的 $\sum_{i=1}^{n-1} Q_i^2 L_i$：

$$\sum_{i=1}^{n-1} Q_i^2 L_i = \sum_{i=1}^{3} Q_i^2 L_i = (15 \times 10^4)^2 \times 6 + (35 \times 10^4)^2 \times 5 + (45 \times 10^4)^2 \times 10$$
$$= 27725 \times 10^8$$

计算下边一支的 $\sum_{i=1}^{m-1} q_i^2 l_i$：

$$\sum_{i=1}^{m-1} q_i^2 l_i = \sum_{i=1}^{3} q_i^2 L_i = (10 \times 10^4)^2 \times 10 + (25 \times 10^4)^2 \times 8 + (45 \times 10^4)^2 \times 6$$
$$= 18150 \times 10^8$$

(3) 利用方程 (5-46) 得:

$$x = \frac{\sum_{i=1}^{m-1} q_i^2 l_i - \sum_{i=1}^{n-1} Q_i^2 L_i + q_m^2 L_n}{Q_n^2 + q_m^2}$$

$$= \frac{18150 \times 10^8 - 27725 \times 10^8 + (55 \times 10^4)^2 \times 17}{(50 \times 10^4)^2 + (55 \times 10^4)^2} = 7.6 (\text{km})$$

(4) 计算环形集气干线的管径 d。

由方程 (5-44) 或方程 (5-45):

$$d = \left[\frac{\sum_{i=1}^{n-1} Q_i^2 L_i + Q_n^2 \cdot x}{C^2 (p_1^2 - p_2^2)} \right]^{\frac{3}{16}}$$

$$C = 5033.11 \left(\frac{1}{\Delta ZT}\right)^{0.5} = 5031.22 \times \left(\frac{1}{0.6 \times 0.925 \times 288}\right)^{0.5} \approx 396.7$$

将已知数据代入上式,得到:

$$d = \frac{27725 \times 10^8 + (50 \times 10^4)^2 \times 7.6}{396.7^2 (6.5^2 - 4.5^2)} = 14.11 (\text{cm})$$

因此,取集气干线为 ϕ159mm 的钢管。

第二节 集输管道的强度计算

一、管子强度计算公式

(一) 管线壁厚计算

1. 采气管线的壁厚计算

当外径与内径之比小于或等于 1.2 时,可按下式计算:

$$\delta = \frac{pD}{2\sigma_s F\phi + p} + C + C_1 \tag{5-47}$$

式中 δ——钢管壁厚,mm;

p——设计压力,MPa;

D——钢管外径,mm;

σ_s——钢管最低屈服强度,MPa,常见钢管材质屈服极限见表 5-1。

F——设计系数,站场内部管线及穿越河流、铁路、公路的管段 $F=0.5$,野外地区敷设的管线,$F=0.6$;

ϕ——焊缝系数,符合 GB 8163—2008《输送流体用无缝钢管》的钢管、无缝钢管和符合 API 5L 的钢管值取 1.0;

C——腐蚀裕量附加值,mm,当钢管不设内涂层或缓蚀剂时,中腐蚀 C 值取 1,强腐蚀 C 值取 2;

C_1——钢管壁厚偏差附加值,mm,钢管壁厚小于 20mm 时 $C_1=0.15$mm,钢管壁厚大于 20mm 时 $C_1=0.125$。

2. 集气管线的壁厚计算

集气管线的壁厚可按下式计算：

$$\delta = \frac{pD}{2\sigma_s F \phi} + C \tag{5-48}$$

(二) 输油管线壁厚计算

输油管线的壁厚可按下式计算：

$$\delta = \frac{pD}{2\sigma_s F \phi K_t} + C \tag{5-49}$$

式中 δ——管子壁厚，mm；

p——设计工作压力，MPa；

D——管子外径，mm；

σ_s——管材最低屈服强度，MPa；

F——设计系数，见表 5-2；

ϕ——焊缝系数，无缝钢管取 1.0；

K_t——温度折减系数，温度小于 120 ℃时 $K_t=1$。

表 5-1　常见钢管材质屈服极限

钢管材质	GB 8163				API5L(GB 9711)				
	10	20	Q295	Q345	A(L210)	B(L210)	X42(L290)	X46(L320)	X52(L360)
σ_s，MPa	205	245	295	325	210	245	290	3320	360

表 5-2　设计系数 F 取值

管线类型	野外地区	居住区、油气田站场内部、穿跨越铁路、公路、小河
集油管线	0.72	0.6
集气管线	0.60	0.5

注：集输气管线处于人烟稀少的草原、戈壁和沙漠地区时，设计系数可由 0.6 增加到 0.72。

管线壁厚计算应注意的问题：

(1) 由式 (5-47) 计算的管线壁厚应向上圆整至公称壁厚。

(2) 计算壁厚时所用的管线设计工作压力一般应为管线最高稳态操作压力。当管线沿线高差起伏较大时，还要考虑管线停输时管内最大的静压头。

(3) 由于一般油气集输管线直径较小，且输送压力都不太高，计算出的管线壁厚都比较小。为便于焊接和装运，管线不宜太薄，但为节省钢材，又不能任意加大壁厚。当低压、小直径集输管线计算出的壁厚很小时，取值不小于实际生产管线的最小公称壁厚即可。

二、弯头和弯管的壁厚计算

$$\delta_b = \delta \times m \tag{5-50}$$

$$m = \frac{4R-D}{4R-2D} \tag{5-51}$$

式中 δ_b——弯头或弯管的计算壁厚，mm；

δ——弯头或弯管所连接的同材质直管的计算壁厚，mm；

m——弯头或弯管壁厚增大系数；

R——弯头或弯管的曲率半径，mm，为弯头或弯管外直径的倍数；
D——弯头或弯管的外径，mm。

三、管线的应力校核

管线壁厚计算公式只考虑了管线在内压作用下产生的环向应力。对于较大直径的管线或对某些特殊管段的安全需要，还应核算轴向应力。

（一）轴向应力

$$\sigma_a = E\alpha(t_1 - t_2) + \mu\sigma_h \tag{5-52}$$

$$\sigma_h = \frac{pd}{2\delta} \tag{5-53}$$

式中 σ_a——管线的轴向应力（正值为拉应力，负值为压应力），MPa；
E——钢材弹性模量，2.06×10^5 MPa；
α——钢材线膨胀系数，1.2×10^{-5} ℃$^{-1}$；
t_1——管线安装温度，℃；
t_2——管线工作温度，℃；
μ——泊松比，取 0.3；
σ_h——管线的环向应力，MPa；
d——管线内径，cm；
δ——管线壁厚，cm；
p——管线工作压力，MPa。

对于弹性弯曲管线（弹性铺设的弯曲管段），其轴向应力还要考虑冷弯引起的应力：

$$\sigma_w = \frac{Ed}{2\rho} \tag{5-54}$$

式中 σ_w——冷弯引起的轴向应力，MPa；
ρ——管线的弯曲曲率半径，cm。

（二）管线应力核算

埋地管线的当量应力可按最大剪应力破坏理论来计算和校核，并应满足以下条件：

$$\sigma_h - \sigma_a < 0.9\sigma_s \tag{5-55}$$

四、管线的稳定性计算

为保证管线具有一定的刚度，管线的壁厚不应太薄，即管线的直径与壁厚之比不应太大。对于埋地管线来说，直径与壁厚之比不宜大于140，以保持管线在外部荷载作用下的稳定性。

当管线直径与壁厚之比较大（例如大于140）时，在管线内压很小而外部有均压作用下，可能使管线发生屈曲变形。埋地管线的回填土压力接近于均匀外压，则其稳定的条件为：

$$p_{cr} \geqslant 1.5 p_e \tag{5-56}$$

$$p_{cr} = \frac{2E\delta^3}{(1-\mu^2)D_{av}^3} \tag{5-57}$$

当只有回填土压力时，

$$p_e \approx \rho_t h_c g \times 10^{-6} \qquad (5-58)$$

式中　p_{cr}——临界压力，MPa；
　　　p_e——外部荷载（包括静荷载和动荷载），MPa；
　　　ρ_t——管线回填土密度，kg/m³；
　　　h_c——管线中心埋深，m；
　　　g——重力加速度，9.8065m/s²；
　　　E——钢材弹性模量，MPa；
　　　μ——泊松比；
　　　δ——管线壁厚，cm；
　　　D_{av}——管线平均直径，cm。

五、管线允许跨度核算

地上铺设（或管沟铺设）的管线需要加设支墩或支架，则要计算管线最大允许跨度；埋地铺设的管线因管沟不平也会造成局部悬空，有时需要核算管线最大允许悬空段。上述计算或核算可将管线看作多跨连续梁。

1. 地上管线允许跨度

当连续设支墩时，允许跨度可按下式计算：

$$L_0 = 1000\sqrt{\frac{[\sigma]W}{K_0 q}} \qquad (5-59)$$

$$W = \frac{2J}{D} = 0.098 \frac{D^4 - d^4}{D} \qquad (5-60)$$

$$W = 0.049(D^4 - d^4) \qquad (5-61)$$

$$[\sigma] = \sigma_s \frac{KF}{n} \qquad (5-62)$$

式中　L_0——管线支墩间距，即允许跨度，m；
　　　q——单位长度管线重量，包括管线本身重量、管内液体重量、绝缘保温层重量，N/m；
　　　K_0——多跨连续梁弯曲系数，见表5-3；
　　　W——管线抗弯截面系数，m³；
　　　$[\sigma]$——管线许用应力，MPa；
　　　J——管线截面惯性矩；
　　　D，d——管线外径、内径，m；
　　　σ_s——管线屈服极限，MPa；
　　　K——管线材质系数，碳素钢 $K=0.9$，低合金钢 $K=0.85$；
　　　F——设计系数；
　　　n——过载系数，取 $n=1.1$。

表5-3　弯矩系数

支墩数	3	4	5	6	7	>7
K_0	0.125	0.10	0.107	0.105	0.106	0.106

实际设计中，考虑到个别管线或管架下沉时也能保证管线安全，选用的支墩间距比式(5-59)的计算值要小，通常取计算值的一半。

2. 埋地管线最大悬空段

$$L_m = 1000\sqrt{\frac{[\sigma]W}{0.125q_m}} \tag{5-63}$$

$$q_m = q + \rho_t g h_1 D \times 10^{-8} \tag{5-64}$$

式中　L_m——管线允许最大悬空段长，m；
　　　q_m——管线所受的均布荷载，N/m；
　　　ρ_t——土壤密度，kg/m³；
　　　h_1——管线顶部覆土厚度，m；
　　　D——管线外径，m；
　　　g——重力加速度，m/s²。

第三节　集输管道的热力计算

一、管内温度变化的基本公式

从井口、集气站或压气站然后出来进入输气管道内的气体温度与周围介质的温度相差很大。由于气体同周围土壤进行热交换，气体温度发生变化；在经过某一距离后，气体的温度就差不多等于土壤温度，以后气体的温度就不再变化了。因此，在输气管道中，气体流动分为两个阶段：不等温阶段（输气管道开始部分）和等温阶段。在等温阶段内，气体温度为常数。

由于矿场集输管线长度较短，压降较小，因此，在分析天然气管内流动温度变化时忽略由于天然气压降而引起的温降，即不考虑焦耳—汤姆逊效应。

在距离起点为 x 的地方，选取一微元管段 dx，在该管段内介质的温度为 t，周围土壤近似地取为 t_s，则在单位时间内散失到周围土壤中的热量为：

$$dQ = K\pi D dx(t - t_s) \tag{5-65}$$

另一方面，介质流过该小管段后，介质温度降低了 dt，则介质放出的热量为：

$$dQ = -Mc_p dt \tag{5-66}$$

根据热量平衡原理，介质放出的热量应当等于散失到周围土壤中的热量，即：

$$-Mc_p dt = K\pi D dx(t - t_s) \tag{5-67}$$

分离变量后进行积分，则：

$$\int_{t_1}^{t_x} \frac{dt}{t - t_s} = -\int_0^x \frac{K\pi D}{Mc_p} dx \tag{5-68}$$

假定 K 为常数，积分后得到：

$$\ln\frac{t_x - t_s}{t_1 - t_s} = -\frac{K\pi D}{Mc_p}x \tag{5-69}$$

或者

$$\frac{t_x - t_s}{t_1 - t_s} = \mathrm{e}^{-ax} \qquad \left(a = \frac{K\pi D}{Mc_p}\right)$$

于是：

$$t_x = t_s + (t_1 - t_s)\mathrm{e}^{-ax} \tag{5-70}$$

式中 t_x，t_1，t_s——距离管道起点 x 处的介质温度、管道起点的介质温度和周围土壤温度，℃；

M——介质的质量流量，kg/s；

c_p——介质的比定压热容，J/(kg·℃)；

D——管道外径，m；

x——距管道起点的某个距离，m；

K——传热系数，W/(m²·℃)。

式（5-70）就是著名的舒霍夫公式。

对输气管道，K 大致取为 $1.51\mathrm{W/(m^2 \cdot ℃)}$。对于埋地输气管道，当主要土质为干砂时，$K=1.165$；当主要土质为湿泥砂时，$K=1.456$；当主要土质为湿砂时，$K=3.5$。

从方程（5-70）可以看出，管道中介质温度变化的规律为指数曲线。在距离管道起点比较远的地方，管道中介质的温度差不多就与周围土壤温度相等了。

利用方程（5-70）就可以计算输气管道中气体温度的变化规律。

当管道长度为 L 时，根据方程（5-70）不难求得整个输气管道内的平均温度 t_{av}：

$$t_{av} = t_s + \frac{t_1 - t_s}{aL}(1 - \mathrm{e}^{-aL}) \tag{5-71}$$

式中 L——计算管段的长度，m。

二、埋地集输管道总传热系数

（一）计算式

总传热系数是指流体以对流传热方式通过固体壁传热时，在单位时间内、每度温差（K 或℃）推动下通过单位传热面积传递的热量。

当传热通过多层圆筒壁进行时，总传热系数 K 用下式表示：

$$K = \frac{1}{\dfrac{1}{h_B} + \sum_{i=1}^{n}\dfrac{2\lambda_i}{D_i} + \dfrac{1}{h_H}} \tag{5-72}$$

式中 K——总传热系数，W/(m²·K)；

h_B——管内流体与管内壁间的对流传热系数，W/(m²·K)；

λ_i——各层管壁材料的导热系数，W/(m·K)；

D_i——第 i 层管壁的外径，m；

h_H——管道外壁与土壤间的传热系数，W/(m²·K)。

（二）管内对流放热系数 h_B 的计算

1. 层流时的计算方法

当流体处于 $Re<2100$ 的层流状态时，h_B 值按下式计算：

$$h_B = 1.86 \frac{\lambda}{d} \left(RePr\frac{d}{L}\right)^{\frac{1}{3}} \left(\frac{\mu}{\mu_w}\right)^{0.14} \tag{5-73}$$

式中　h_B——管内流体对流放热系数，$W/(m^2 \cdot K)$；
　　　λ——流体在定性温度下的导热系数，$W/(m \cdot K)$；
　　　d——管道内径，m；
　　　Re——流体流动中的雷诺数；
　　　Pr——普朗特数；
　　　L——管道计算段长度，m；
　　　μ——流体在定性温度下的黏度，$Pa \cdot s$；
　　　μ_w——流体在管壁温度下的黏度，$Pa \cdot s$。

2. 紊流时的计算方法

当流体处于 $Re>10000$ 的紊流状况且管内流体被冷却时，h_B 值按式（5-74）计算：

$$h_B = 0.023 \frac{\lambda}{d} Re^{0.8} Pr^{0.3} \tag{5-74}$$

（三）管外传热系数 h_H 的计算

埋地管道外表面与土壤环境间的热量交换主要是以热传导的方式进行的，土壤的含水量和其他热性质、管道的埋设深度是影响管外传热系数的主要因素。

管外传热系数计算公式为：

$$h_H = \frac{L_n\left[\frac{2h}{D_H}+\sqrt{\left(\frac{2h}{D_H}\right)^2-1}\right]}{2\lambda_t} \tag{5-75}$$

式中　h_H——埋地管道外表面与土壤环境间的传热系数，$W/(m^2 \cdot K)$；
　　　L_n——埋地管道长度；
　　　h——地面到埋设管中心的距离，m；
　　　D_H——埋地管道的最大外径，m；
　　　λ_t——土壤的导热系数，$W/(m \cdot K)$。

习　题

1. 气体管内稳定流动的基本方程有哪些？写出其表达式。
2. 推导气体流量计算的一般表达式，即式（5-5）。
3. 威莫斯流量计算公式适用的条件是什么？
4. 增大集输管道流量的措施有哪些？
5. 计算管内天然气温度变化的意义是什么？

6. 管道轴向上压力变化[公式（5-25）]的意义是什么？

7. 某矿场集气管道总长 $L=30$km，$p_1=4.0$ MPa（绝），$p_{n+1}=3.0$MPa（绝）。此输气管道如题7图所示，试求同径输气管道的直径及各节点的压力。

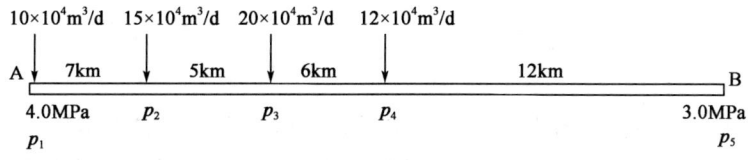

题 7 图

8. 某集气管线起点压力为 $p_1=6$MPa，终点压力 $p_2=4$MPa，天然气相对密度为 0.6，集气管内气体的平均温度 $T=27$℃，全长 $L=10^4$m。

（1）若输气管采用 $\phi 108$mm×4mm 管子输气，求输气量。

（2）若输气量增加 50%，在原管上改敷设一段 $\phi 159$mm×4.5mm 的管子，则 $\phi 159$mm×4.5mm 的管子应敷设多长？

第六章 天然气酸性组分的脱除

矿藏采出的天然气中常含有 H_2S、CO_2 等酸性组分，有的还含有 RSH、RSR、COS 等有机硫化物。H_2S 和 CO_2 的存在，会导致设备和管道的腐蚀，硫化物燃烧后会对大气环境造成污染，因此这些杂质未经脱除的天然气不能作为商品气使用，脱除天然气中的酸性气体是天然气净化的主要任务之一。

GB 17820—2012《天然气》适用于气田、油田采出经预处理（净化）后经管道输送的天然气，其质量指标如表 6-1 所示。

表 6-1 GB 17820—2012《天然气》技术指标表

项　　目	一　类	二　类	三　类
高位发热量[①]，MJ/m^3	≥36.0	≥31.4	≥31.4
总硫（以硫计）[①]，mg/m^3	≤60	≤200	≤350
硫化氢[①]，mg/m^3	≤6	≤20	≤350
二氧化碳摩尔分数，%	≤2.0	≤3.0	—
水露点[②③]，℃	在交接点的压力下，水露点应比输送条件下最低环境温度低5℃		

[①] 本标准中气体体积的标准参比条件是 101.325 kPa，20℃。
[②] 在输送条件下，当管道管顶埋地温度为 0℃ 时，水露点应不高于 −5℃。
[③] 进入输气管道的天然气，水露点的压力应是最高输送压力。

第一节 天然气脱除酸性组分的方法

天然气脱除酸性组分指脱 H_2S 和脱 CO_2，尤其以脱 H_2S 为主。当含有有机硫化合物（硫醇、硫醚、COS、CS_2 等）时，也需将其脱除以达到气质标准；天然气中的 CO_2 也同时被脱除至标准。

脱除 H_2S 和 CO_2 的方法分湿法、干法和膜分离三大类。湿法按溶液的吸收和再生方式又分为化学溶剂吸收法、物理溶剂吸收法、物理化学吸收法和直接氧化法等。

一、化学溶剂吸收法

在化学溶剂吸收法中，各种胺应用广泛，所使用的胺有一乙醇胺（MEA）、二乙醇胺（DEA）、二异丙醇胺（DIPA）、甲基二乙醇胺（MDEA）、二甘醇胺（DGA）以及 20 世纪 80 年代工业化的位阻胺等。

（一）醇胺法的原理

烷基醇胺类化合物至少有一个羟基与一个氨基。羟基能降低化合物蒸气压，并增加在水中的溶解度；氨基则在水溶液中提供了所需的碱度，以促使对酸性气体的吸收。当醇胺的水溶液用来吸收 CO_2 与 H_2S 时，所发生的主要反应见表 6-2。

表 6-2 醇胺吸收 H_2S 和 CO_2 的主要反应

	H_2S	CO_2
伯醇胺	$2RNH_2+H_2S \rightleftharpoons (RNH_3)_2S$ $(RNH_3)_2S+H_2S \rightleftharpoons 2RNH_3HS$	$2RNH_2+H_2O+CO_2 \rightleftharpoons (RNH_3)_2CO_3$ $(RNH_3)_2CO_3+H_2O+CO_2 \rightleftharpoons 2RNH_3HCO_3$ $2RNH_2+CO_2 \rightleftharpoons RNHCOONH_3R$
仲醇胺	$2R_2NH+H_2S \rightleftharpoons (R_2NH_2)_2S$ $(R_2NH_2)_2S+H_2S \rightleftharpoons 2R_2NHHS$	$2R_2NH+H_2O+CO_2 \rightleftharpoons (R_2NH_2)_2CO_3$ $(R_2NH_2)_2CO_3+H_2O+CO_2 \rightleftharpoons 2R_2NH_2HCO_3$ $2R_2NH+CO_2 \rightleftharpoons R_2NCOONH_2R_2$
叔醇胺	$2R_3N+H_2S \rightleftharpoons (R_3NH)_2S$ $(R_3NH)_2S+H_2S \rightleftharpoons 2R_3NHHS$	$2R_3N+H_2O+CO_2 \rightleftharpoons R_3NH)_2CO_3$ $(R_3NH)_2CO_3+H_2O+CO_2 \rightleftharpoons 2R_3NHHCO_3$

表 6-2 中的反应均为可逆反应，在天然气净化过程中，醇胺水溶液在吸收塔内的低温高压下吸收 H_2S 和 CO_2 气体，生成相应的胺盐并放出热量；在再生塔内，溶液被加热到一定温度，在低压高温下反应向相反方向进行，即溶液中的胺盐分解，重新放出酸气，同时使溶液得到再生。

胺法的溶液酸气负荷通常在 21～36 m^3/m^3（酸气/溶液）范围内。

（二）工艺流程

虽然醇胺法净化天然气工艺所选择的吸收剂有所不同，但工艺流程基本上是类同的。图 6-1 是醇胺脱硫装置典型工艺流程。

原料气由吸收塔下部进塔自下向上流动，同由上向下的醇胺溶液逆流接触。醇胺溶液吸收酸气后，净化天然气由塔顶流出。吸收酸气后的富醇胺液由吸收塔底流出，经过闪蒸罐，放出吸收的烃类气体，再经过换热器，溶液温度升至大约 82～94℃ 后进入再生塔上部，沿再生塔向下与蒸汽逆流接触，大部分酸气被解吸，半贫液进入重沸器，在重沸器中被加热到大约 107～127℃，酸气进一步解吸，溶液得到较完全再生。再生后的醇胺贫液由再生塔底流出，在换热器中与冷的富液换热并在冷却器中进一步冷却，经过滤器过滤后循环回吸收塔。再生塔顶馏出的酸性气体经过冷凝器和回流罐分出液态水后，酸气送至硫黄回收装置制硫或送至火炬中燃烧。分出的液态水作为回流液由泵送回再生塔。

（三）主要设备

（1）吸收塔：填料塔和板式塔皆可应用，通常塔径大于 800mm 的用板式塔。板式塔中泡罩塔和浮阀塔是常用的类型。泡罩塔降流管的流速取 0.08～0.1m/s。在相同的操作条件下，浮阀塔的塔径一般比泡罩塔小约 10%～20%。吸收塔需要 4～5 块理论塔板，塔板效率为 25%～40%。

（2）汽提塔（解析塔）：一般用与吸收塔相同的塔型，塔径也用类似的方法计算。汽提塔需要 3～4 块理论塔板。通常在汽提塔进料口下面有约 20 块塔板，用于汽提富液；在进料口上面还有几块水洗塔板，用于降低溶剂的蒸发损失。汽提蒸汽量取决于工艺要求的贫液质量、醇类型和塔高。蒸汽大致为 0.12～0.18t/t（溶液）。汽提塔顶排出的气体中水蒸气物质

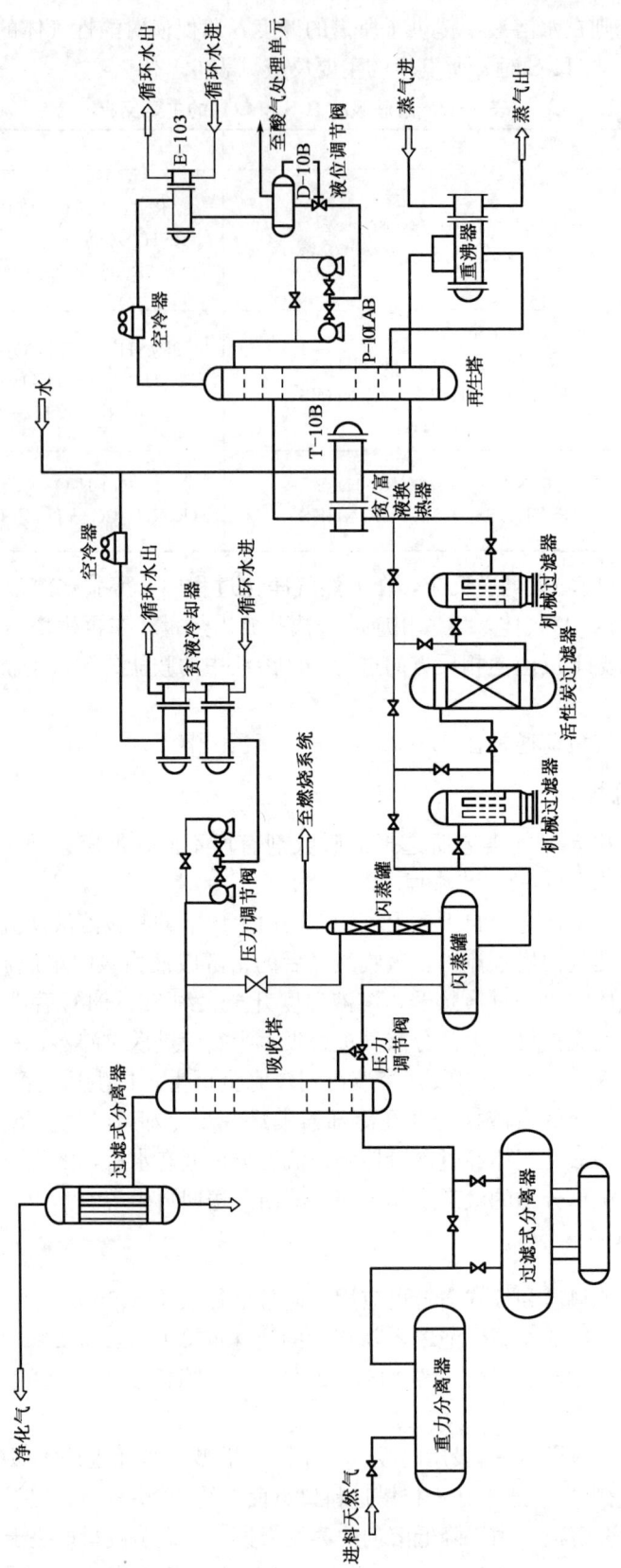

图 6-1 醇胺脱硫装置的典型工艺流程

的量与酸性气体物质的量之比称为回流比，其值视醇胺类型而异，MEA 可达 3，而 MDEA 一般在 1 以下。

（3）贫/富液换热器：贫/富液换热器一般用管壳式，富液走管程。为减轻设备腐蚀和减少富液中酸气组分的解吸，贫液与富液不宜最大限度地传热，应控制换热器中富液温度在 82～94℃的范围内。为减少管线和换热器的腐蚀，溶液的流速不宜太高，应控制在 0.6～1.0m/s。

（4）贫液冷却塔：贫液冷却器实际上是继续完成换热器的任务，一般也用管壳式，贫液走壳程。冷却介质除水外，也可以采用空冷器或增湿空冷器。

（5）富液闪蒸罐：为使富液进汽提塔前尽可能解吸出所溶解的烃类，可设置一个或几个闪蒸罐。通常采用卧式罐以保证足够的闪蒸面积，闪蒸出的烃类气体可作为燃料气用。

处理酸性组分含量超过 30%的原料气时，可考虑用分路流程（图 6-2），即使用两股醇胺溶液在不同位置进入吸收塔，半贫液在中部进入，而贫液仍然由顶部进入。汽提塔中部抽出的半贫液是未完全汽提好的，被送到酸性组分浓度很高的吸收塔中部。塔顶进入的贫液则与酸性组分浓度很低的气体接触而达到净化要求。这种改进的流程能大量节约蒸汽。

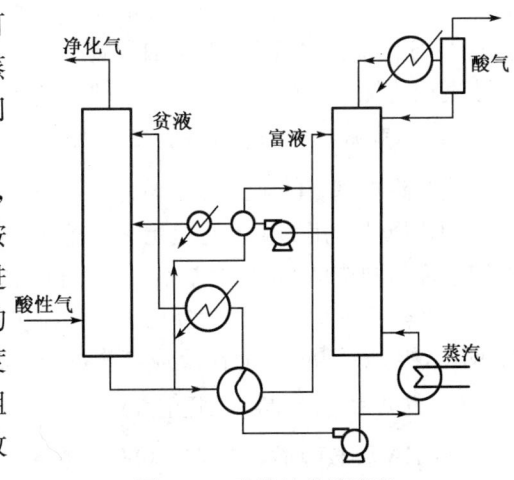

图 6-2 醇胺法分路流程

（四）常用的化学吸收剂

1. 一乙醇胺（MEA）

MEA 是各种醇胺中最强的碱，所以它与酸气反应最迅速。MEA 既可脱除 H_2S，又可脱除 CO_2，在这两种酸气之间没有选择性。MEA 具有最大的酸气负荷，这意味着脱除一定量的酸气所需要循环的溶液较少。在处理天然气除去 H_2S 以达到管输要求时，CO_2 几乎完全被脱除。MEA 容易将酸气浓度降低到管输要求（一般 H_2S 为低于 $6mg/m^3$）。借助适当的设备与操作，H_2S 含量可降到低至 $1mg/m^3$。

MEA 与羰基硫及二硫化碳的反应是不可逆的，这造成了溶剂损失和反应产物在 MEA 溶液中积累。MEA 的缺点是容易发泡及降解变质，与 CO_2 发生副反应生成噁唑烷酮等降解产物，导致部分溶剂丧失脱硫能力。MEA 具有比其他胺高的蒸气压，因此溶剂的蒸发损失稍大。MEA 再生温度 120℃以上，导致再生系统严重腐蚀。

2. 二乙醇胺（DEA）

DEA 法与 MEA 法在原理和操作上是类似的。DEA 与 MEA 的一个主要的差别是 DEA 与羰基硫及二硫化碳的反应速度比 MEA 缓慢，得到的产物也不同，DEA 与这些硫化物反应所造成的损失最大限度地减少。因此，对于这些杂质含量较高的炼厂气和人造煤气，采用这种方法脱硫特别有利。DEA 是非选择性的，既可脱除 H_2S，又可脱除 CO_2。用 DEA 也可使 H_2S 浓度降低到管输要求，改良的 DEA 法（SNPA-DEA）能将 H_2S 脱除到大约 $2.3mg/m^3$ 的水平。再生后的 DEA 溶液一般具有较 MEA 溶液低得多的残余酸气浓度。

3. 三乙醇胺（TEA）

虽然 TEA 是第一个获得工业应用的胺液脱硫过程，但在很大程度上它已为 MEA、DEA 或 DGA 所代替。作为叔醇胺，TEA 与 H_2S 和 CO_2 的反应性显得较差，由于在处理天然气使之达到管输要求时所面临的问题，很少把 TEA 用在工业规模的天然气脱硫上。

4. 二甘醇胺（DGA）

DGA 即 β,β' 羟基胺基乙醚，商业名称为二甘醇胺，属伯醇胺，它具有作为伯醇胺特点的高反应性、低平衡分压等全部潜在的优点。在相当低的压力下，DGA 能令人满意地达到管输 H_2S 标准。尽管 DGA 是伯醇胺，但它仍保持了与 DEA 一样在再生后的溶液中残余酸气浓度低的优点，特别适于高寒、缺水地区采用。

5. 二异丙醇胺（DIPA）

能脱除羰基硫的阿迪勃（Adip）法采用 DIPA 为脱硫溶剂。DIPA 属仲醇胺，对 H_2S 有一定的选择性。用 DIPA 处理能达到净化气的管输要求。在相同条件下，DIPA 溶液中酸气的溶解度与同浓度 DEA 相差不大，其再生条件较 MEA 缓和，且降低了液气比，从而降低了热耗及热交换面积（因为降低了再生温度），降低了副反应速度。在有机硫存在时，DIPA 较 MEA 要稳定得多，且副反应产物可逆，在再生温度下可分解。

6. 甲基二乙醇胺（MDEA）

MDEA 属叔醇胺，它在 CO_2 存在下对 H_2S 具有选择性吸收的能力。目前，常采用 MDEA 代替其他胺，改善了酸气质量和操作条件，也降低了能耗。对于净化低含硫、高碳硫比的天然气采用 MDEA 是目前最优的方法。

用于脱硫的各种醇胺，无论是伯醇胺、仲醇胺或叔醇胺，它们与 H_2S 的反应都可以认为是瞬时反应式（6-1），即在液膜内极窄锋面即可完成的反应，而且在气液界面和液相中处处都达到平衡。

但 MDEA 与 CO_2 的反应情况则完全不同。由于它是叔醇胺，分子中不存在活泼 H 原子，故不存在生成氨基甲酸酯的反应，CO_2 的吸收速率的控制步骤在其与 H_2O 反应而生成 H^+ 和 HCO_3^- 的这个慢反应式（6-2）。因此，当 MDEA 水溶液与同时含 H_2S 和 CO_2 的原料气接触时，MDEA 和 H_2S 的反应是受气膜控制的瞬时反应，而和 CO_2 的反应则是接近于物理吸收的慢反应，这种反应速率上的巨大差别构成了选择性吸收的基础。若再控制吸收反应的气液比和气液接触方式，还可以更进一步改善对 H_2S 的选吸效果。

$$H_2S + R_3N \rightleftharpoons R_3NH^+ + HS^- \quad \text{瞬间反应} \quad (6-1)$$

$$CO_2 + H_2O \rightleftharpoons H^+ + HCO_3^- \quad \text{慢反应} \quad (6-2)$$

$$H^+ + R_3N \rightleftharpoons R_3NH^+ \quad \text{瞬间反应} \quad (6-3)$$

式中　R_3N——叔醇胺；

R_3NH^+——叔醇胺基团。

我国气田的净化厂大多采用 MDEA 溶剂脱硫。几种常见的醇胺的物理化学性质见表 6-3。

表 6-3 几种常用醇的物理和化学性质

	MEA	DEA	DIPA	MDEA
相对分子质量	61.09	105.14	133.19	119.17
相对密度	1.0179 (20/20℃)	1.0919 (30/20℃)	0.9890 (45/20℃)	1.0418 (20/20℃)
101.3kPa 下沸点,℃	170.4	268.4	248.7	230.6
6.67kPa 下沸点,℃	100.0	187.2	167.0	164.0
1.33kPa 下沸点,℃	68.9	150.0	133.0	128.0
蒸气压(20℃), Pa	28	<1.33	<1.33	<1.33
凝固点,℃	10.2	28.0	42.0	−14.6
闪点(开杯),℃	93.3	137.8		126.7
水中溶解度(20℃)	完全互溶	96.4%	87.0%	完全互溶
黏度, mPa·s	24.1 (20℃)	380.0 (30℃)	198.0 (45℃)	101.0 (20℃)
与 H_2S 的反应热, kJ/kg	1905	1190	1140	1050
与 CO_2 的反应热, kJ/kg	1920	1510	2180	1420

(五) 工艺设计参数的选用

1. 溶液浓度(质量分数)

(1) MEA 法:MEA 的浓度一般为 15%～25%,常用浓度为 15%。

(2) SNPA-DEA 法:DEA 的浓度一般为 25%～30%。

(3) 砜胺法(Sulfinol 法):环丁砜浓度为 35%～45%,通常为 45%;DIPA(Sulfinol-D)或 MDEA(sulfinol-M)的浓度为 30%～50%,通常为 40%。

(4) MDEA 法:MDEA 的浓度一般为 20%～50%。

2. 溶液酸气负荷

脱硫溶剂不同,溶液的酸气负荷也不同,通常选用的胺溶液酸气负荷为 0.3～0.4mol/mol(酸气/胺)。在使用合金钢(如 1Cr18Ni9 和 0Cr18Ni9)制造设备时,溶液酸气负荷可控制在 0.7 mol/mol(酸气/胺)以下。砜胺法的溶液酸气负荷通常大于 0.5mol/mol(酸气/胺)。在确定溶液酸气负荷时,还应考虑到吸收塔底气液平衡条件。

富液中酸气含量与平衡浓度之比值:MDEA 法为 0.65～0.75;DEA 法为 0.8～0.85;砜胺法可达 0.9。

3. 富液流速和富液换热温度

为减轻富液管道和贫富液换热器的腐蚀,醇胺法的富液流速一般为 0.6～1.0m/s,砜胺法的富液流速不宜超过 1.5m/s。经换热后,富液温度一般为 62～94 ℃。

4. 闪蒸罐压力

醇胺法闪蒸罐压力通常为 0.7～0.8MPa;砜胺法闪蒸罐压力通常为 0.5MPa。

5. 贫液入吸收塔温度

贫液入吸收塔温度通常不大于 45℃。

6. 再生塔压力及回流比

考虑到后继的克劳斯硫黄回收装置进料酸气的压力要求,再生塔压力一般为 60～80kPa(表)。再生塔顶的回流比(即再生塔顶排出气体中水汽物质的量与酸气物质的量之比)通常小于2。采用 MEA 法为 2.5～3.0,采用 DEA 法为 0.9～1.8。砜胺法和 MDEA 法回流比可取较低数值。

7. 重沸器的加热温度

不论选用何种方式(低压蒸汽、火管或乙二醇热载体)加热,采用胺法时,重沸器中溶液的温度宜低于 120℃,重沸器管内壁温度最高不超过 127℃;砜胺法重沸器中溶液温度为 110～138 ℃。

(六) 工艺设备选用

1. 材质选用和热处理要求

天然气脱硫工艺设备的材质,除个别设备的某些部件(如吸收塔和再生塔的填料和塔盘、重沸器和贫富液换热器的管束、溶液循环泵及过滤器的部分零件以及丝网除雾器等)需采用不锈钢外,其余可用碳钢制作。

为防止应力开裂腐蚀,当 H_2S 的分压大于或等于 0.345kPa 和总压大于 448kPa(绝)时,与湿 H_2S 介质接触的原料气分离器、过滤器及吸收塔等设备焊后需整体热处理;与温度高于 90℃ 的胺液或砜胺液接触的碳素钢设备,如贫富液换热器、再生塔和重沸器等,也必须进行消除应力的热处理。符合上述条件的管道焊缝也需要现场进行热处理。

2. 参数计算

1) 溶液循环泵

应根据装置物料平衡计算的流量和水力计算所得的扬程,增加 5%～10% 的裕量后作为选泵时的基本参数。

溶液循环量由下式计算:

$$L = 1732\frac{QM}{qm\rho}(C_S + \eta_C C_C) \qquad (6-4)$$

式中 L——溶液循环量,m³/h;
Q——天然气处理量,10^4m³/d;
M——溶液中醇胺的摩尔质量,kg/kmol;
q——溶液酸气负荷,mol/mol(酸气/胺);
m——溶液中醇胺的质量分数,%;
ρ——溶液密度,kg/m³;
C_S,C_C——原料气中 H_2S 和 CO_2 的摩尔分数;
η_C——CO_2 脱除率。

溶液循环泵宜选用离心式油泵,泵体和主要零件应选用"耐中等硫腐蚀"的材料,为降低溶剂损耗和减少污水处理装置的负荷,应选用机械密封。

当工厂已有 1.3MPa 或 2.5MPa 压力的蒸汽系统时,宜用背压式汽轮机作为溶液循环泵的原动机,背压蒸汽可供重沸器使用,以便节能。当功率高于 150kW 时,采用背压式汽轮机更经济合理。对溶液循环量很大、压力很高的装置，为了回收富液的部分压力能、降低电耗，应合理选用能量回收泵。

2）吸收塔和再生塔

填料塔和板式塔皆可用作吸收塔和再生塔。通常认为，当直径大于800mm时，用板式塔，但近年来国外不少大型装置采用规整填料。板式塔中常用泡罩塔和浮阀塔，由于浮阀塔盘具有弹性大、效率高、处理能力比泡罩塔高、兼有泡罩塔和筛板塔的特点，应优先选用。至于处理能力与浮阀塔相当的筛板塔，虽然结构简单，但弹性小，不适合矿场预处理采用。

考虑到溶液发泡的特点，在计算填料塔的塔径时，设计泛点百分数，乱堆填料不大于60%，浮阀塔不大于70%。

板式塔不宜用过小的板间距，通常采用的板间距为600mm。降液管流速在吸收塔为$0.08\sim0.1m/s$，在再生塔不超过$0.12m/s$。

当采用泡罩塔时，可用布朗—桑德尔（Brown—Soander）公式计算塔径：

$$W = C[(\rho_L - \rho_g)\rho_g]^{0.5} \tag{6-5}$$

$$D = \left(\frac{1.27m}{C}\right)^{0.5} / [(\rho_L - \rho_g)\rho_g]^{0.25} \tag{6-6}$$

式中　W——气体允许质量流率，$kg/(m^2 \cdot h)$；

C——经验常数，除与塔板型式有关外，还与板间距及物料情况有关，m/h，吸收塔取107m/h，再生塔可取124 m/h；

ρ_L，ρ_g——操作条件下液相和气相的密度，kg/m^3；

D——塔径，m；

m——气体质量流量，kg/h。

若采用浮阀塔，塔径可比泡罩塔小10%～20%，在核算塔径后应进行水力计算，塔盘上的浮阀数由临界阀孔速度确定。吸收塔应有4～5块理论板，塔板效率为25%～40%，要求使用塔板数为20块左右，最多可达30块以上（例如，需脱除大量的有机硫时）。当采用对H_2S具有选择性吸收性能的MDEA法时，要计算确定吸收塔塔板数。为了在满足H_2S净化度的要求下降低对CO_2的共吸率，吸收塔宜有两个以上的贫液进口，以便调节。

再生塔需要3～4块理论板，通常在富液进塔口以下设20块塔板，用于脱硫溶剂汽提；在进塔口以上还有几块塔板，用于降低溶剂的蒸发损失。

3）气液分离器

工艺设备中，原料气分离器、净化气分离器、回流罐等均属气液分离设备，可选用立式分离器，也可选用卧式分离器。为提高分离效率，均应在气体出口处设一层除雾丝网，以除去粒径大于$10\mu m$的雾滴。通常可按沉降分离直径大于$100\mu m$液滴计算分离器尺寸，但在实际过程中多用式（6-5）计算出允许的气体质量流率W，然后由式（6-7）计算出气液重力分离器直径D：

$$D = \left(\frac{1.27m}{FC}\right)^{0.5} / [(\rho_L - \rho_g)\rho_g]^{0.25} \tag{6-7}$$

式中　C——经验常数，m/h，见表6-4；

F——分离器内可供气体流过的面积分率,立式分离器 $F=1.0$。

表6-4 分离器速度因素 C 的量值

分离器形式	分离器长度或高度,m	C 值范围,m/h
立式	1.5	132～263
	3.0	198～384
卧式	3.0	439～549
	L	$(439～549)(L/3.05)^{0.54}$

回流罐尺寸主要由回流液的停留时间决定,通常为40min左右,其长径比可以小于3.0。

4) 冷换设备

(1) 重沸器。再生塔底重沸器可选用罐式重沸器或卧式热虹吸式重沸器(当溶液循环量小时用立式热虹吸式重沸器)。从防腐角度看,由于罐式重沸器气液分相流动,动能较低,腐蚀情况优于卧式热虹吸式重沸器,但只要设计和操作得当,选用热虹吸式重沸器仍是可行的。

卧式热虹吸式重沸器汽提效果差,小于一块理论板,但重量轻,占地少。虽然允许汽化率不及罐式重沸器,但完全能满足胺法和砜胺法装置重沸器中溶液汽化率的要求。当选用卧式热虹吸式重沸器时,由于气液两相同时返入再生塔中,能利用塔底储液段作溶液缓冲容积,无需架高重沸器。若用安装在地面上的罐式重沸器,则应设置溶液缓冲罐。

重沸器的热负荷包括溶液升温的显热、酸气解吸热和塔顶水蒸气带出热量三部分,通常以单位体积溶液循环量消耗的水蒸气量表示,大致范围为100～180kg/m³。此值取决于所要求的贫液质量、溶液类型和塔高等,准确值可由重沸器和再生塔的热平衡计算得到。

(2) 贫/富液换热器。通常用浮头式热交换器。为了提高管壳式溶液换热器的温差校正系数,不应只用一台,须选用两台或两台以上串联。选用两台串联时,应将富液流经的第二台换热器的管材采用不锈钢,以节省投资。

(3) 溶液和酸气冷却器。设计时选用全水冷、全空冷或空冷加水冷的方案,须针对具体情况经过技术经济比较后决定。若选用水作为冷却介质,冷却溶液采用浮头式换热器,冷却酸气采用浮头式冷凝器。

5) 溶液闪蒸罐和缓冲罐

溶液闪蒸罐和缓冲罐通常为卧式,长径比为2左右,溶液停留时间取5～6min。为降低闪蒸气中的 H_2S 含量,在溶液闪蒸罐上设一吸收段,用不锈钢乱堆填料(直径大于600mm时可用板式塔)。

6) 过滤器

(1) 原料气过滤器。目前采用的是圆筒形玻璃纤维过滤元件,其尺寸为 $\phi117mm\times1829mm$,纤维直径为 $10\mu m$,能滤除气体中 $5\mu m$ 以上的微粒。当压降超过规定值后,切换清洗过滤元件,每根元件过滤气量与气体绝压的平方根成正比。

(2) 溶液机械过滤器。国内采用丙纶绸滤布筒式过滤器,可除去 $10～25\mu m$ 的微粒。当压降超过一定值后,切换清洗过滤元件,过滤速度约为 $3～10m/(m^2\cdot h)$。

(3) 溶液活性炭过滤器。可选用固定床深层过滤器,活性炭床层高度至少为1500mm,活性炭过滤器至少要处理溶液循环量的10%～20%,过滤速度为 $2.5～12.5m^3/(m^2\cdot h)$。

二、物理溶剂吸收法

(一) 基本原理

物理溶剂吸收法是采用有机化合物作为吸收剂，吸收天然气中的酸气（酸气溶解在有机化合物中）。此时，溶液的酸气负荷正比于气相中酸气的分压，当富液压力降低时，即放出吸收的酸性气体组分。

物理吸收法的优点是：

(1) 吸收在高压、低温下进行，溶液对酸气有较大的吸收能力。由于溶液的酸气负荷与酸气分压成正比，故适宜处理高酸气分压的天然气。

(2) 不仅能脱除 H_2S 和 CO_2，还能同时脱除硫醇等有机硫化合物。溶剂性质稳定，发泡性和腐蚀性小。

(3) 某些溶剂对 H_2S 吸收有一定的选择性，因此可获得较高 H_2S 浓度的酸气。

(4) 溶剂比热容小，加热时耗能少。

但是，由于物理溶剂对重烃的溶解度较大，因此物理吸收法不宜用于处理重烃含量高的"湿气"，常用于酸气分压超过 350kPa、重烃含量低的天然气净化。另外，有些物理溶剂受再生程度的限制，净化度可能比化学吸收法差。

目前已应用于工业的有 4 种溶剂，即弗卢尔（Flour）法使用的碳酸丙烯酯、普里索尔（Purisol）法使用的 N-甲基吡咯烷酮（NMP）、埃斯塔索文（Estasolven）法使用的磷酸三丁酯（TBP）和赛勒克梭（Selexol）法使用的聚乙二醇二甲醚。

(二) 工艺流程

如图 6-3 所示，经脱水后的原料天然气在 7MPa 压力下进入吸收塔，自下而上地与塔顶导入的贫溶剂逆流接触。经过闪蒸与换热，进吸收塔的溶剂温度略低于常温。因为原料气中 CO_2 的分压很高，故在吸收塔底设置了溶剂循环泵，并采用溶剂两级导入。再生质量最好的贫溶剂由吸收塔顶导入，只经部分汽提的半贫溶剂则由吸收塔中部导入。

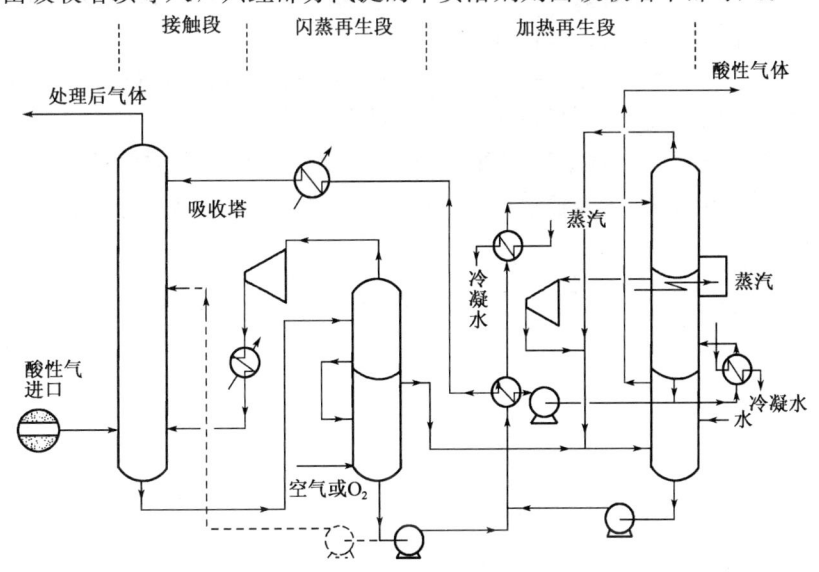

图 6-3 物理溶剂吸收法原理流程

吸收塔底出来的富溶剂在约 2.8MPa 的压力下进行高压闪蒸，闪蒸出来的气体经压缩后循环返回吸收塔，从而使净化过程的烃损失降至最低。在 1.4MPa 压力下进行的中压闪蒸可释放出溶剂中吸收的大部分 CO_2。在此工厂中，中压闪蒸出的气体用于驱动涡轮机提供泵的动力，膨胀后的 CO_2 用于冷却原料气。溶剂的第三级闪蒸是在常压进行的低压闪蒸，目的是释放出大部分残留的酸性气体。经低压闪蒸的溶剂（半贫溶剂）由泵送回吸收塔中部，和酸性气体含量最高的原料气相接触。为保证溶剂对 H_2S 的脱除效率，一部分经低压闪蒸的半贫溶剂最终还需要进行热闪蒸。

三、物理化学吸收法

（一）基本原理

由 MDEA（或其他叔醇胺）和物理溶剂组成物理化学混合溶剂，尽可能减少其中的水含量，从而进一步减少溶剂对二氧化碳的吸收。处理高酸气分压的气体时，物理化学混合溶剂比化学溶剂吸收法溶液有较高的酸气负荷；因为物理化学混合溶剂中含有醇胺类化合物，因而净化度高，净化气能达到管输气的质量指标。物理化学混合溶剂兼有物理溶剂吸收法和化学溶剂吸收法的优点，现在已成为天然气脱硫的重要方法之一。

（二）工艺方法

（1）砜胺法：砜胺法采用的吸收溶液包含有物理吸收溶剂和化学吸收溶剂。物理吸收溶剂是环丁砜，化学吸收溶剂可以用任何一种醇胺化合物，但最常用的是二异丙醇胺（混合液称 Sulfinol-D）。为选择性脱出 H_2S，20 世纪 80 年代使用了甲基二乙醇胺（称 Sulfinol-M）。砜胺溶液中，环丁砜浓度约 50%，水含量不低于 10%，其余为胺类。砜胺法溶液的酸气负荷正比于气相中酸气分压，当处理高酸气分压的气体时，砜胺法溶液比化学吸收法溶液有较高的酸气负荷。

（2）Selefining 法：此法也是由叔醇胺和有机溶剂组成脱硫溶液，其中水分含量很少，只要求在再生过程中能产生足够蒸汽即可。工业试验结果表明，此法能在原料气中 CO_2 与 H_2S 的含量之比很高的情况下保持良好的选吸性能。

（3）Optisol 法：脱硫溶液也由醇胺、有机溶剂和水组成，水含量为 25%～30%（体积分数）。此法按其对有机硫化合物脱除效率的不同分为 A 型、B 型和 C 型 3 种，C 型对有机硫化合物的脱除效率最高。相对于 Sulfinol-D 法，此法至少有两方面的改进：一是在几乎全部脱除硫化氢的同时，也基本脱除有机硫化合物而部分脱除二氧化碳；二是溶液的酸气负荷高于 Sulfinol-D 法。

四、直接氧化法

直接氧化法的原理是用一种碱性溶液吸收 H_2S 后直接用空气氧化再生，将吸收在溶液中的 H_2S 直接氧化为元素硫并加以浮选分离，再生后的溶液循环使用。此类方法较多，其中较典型的方法有蒽醌法和铁碱法。蒽醌法（也称 Stretford 法或改良 A.D.A. 法）的脱硫溶液由碳酸钠水溶液加入蒽醌二磺酸盐（A.D.A.）、偏钒酸钠和酒石酸钾钠组成；铁碱法的脱硫溶液由 3% 左右的碳酸钠加上 0.5% 的氢氧化钠水溶液组成。

直接氧化法的优点是：

(1) 脱硫的同时直接生产元素硫,基本上无二次污染;
(2) 可以选择性地脱除 H_2S 而不脱除 CO_2;
(3) 操作温度为常温,高压或常压均可。

直接氧化法的主要缺点是:
(1) 硫容量低,故溶液循环量大、电耗高;
(2) 脱硫过程中溶液发生的副反应较多,回收的硫黄纯度差。

硫容量低是直接氧化法的致命弱点,如蒽醌法的硫容量仅为 $0.2 \sim 0.3 \ kg/m^3$,故在工业应用上有较大的局限性。该法比较适合于 CO_2 与 H_2S 的含量之比高、H_2S 含量低、吸收塔操作压力不高的情况下的气体脱硫,通常在焦炉气、水煤气等各种工业气体的脱硫中应用较多,在天然气脱硫领域中使用不多。

所有直接氧化法的工艺流程和操作条件都大致类似,可以较典型的改良 A.D.A 法为代表,其工艺流程(包括熔硫部分)如图 6-4 所示。

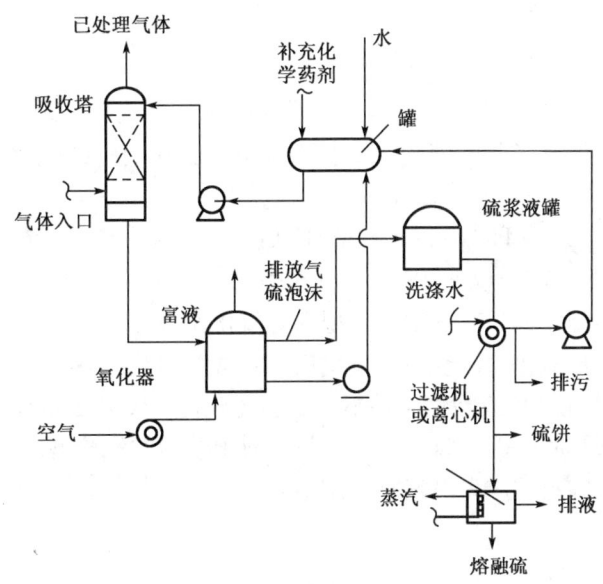

图 6-4 改良 A.D.A. 法的原理流程

原料天然气在吸收器(塔)中与脱硫溶液逆流接触而被脱除硫化氢。吸收器可用各种高效气液接触设备常用木格填料塔或喷射塔,也可以用文丘里管。必须注意防止脱硫过程中析出的元素硫堵塞吸收设备的填料或设备。硫化氢含量高的原料气可先用喷射塔吸收,除去大部分硫化氢后再用填料塔进行精脱。

氧化器(再生器)一般都用卧式氧化槽,其尺寸应保证脱硫溶液在槽内有足够的停留时间使 HS^- 转化为元素硫(约 10~20min)。设备底部应设置有效的空气分布器以提高氧的利用效率(一般为 15%~20%)。在氧化过程中,也同时生成以硫代硫酸盐为主的副产物,脱硫溶液中硫代硫酸盐的浓度可允许达到 20% 左右,达到此浓度后,可将部分溶液抽出处理。

五、干法脱硫

干法脱硫是采用固体进行天然气脱硫的方法,即在固体脱硫剂表面上吸附酸性气体或使酸性气体在其表面上与一些组分进行反应,从而达到脱除的目的。这类方法不如湿法脱硫那样使用普遍，但也有一定的优点。

（一）分子筛法

分子筛是人工合成的晶体型硅铝酸盐，依据其晶体内部孔穴的大小而吸附或排斥不同物质的分子，因而被形象地称为"分子筛"。分子直径小于分子筛晶体孔穴直径的物质可以进入分子筛晶体，因而可以被吸附，否则被排斥。分子筛又根据不同物质分子的极性或可极化性而对其有优先吸附的次序，通常，极性强的分子容易被吸附。

分子筛除了可用于天然气的深度脱水外（见第七章），还可用于天然气的脱硫。采用特殊型的分子筛甚至可同时脱除天然气中的水和H_2S，其工艺流程与分子筛脱水均基本相同。

分子筛脱硫的主要缺点是：所脱除的H_2S在再生过程中进入再生气，当进料气中H_2S含量较高时，会造成需对再生气进行再处理的问题。因此，除了特殊场合外，在天然气脱硫领域中，该法使用不多。

（二）固体氧化铁法

1. 基本原理

通常，固体氧化铁脱硫剂是一种非再生式脱硫剂，可选择性地脱除H_2S，其主要活性组分为氧化铁，并添加有多种助催化剂。在常温下，脱硫剂中的氧化铁与H_2S发生如下吸收反应：

$$2Fe_2O_3+6H_2S \rightarrow 2Fe_2S_3+6H_2O \quad \text{（脱硫过程）}$$
$$2Fe_2S_3+3O_2 \rightarrow 2Fe_2O_3+6S \quad \text{（再生过程）}$$

氧化铁有多种类型，但只有α型和γ型水合氧化铁可用于气体脱硫，因为它们生成的硫化铁易于再生而重新被氧化为活性态的氧化铁。在常温和碱性条件下，上述反应进行得最理想。温度高于50℃或在中性或酸性条件下，都会使硫化铁失去结晶水而变得难以再生。

换脱硫剂时必须小心，因为打开床层卸料时海绵铁与空气接触后立即剧烈升温，可能导致床层自燃，所以，卸料前应先淋湿整个床层。

2. 工艺流程

进料气水含量是影响反应速度的一个重要参数。水含量低的气体，脱硫反应速度也低，因此要求进料气水含量达到饱和或接近饱和。该法工艺流程简单，经分离后的进料气进水洗塔达到水饱和后进入固体脱硫塔，脱硫塔的空塔线速一般为0.1～0.3m/s，脱硫后的天然气经过滤除去可能携带的脱硫剂粉尘后出装置，见图6-5。水洗塔可单独设置，也可作为水洗段放在脱硫塔底部。如进料气水含量已达到饱和或已接近饱和，则不必设水洗段。

目前，固体氧化铁脱硫剂的种类较多。其中较为典型的是CT8-6B固体脱硫剂，其主要物理性质和技术指标如表6-5所示。

表6-5 CT8-6B脱硫剂的主要物理性质和技术指标

脱硫剂	外观	规格 mm	堆密度 kg/L	侧压强度 N/cm	总硫容量[①] %	备 注
CT8-6B	褐色	φ5×5～15	0.8～0.85	≥40	30	不再生，一次性使用

①总硫容量：一定质量脱硫剂能脱除的H_2S的量和脱硫剂的质量之比。

固体氧化铁脱硫剂适用于小处理量、低含硫天然气的脱硫。一些缺电少水边缘地区气井天然气的单井脱硫，也可采用该脱硫方法，但处理量和天然气含硫量不宜太高。

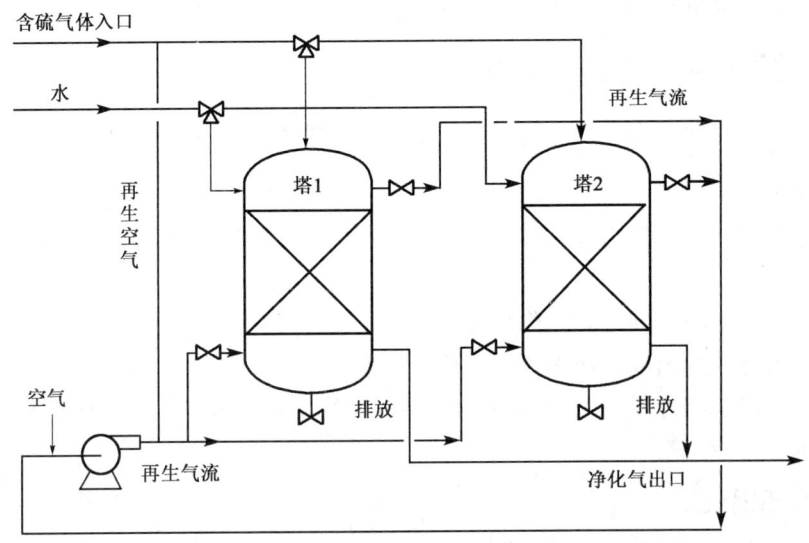

图 6-5 固体脱硫法工艺流程图

六、天然气的膜分离

膜分离是一门新的分离技术。它包括反渗透、超过滤、微过滤、渗析、电渗析、过膜蒸发及气体的膜分离等。膜分离过程就是使混合物中各组分在压力差或浓度差或电位差的作用下，通过特定的界面——"膜"进行传质。混合物中各组分在膜中具有不同的渗透能力，从而达到各组分的分离。各组分通过膜的传递能力取决于组分分子的大小、形状、化学性质、膜孔大小、膜材料的物理化学性质，以及膜与渗透组分之间的相互作用等因素。

膜分离技术的关键是膜本身的选择性，有了选择性非常好的膜，则膜分离过程与其他分离工艺如蒸馏、精馏、结晶、萃取等相比较，所用的设备最少，装置建造投资最省，无需冷换和加热过程，能耗最低，因而生产成本低廉，经济效益高。

因此，近年来膜分离技术受到各国专家们的普遍关注。

膜的分离作用是借助于膜在分离过程中的选择渗透作用，达到混合物分离的目的，宏观上相似于"过滤"，然而微观上看，多数膜的分离作用取决于流体与膜分子间的引力。由于各种组分与膜的结合能力大小不同，形成了不同的传递速率和分离的可能性。膜分离性能的优劣通常用两个基本参数来衡量，一是膜的选择性，二是膜的渗透性。

目前已发展并应用在工业上的是非多孔质膜，按构造不同可分为平板式、中空纤维式和薄膜式等，也可按膜的微孔结构不同分为均质膜、不对称膜和复合膜等。非多孔质膜与多孔质膜分离效果不同之点是与气体流动状态无关，气体是通过分子间隙渗透。按溶解扩散机理，气体渗透过程分三个阶段：首先气体分子溶解于膜表面，其次是溶解的气体分子在膜内活性扩散，最后是气体分子从膜的另一侧解吸。

膜分离技术过程简单，容易控制，可以克服胺法、砜胺法能耗高的弱点，因而在国外颇受重视。

常用的各向异性膜有聚氯乙烯、聚丙烯腈的聚合物或醋酸纤维薄膜和三醋酸纤维等。

膜分离是一种大量脱除酸气的技术，但仅能进行粗脱，需后继胺法脱硫装置进行精脱。该法最适用于总酸气含量大于20%的情况。将其用于总酸气含量为35%的情况时，先用膜分离法将酸气含量降低到 10%～15%，然后用 MDEA 等溶剂最后净化。

七、酸性气体脱除方法的选择原则

选择脱硫方法时通常需要考虑的因素，主要可归纳为以下几个方面。

(一) 外部因素

(1) 含硫天然气的烃类组成、H_2S 和 CO_2 的含量、各种有机硫的含量、CO_2 与 H_2S 的含量之比；

(2) 含硫天然气的处理量和操作条件；

(3) 净化天然气的温度、压力要求和质量标准；

(4) 是否要求选择性脱除 H_2S 及对所脱除酸气的技术要求（如酸气压力和酸气中 CO_2、烃类含量）等。

(二) 内部因素

(1) 对公用设施的要求及能耗指标；

(2) 对设备型式的要求和"三废"产生的情况；

(3) 脱硫方法同前述外部因素之间的关系等。

(三) 经济因素

选择脱硫方法时需要考虑的经济因素主要指建设投资、操作费用、生产成本以及原材料的供应情况等。

综上所述，由于可选择的方法数量大，所涉及的因素多，即使在同一原料气质量条件和同一脱除要求下，可选择的方法可能是多种多样的。美国富陆工程建设公司（Fluor Engineers Constructors Inc.）给出了选择气体脱硫方法的通用图，分 4 种情况：图 6-6 为只脱除 CO_2 的情况，图 6-7 为只脱除 H_2S 的情况，图 6-8 为既脱除 H_2S 也脱除 CO_2 的情况，图 6-9 为选择性脱除 H_2S 的情况。

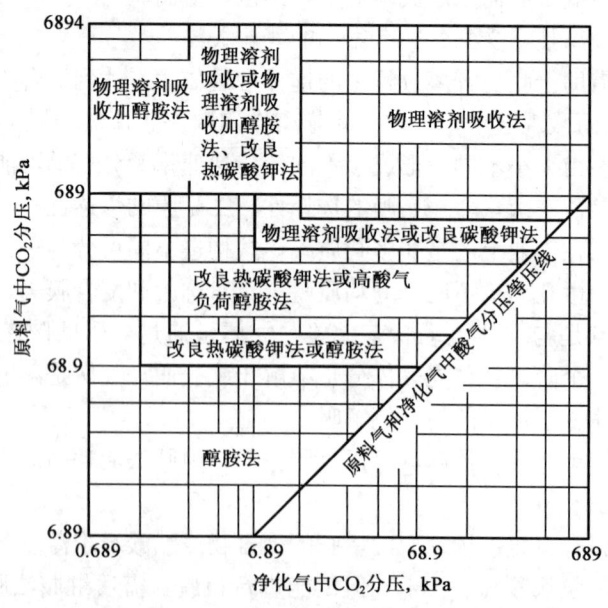

图 6-6 只脱除 CO_2 的方法选择

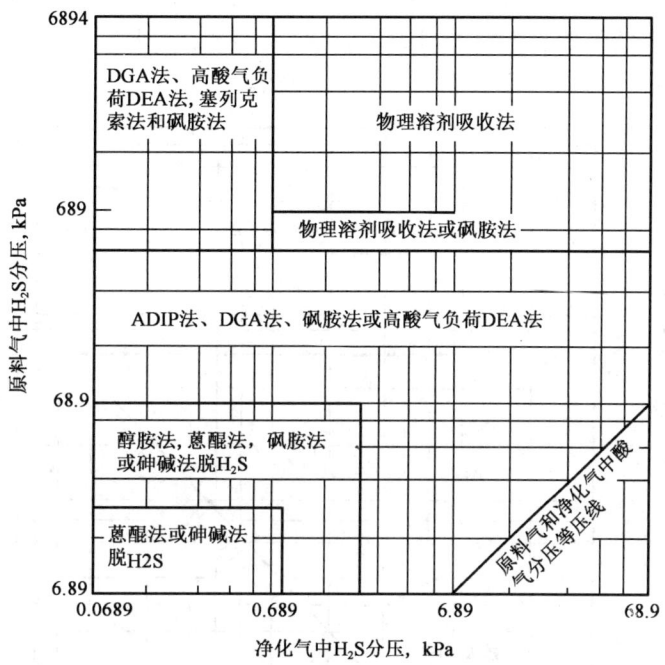

图 6-7 只脱除 H_2S 的方法选择

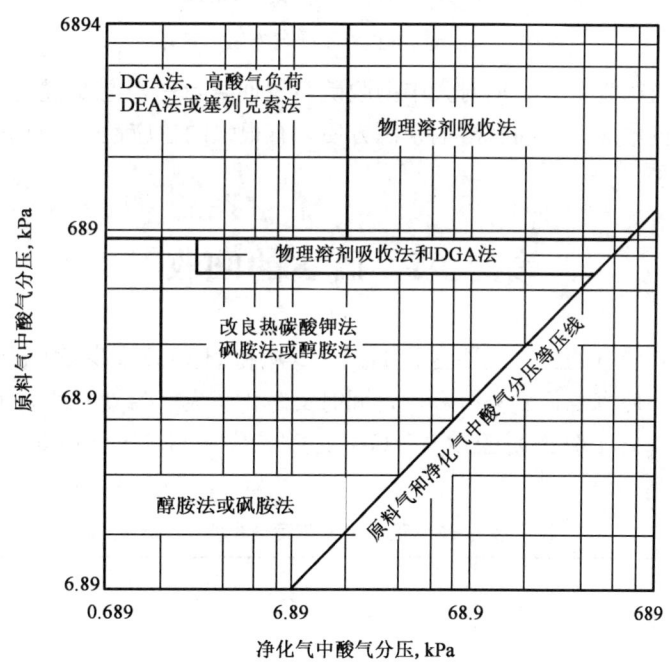

图 6-8 同时脱除 H_2S 和 CO_2 的方法选择

从图 6-6 至图 6-9 中可见，各种脱硫方法的选择皆与进料气的酸气分压相关联。当进料气中酸气分压不太高时，上述 4 种情况都可采用醇胺法。至于采用何种胺法，主要取决于原料气中 CO_2 对 H_2S 的比例。图 6-6 至图 6-9 中脱硫方法的选择是以原料气不含其他硫化物为前提的。当原料气含有 COS、CS_2、RSH、RSSR、RSR 等有机硫化物时，就须考虑它们的含量和脱除要求。这是因为 COS、CS_2 与 MEA（单乙醇胺）发生不可逆反应，故 COS 和 CS_2 含量较多的天然气不宜采用 MEA 方法，宜采用 DEA（二乙醇胺）法；天然气中含有较多的 RSH、RSSR、RSR 时，宜采用砜胺法。

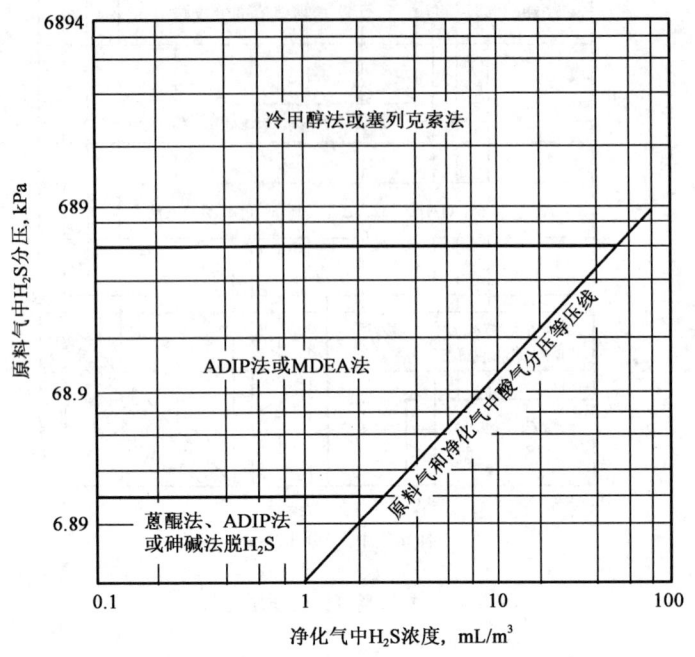

图 6-9 选择性脱除 H_2S 方法的选用

天然气脱硫方法尽管很多，但对大中型脱硫装置而言，一般总是优先考虑采用醇胺法。这是因为该法不但技术成熟，而且溶剂来源方便，有很强的适应性，因此是目前使用最多和最为主要的一类方法。

第二节　硫黄的回收

来自醇胺法脱硫装置的酸气主要含有 H_2S、CO_2 和 H_2O 以及少量 CH_4 等烃类，用硫黄回收装置生产硫黄，使资源得到充分利用，同时又防止了大气污染，从而化害为利，变废为宝，因此硫黄回收具有十分重要的意义。GB/T 2449—2006《工业硫黄》中的质量指标见表 6-6。

表 6-6　我国工艺硫黄质量指标　　　　　　　单位：%

名　称	优等品	一等品	合格品
硫的质量分数	≥99.95	≥99.50	≥99.00
水分的质量分数	≤0.10	≤0.50	≤1.00
灰分的质量分数	≤0.03	≤0.10	≤0.20
酸度的质量分数（以 H_2SO_4 计）	≤0.003	≤0.005	≤0.02
有机物的质量分数	≤0.03	≤0.30	≤0.80
砷的质量分数	≤0.0001	≤0.01	≤0.05
铁的质量分数	≤0.003	≤0.005	—

一、克劳斯（Claus）硫黄回收原理

从酸气中回收硫黄普遍采用克劳斯法（Claus Process）。所谓克劳斯法，简单说来就是氧化、催化制硫的一种工艺方法。1883年英国化学家C.F.Claus开发了H_2S氧化制硫的方法，即：

$$2H_2S+O_2 \xrightarrow[570\sim600K]{催化剂} \frac{2}{x}S_x+2H_2O+408kJ \qquad (6-8)$$

式（6-8）称克劳斯反应，这一经典的反应由于强的放热而很难维持合适的反应温度，只能借助于限制处理量来获得80%～90%的转化率。而改良克劳斯法中H_2S的部分氧化是分两阶段完成的（改良克劳斯法分为直流法和分流法，现以直流法为例说明其原理）。

第一阶段是酸性气体首先在没有催化剂存在的条件下在反应炉内与空气反应，主要反应可用式（6-9）和式（6-10）表示。反应温度与酸性气体中的H_2S含量有关，一般都在920℃以上。炉内反应速度甚快，通常在1s内即可完成全部反应。反应炉内的理论硫转化率可达60%～70%，硫转化率与反应温度有关，图6-6说明了转化率与反应温度的关系。

$$3H_2S+\frac{3}{2}O_2 \xrightarrow{>1200K} SO_2+H_2O+2H_2S+520kJ \qquad (6-9)$$

$$2H_2S+SO_2 \xrightarrow{<700K} 2H_2O+\frac{3}{x}S_x+93kJ \qquad (6-10)$$

由于酸气中含有烃、CO_2水等杂质，故反应炉内实际发生的反应比较复杂，而且在高温下将发生复杂的副反应，可导致生成COS、CS_2、CO和H_2。

同时，燃烧炉中生成的硫蒸气主要由S_2组成，随过程气温度降低将发生分子结构的转化：

$$3S_2 \rightleftharpoons S_6 \qquad \Delta H^\theta_{298}=45.52kJ \qquad (6-11)$$

$$4S_2 \rightleftharpoons S_8 \qquad \Delta H^\theta_{298}=-50.75kJ \qquad (6-12)$$

$$4S_6 \rightleftharpoons 3S_8 \qquad \Delta H^\theta_{298}=-5.23kJ \qquad (6-13)$$

第二阶段是转化器内的低温催化反应，在转化器内的催化剂床层上按反应式（6-10）进行，从图6-10可知，从理论上讲，反应温度越低，则转化率越高。但是，实际上反应温度低至一定限度后，由于受到硫露点的影响，会有大量液硫沉积在催化剂表面使之失去活性。因此，催化转化反应的温度一般均控制在170～350℃之间。

使用一个转化器（一级转化），硫回收率只能局限在75%～90%的范围内。工业上一般采用增加转化器数目、在两级转化器之间设置硫冷凝器以分离液硫、逐级降低转化器温度等措施，促使反应式（6-10）的平衡尽可能向右移动而使硫回收率提高至95%左右。

从式（6-10）可知，理想的克劳斯反应要求过程气中H_2S与SO_2的物质的量之比为2∶1，才能获得高的转化率，因此，必须控制好进反应炉的空气量。

20世纪70年代以后发展的低温克劳斯反应技术是在低于硫露点的温度下，在催化剂上继续进行克劳斯反应。由于降低了反应温度，转化率得到提高。低温克劳斯催化剂具有很高的液硫吸附容量，当催化剂上沉积一定数量的液硫后，催化剂不会失去活性。当催化剂上沉

积了较多的液硫后，用较高温度的气流使液硫汽化从而使催化剂得到再生。

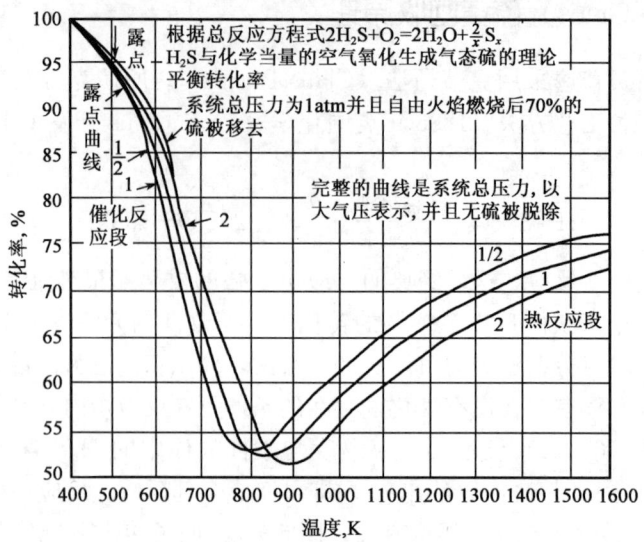

图 6-10　H_2S 转化为硫的平衡转化率

二、克劳斯硫黄回收工艺流程

（一）直流法工艺流程

直流法是全部酸气通过燃烧炉（反应炉）和废热锅炉的方法，此法通过部分燃烧和两段催化转化硫收率通常可达 95% 左右，其流程如图 6-11 所示。

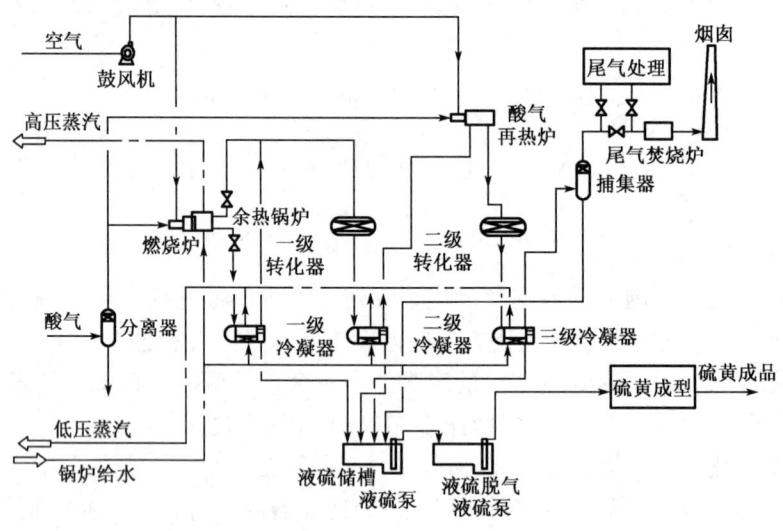

图 6-11　直流法工艺流程图

全部酸气进入燃烧炉，要求严格配给克劳斯反应所需的化学理论当量的空气量，包括使酸气中全部烃完全燃烧的空气量，以获取高的转化率。燃烧炉温度高达 1100～1600℃，此时酸气中 H_2S 约有 60%～70% 转化成硫。含硫蒸气的高温气体经废热锅炉回收热量后进入一级冷凝器再次回收热量并分离出液硫。出一级冷凝器的过程气与从废热锅炉引出的一小股热气流掺和以达到进入一级转化器所需的温度，进入一级转化器，在催化剂上反应，由于反应放热，出口气温度明显升高。经二级冷凝器回收热量并分离出液硫之后的过程气，与从废热锅炉引出的另一小股热气掺和以达到二级转化器所需的温度，进入二级转化器，催化转化后的过程气温度略有升高，经三级冷凝器回收热量并分离出液硫，此尾气通过捕集器捕集液硫之后入尾气处理单元或灼烧后用烟囱排放，各级冷凝器及捕集器中分离出来的液硫流入硫储槽，经成型后即为硫黄产品。

（二）分流法工艺流程

原料气中硫化氢含量在25%～40%的范围内推荐使用分流法（图6-12）。此流程是先将1/3体积的硫化氢送入反应，配以适量的空气进行完全燃烧而全部生成二氧化硫。后者与其余的2/3硫化氢混合后在转化器内进行低温催化转化反应。

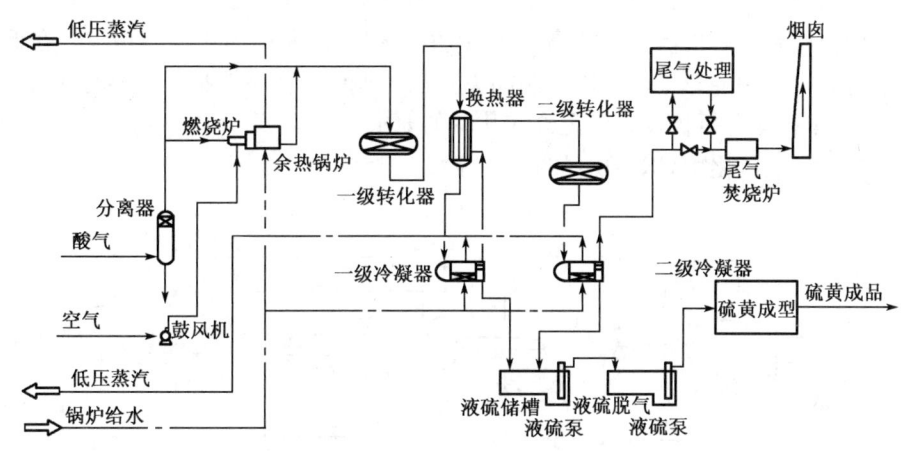

图6-12 分流法工艺流程图

分流法装置一般都采用两级催化转化，硫化氢的总转化率约为89%～92%，比较适合于规模较小的硫黄回收装置（10t/d左右）。与直流法一样，分流法燃烧炉的配风比和操作状态是决定装置硫回收率的关键。

（三）部分燃烧法

原料气中硫化氢含量大于50%时推荐使用部分燃烧法。全部原料气都进入反应炉，而空气的供给量仅够原料气中1/3体积的硫化氢燃烧生成二氧化硫，从而保证过程气中H_2S与SO_2物质的量之比为2∶1。反应炉内虽不存在催化剂，但硫化氢仍能有效地转化为硫蒸气，转化率随温度升高而增加。

其余的硫化氢将继续在转化器内进行催化转化反应，转化器的温度大致控制在比过程气的硫露点高20～30℃。二级及其以后的转化器的转化率约为20%～30%，故采用人工合成活性氧化铝催化剂的部分燃烧法装置的总转化率在95%以上。

（四）直接氧化法

直接氧化法是原始克劳斯法的一种形式。当原料气中的硫化氢含量为2%～12%时推荐使用此法。它是将原料气和空气分别预热至适当的温度后，直接送入转化器内进行低温催化反应，配入的空气量仍为使1/3体积硫化氢转化为二氧化硫所需的量，随后生成的二氧化硫进一步与其余的硫化氢反应而生成元素硫。因此，直接氧化法是把上述两个反应结合在一个反应器中进行。

(五) 低温克劳斯工艺（MCRC）

低温克劳斯反应是指在低于硫露点的条件下进行克劳斯反应。即转化器操作温度可以低于硫露点以提高转化率，其主要技术特点如下：

(1) 应用了低温克劳斯技术，是常规克劳斯法过程的延伸。由于末级转化在硫露点下进行，从而可获得高的转化率和硫收率。由于硫收率高，故可认为该法兼有硫回收和尾气处理的双重功能。三级转化硫收率为99%，四级转化硫收率可达99.5%，大多数情况下能满足环境保护的要求。

(2) 低温段转化器催化剂的再生热源为装置过程气，无需单设再生系统和补充能源，流程简单，与常规克劳斯装置相似，易于由原有克劳斯装置改建，投资和操作费用相对较低。

(3) 采用活性高、有机硫水解率高的S201催化剂。该催化剂孔隙体积大，在低温段转化器中硫容量高，使用寿命长；采用特制的夹套三通阀自动程序控制，切换时间短；采用尾气 H_2S/SO_2 含量在线分析仪，以满足高转化率的要求。

图6-13是三级转化MCRC装置的原理流程。

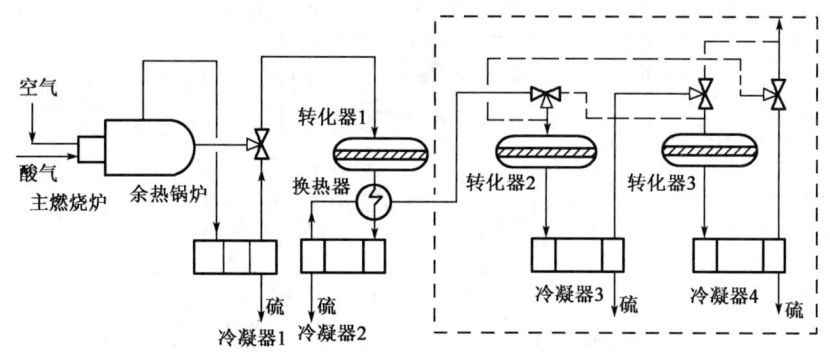

图6-13 MCRC工艺流程原理图

(六) 超级克劳斯工艺

这是一种采用选择性氧化剂改进常规克劳斯工艺的方法，与MCRC法一样，可认为该法具有硫回收与尾气处理的双重功能。

此法的特点是不要求将过程气的 H_2S 与 SO_2 的含量比值精细地维持在2的条件下，而是在前两个转化器维持 H_2S 过剩，于第三级转化器补入空气在一种特制的催化剂上将 H_2S 直接氧化为元素硫，此段效率可达90%以上，装置的总硫收率可达99%左右，故称为超级克劳斯-99工艺。

如在二级转化器之后、选择氧化转化器之前增设一加氢反应器，将过程气中的硫化物全部转化为 H_2S，则总硫收率可达到99.5%，称为超级克劳斯-99.5工艺。

据称，超级克劳斯-99工艺的投资仅比常规克劳斯工艺增加5%，而超级克劳斯-99.5工艺比常规克劳斯工艺增加20%。

超级克劳斯过程的催化剂具有较高的活性和选择性。以 $\alpha\text{-}Al_2O_3$ 为载体，其上浸渍活性金属氧化物，其催化特性是：

(1) 能选择地氧化 H_2S 为元素硫，即使有过量空气存在，SO_2 生成量也很低；

(2) 催化剂对过程气中水分含量不敏感；

(3) 催化氧化过程中不会因副反应而生成 COS 或 CS_2。

图 6-14 为硫回收率约 99% 的超级克劳斯法-99 的流程。它在二级转化器以前的部分与常规克劳斯法相同，但在三级转化器中放置了特殊的催化氧化催化剂，在过量空气下使 H_2S 和 O_2 发生完全反应：

$$H_2S + \frac{1}{2}O_2 \rightarrow \frac{1}{x}S_x + H_2O$$

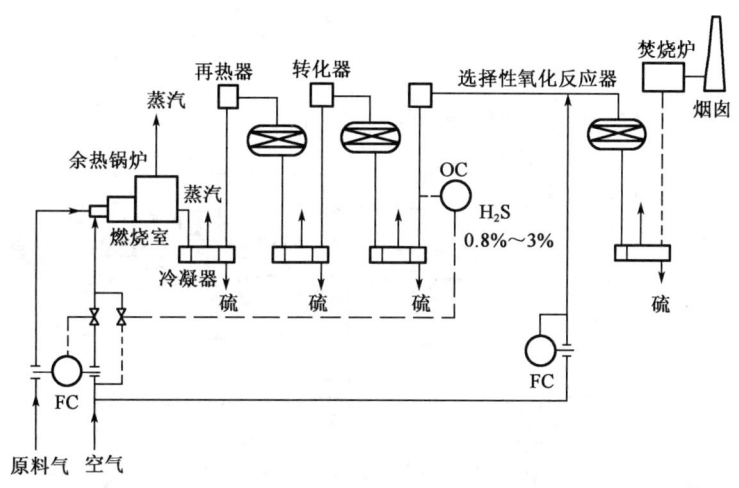

图 6-14 超级克劳斯-99 工艺流程图
FC—流量控制；OC—组分控制

超级克劳斯法的另一个特点是不再要求过程气中 H_2S 与 SO_2 之比为 2，只要求 H_2S 过剩。通常出二级转化器的过程气中 H_2S 的浓度为 0.8%～3.0%，而 SO_2 浓度极低，这部分 H_2S 在催化氧化反应器中直接氧化为硫。总硫回收率可达 99% 左右，只有极少量 H_2S 被氧化为 SO_2。

硫回收率可达 99.5% 的超级克劳斯-99.5 的流程如图 6-15 所示。它与超级克劳斯-99 的区别是在催化氧化反应器前增加了一个加氢反应器，把过程气中的含硫化合物全部还原为 H_2S 后再进行催化氧化。

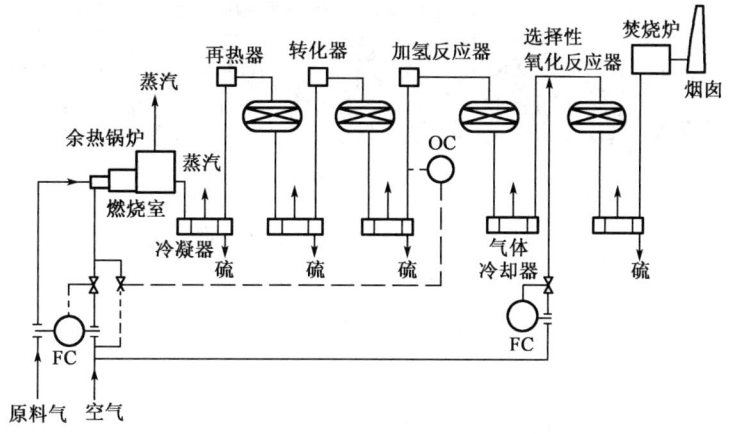

图 6-15 超级克劳斯-99.5 工艺流程图
FC—流量控制；OC—组分控制

超级克劳斯工艺设备皆可用普通碳钢制作，公用消费与常规克劳斯工艺相当。此工艺既可用于新建装置，也可用于已建装置的改造，还能和氧基硫黄回收工艺（COPE法）等新工艺结合使用。

(七) 过程气再热方式

1. 外掺合式部分燃烧法流程（二级转化）

如图6-16所示，从废热锅炉出口处引出一股高温过程气掺和到一级和二级转化器的入口气流中，以达到使过程气被加热的目的。此流程的优点是设备简单，平面布置紧凑，温度调节灵活；缺点是高温掺和管制作要求高，掺和阀的腐蚀严重，因掺和气流中含有大量未经冷凝分离的硫蒸气，所以对总转化率有所影响。

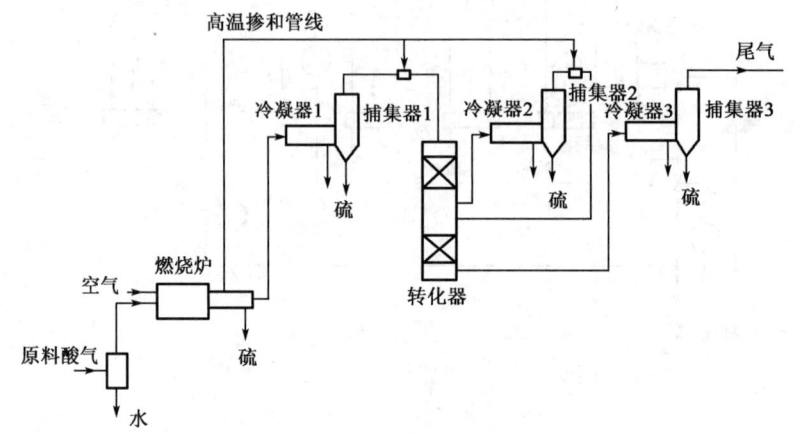

图 6-16 外掺合式部分燃烧法原理流程

2. 酸气再热炉式部分燃烧法（三级转化）

如图6-17所示，再热炉以酸气为燃料，所需空气仍以进炉酸气中1/3体积的硫化氢转化为二氧化硫的计算用量为准，炉内温度则以进炉酸气量的多少来控制。这是天然气净化厂中广泛使用的工艺方法。

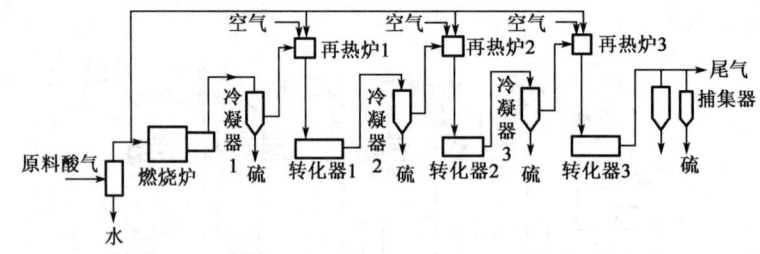

图 6-17 酸气再热炉式部分燃烧法原理流程

再热炉有燃料气再热炉和管式再热炉。前者是以天然气或燃料气为再热炉燃料，把燃烧后的烟气掺入过程气中以调节温度；后者是以管式炉间接加热的方式调节过程气的温度。

3. 掺和—换热式分流法（二级转化）

此工艺流程实际是把上文所述的掺和与换热两种再热手段分别应用于分流法，即第一级用高温掺和，第二级用换热器。

三、硫黄回收主要设备

(一) 反应炉和废热锅炉

反应炉和废热锅炉,是克劳斯法制硫工艺中最重要的设备。典型反应炉和废热锅炉如图 6-18 所示。

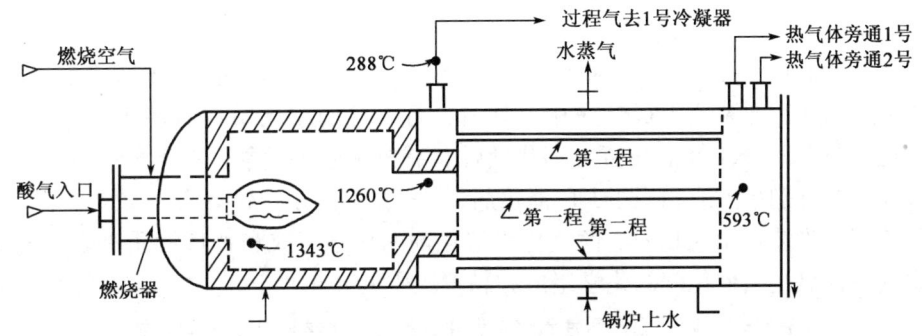

图 6-18 反应炉和废热锅炉

反应炉和废热锅炉可分为分体式和整体式,前者反应炉和废热锅炉分开,后者合在一起。废热锅炉利用火管式余热锅炉内产生的水蒸气来冷却离开燃烧室的反应气体,废热锅炉出口温度在反应气体的硫露点以上。

(二) 转化器

转化器的功能是使过程气中的硫化氢和二氧化硫在催化剂床层上继续进行克劳斯反应而生成元素硫,同时也使过程气中的 COS、CS_2 等有机硫化合物在催化剂床层上水解为硫化氢和二氧化碳。工业上常用的转化器类似一个水平放置的圆柱体,气体进口在顶部,出口在底部。转化器内催化剂床层的厚度一般为 1~1.5m。可以每个转化器使用一个容器,但对规模在 100t/d 以下的装置,大多用纵向或径向的内隔板把一个容器分隔为一个以上的转化器。虽然大多数转化器是卧式的,但 800t/d 以上的大型装置也有采用立式的。

(三) 冷凝器

冷凝器功能是把转化器中生成的元素硫蒸气冷凝为液体而除去,同时回收热量。一般采用管壳式冷凝器,而且大多数设计为倾斜度为 1%~2% 的卧式。回收的热量用来预热锅炉进水或产生低压蒸汽。几个冷凝器可以单独设置,也可以把产生相同压力蒸汽的冷凝器组合在一个壳体之中。纯液硫的黏度在 160℃ 左右会突然升高,因此,液硫冷凝器的操作温度应低于 160℃,而高于硫的凝固点。

(四) 捕集器

捕集器的功能是从末级冷凝器出口气流中进一步回收液硫和硫雾沫。捕集器有泡罩塔型、波纹板型和金属丝网型等。近年来大多数装置采用金属丝网型,气速为 1.5~4.1m/s 时,平均捕集效率可达 97% 以上,尾气中硫含量约为 $0.56g/m^3$。高达 2% 的硫产量来自捕集器。

(五) 尾气灼烧炉

尾气灼烧炉的功能是用燃料气燃烧产生的高温将尾气中的含硫化合物全部转化为二氧化

硫。有关尾气灼烧的问题将在本章第三节中讨论。

四、催化剂

目前国外的克劳斯硫黄回收装置和低温克劳斯工艺装置基本上都用活性氧化铝催化剂。这类产品以美国 Kaiser 铝公司或加拿大 LaRoche 化学品公司的 S-201 和法国 Rhone-Poulenc 公司的 CR 为代表。这些催化剂一般就是纯度较高的活性氧化铝，具有较高的比表面和大孔隙率，产品常为 5mm 左右的小球，堆密度低，使用寿命为 3 年以上。

我国对活性氧化铝催化剂的研制始于 20 世纪 80 年代初期，现已形成 CT 和 LS 两种系列的催化剂，已在工业装置上成功应用。国内自行设计的净化厂目前多使用 CT6-2 催化剂，该催化剂与 LS-811 性能相近，催化活性、有机硫水解性能、抗硫酸盐化性能及热稳定性等多项指标分别接近或相当于 CR 催化剂。

我国硫黄回收装置用的几种活性氧化铝催化剂的化学组成和物理性质见表 6-7，国外四种典型的活性氧化铝催化剂的化学组成和物理性质见表 6-8。

表 6-7　两种国产活性氧化铝催化剂的主要化学组成和物理性质

牌　号	LS-811	CT6-2
外形	ϕ5～7mm 球形	ϕ4～6mm 球形
Al_2O_3 质量分数，%	93.6	93.4
Fe_2O_3 质量分数，%	0.02	0.12
SiO_2 质量分数，%	0.27	0.60
Na_2O 质量分数，%	0.25	0.19
灼烧失重，g/kg		5.1
堆密度，t/m^3	0.67	0.69
比表面积，m^2/g	237	200
孔体积，cm^3/g	0.42	
压碎强度，kg	13.6	16
磨耗率，%	0.9	0.53
物相	γ-Al_2O_3 为主，少量 η-Al_2O_3	γ-Al_2O_3 为主，少量 χ-Al_2O_3

表 6-8　四种国外活性氧化铝催化剂的主要化学组成和物理性质

公　司	Rhone-Poulenc	拉罗克	巴斯夫	阿尔科
代号	CD	S-201	R10-11	S-100
外形	ϕ4～6mm 球形	ϕ5～6mm 球形	ϕ5mm 球形	ϕ5～6mm 球形
Al_2O_3 质量分数，%	<95	93.6	<95	95.1
Fe_2O_3 质量分数，%	0.05	0.02	<0.05	0.02
SiO_2 质量分数，%	0.04	0.02		0.02
Na_2O 质量分数，%	<0.1	0.35	<0.1	0.30
灼烧失重	4.0	6.0	5.0	4.5
堆密度，t/m^3	0.67	0.69～0.75	0.70	0.72
比表面积，m^2/g	260	280～360	300	340

续表

公司	Rhone-Poulenc	拉罗克	巴斯夫	阿尔科
孔体积，cm³/g			0.5	0.55
大孔率（>700Å），cm³/g		0.08~0.14		0.11
压碎强度，kg	12	14~18	15	25
磨耗率，%		0.5~1.5	<1	

注：1Å=10^{-10}m。

第三节 尾气处理

一、排放标准

由于常规克劳斯硫黄回收装置硫收率受热力学平衡制约，低温克劳斯工艺等延伸类工艺的最高硫收率也不超过99.5%，当工厂规模较大时，尾气中硫化物经焚烧成SO_2后排放，不能满足国家（或地方）的排放标准时，就要求对尾气进行处理。GB 20426—2006规定的SO_2排放限值如表6-9所示。

表6-9 GB 20426—2006规定的SO_2排放限值

最高允许排放浓度，mg/m³	排气筒高度，m	最高允许排放速率，kg/h		
		一级	二级	三级
1200（960）	15	1.6	3.2（2.6）	4.1（3.5）
	20	2.6	5.1（4.3）	7.7（6.6）
	30	8.8	17（15）	26（22）
	40	15	30（25）	45（38）
	50	23	45（39）	69（58）
	60	33	64（55）	98（83）
	70	47	91（77）	140（120）
	80	63	120（110）	190（160）
	90	82	160（130）	240（200）
	100	100	200（170）	310（270）

注：括号内数值是对1997年7月1日起新建装置的要求。

二、尾气处理方法

（一）尾气灼烧

由于各国对H_2S比对SO_2有更严格的大气排放标准，克劳斯硫黄回收尾气除需尾气处理装置提高总硫收率外，还需灼烧残存的H_2S转化成SO_2后由烟囱排入大气。尾气灼烧方式有两种：热灼烧和催化灼烧。

热灼烧在克劳斯硫黄回收装置中应用广泛，它是在有过量空气存在下，用燃料气把尾气加热到一定温度使其中的含硫化合物都转化为SO_2。热灼烧一般在灼烧炉中进行，温度在540~600℃，并需考虑足够的停留时间。灼烧之后的尾气用烟囱排入大气，烟囱高度由大气排放标准决定。

催化灼烧是在催化剂存在下以较低的灼烧温度使尾气中的 H_2S 转化为 SO_2，使尾气中 H_2 和 CO 充分燃烧，节省大量燃料，但一次性投资多且操作要求高，故应用不广。

（二）还原吸收法

还原吸收法的原理是用还原性气体将尾气中的含硫化合物于钴钼催化剂上还原成 H_2S，然后再用胺液吸收 H_2S，解吸的 H_2S 返回克劳斯硫黄回收装置。胺吸收及再生部分与胺脱硫基本类似，只是操作压力较低。在钴钼催化剂上，尾气中的 SO_2 和元素硫被 H_2（或 CO 或 H_2/CO）的还原反应如下：

$$SO_2 + 3H_2 = H_2S + 2H_2O \qquad (6-14)$$
$$S_8 + 8H_2 = 8H_2S \qquad (6-15)$$
$$SO_2 + 3CO = COS + 2CO_2 \qquad (6-16)$$
$$S_8 + 8CO = 8COS \qquad (6-17)$$

与此同时，还会有如下反应发生：

$$H_2S + CO = COS + H_2 \qquad (6-18)$$
$$H_2O + CO = CO_2 + H_2 \qquad (6-19)$$
$$COS + H_2O = H_2S + CO_2 \qquad (6-20)$$
$$CS_2 + 2H_2O = 2H_2S + CO_2 \qquad (6-21)$$

基于上述反应，在工艺上要考虑还原气的来源，通常将燃料气于燃烧炉中次当量燃烧得 H_2/CO 还原气。还原反应在装有钴—钼催化剂的固定床反应器中进行。反应之后的过程气由于温度较高，用废热锅炉回收废热并产生蒸汽，再用冷却塔冷却并洗涤过程气，然后再对过程气脱硫。

克劳斯硫回收加还原吸收法尾气处理工艺的总硫回收率可达 99.8%～99.9%以上，但投资相对较高，故还原吸收法适用于硫产量较高的克劳斯硫黄回收装置，以及环境保护要求较严的地区。目前世界上该法使用较多，不少公司有其自己的还原吸收法技术，其中最早的是壳牌公司开发的 SCOT 法。

SCOT 法的流程如图 6-19 所示，包括五个阶段：加热段、还原段、冷却段、吸收段和再生段。

1. 还原性气体

在 SCOT 装置中，一般采用 H_2 或 H_2+CO 作为还原气，后者较前者效果好，在相同转化率条件下，还原反应器的空速可以提高。在天然气净化厂中，通常借在线燃烧炉不完全燃烧烃而得到还原气流，燃烧的空气供给量约为化学计算量的 75%～90%，当出炉气体温度过高时，可在还原反应器入口喷入蒸汽凝结水。

2. 还原反应的催化剂

常用 SCOT 还原反应器的催化剂有两种，即壳牌公司生产的"壳牌-534"和荷兰凯梯尔生产的"124-3P"。两种催化剂均由氧化钴、氧化钼和氧化铝组成，性能相似，都具有高活性、良好的稳定性和一定的机械强度。工厂常称之为"钴—钼"催化剂。

3. 冷却塔

还原反应器出口气流的温度较高，用余热锅炉回收余热后气流的温度仍不利于胺吸收操作；同时，气流中还含有粉尘和微量 NH_3，在喷淋冷却塔中气流被冷却，氨被水吸收，粉尘被洗涤。冷却塔中水的 pH 值取决于气流中残余的 SO_2 量，通常 pH 值为 7 左右，如果 pH 值明显下降，说明还原气流中 SO_2 含量升高，应及时调整，以防止"SO_2 穿透"（即 SO_2 串入胺吸收及再生循环系统）。

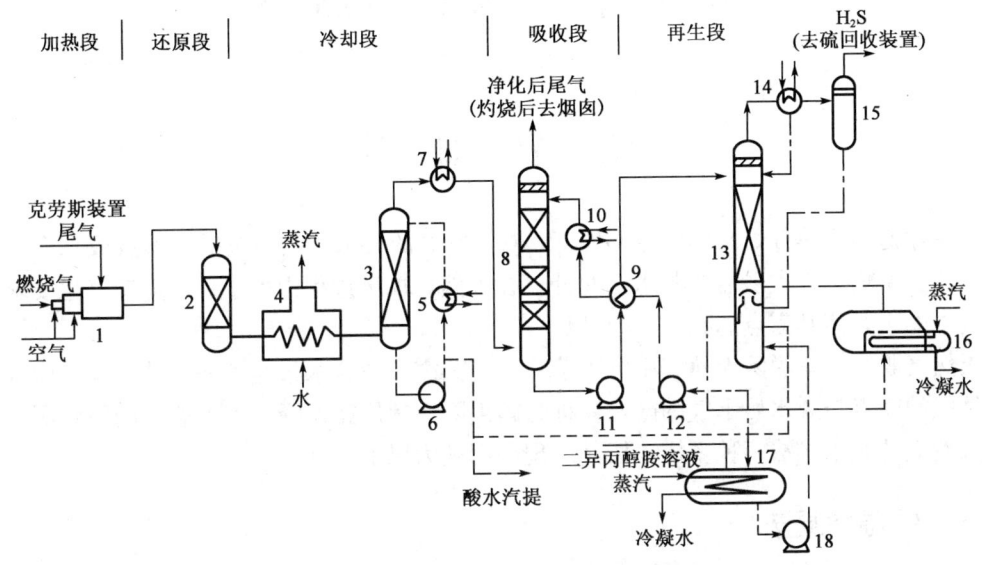

图 6-19　SCOT 法工艺流程图

1—在线燃烧炉；2—加氢反应器；3—喷淋冷却塔；4—废热锅炉；5—换热器；
6，10，12，18—泵；7，11—冷却器；8—吸收塔；9—换热器；13—再生塔；
14—冷凝冷却器；15—液滴捕集器；16—重沸器；17—溶剂罐

4．醇胺吸收溶液

还原后的尾气中 CO_2 的含量通常为 H_2S 的 10～20 倍，在 SCOT 吸收塔的操作条件下，总的吸收速度取决于质量的传递，H_2S 的吸收受气膜控制，CO_2 的吸收为液膜控制，因此，H_2S 在胺液中吸收速度比 CO_2 快得多，只要选择适当的反应时间，即适当的传质单元数，就能使 H_2S 与 CO_2 适当分离，达到尾气净化和回收 H_2S 之目的。同时，选用适当的胺类溶剂也可增加对 H_2S 吸收的选择性，早期 SCOT 法采用 DIPA 水溶液作为吸收剂，目前多采用 MDEA，后者对 H_2S 有更好的选择性。

习　题

1．天然气中含有哪些硫类有害杂质？为什么 H_2S 的危害最大？
2．常用的气体脱硫方法有哪些？说明各类脱硫方法的机理和适用范围。
3．醇胺法的原理是什么？
4．克劳斯硫黄回收法是主要的单质硫生产法，该法有哪些制硫方案？它们的回收原理和工艺流程有何异同？
5．克劳斯硫黄回收的直流法工艺为何要严格控制氧气量？
6．为何低温克劳斯工艺（MCRC）具有尾气处理功能？何为低温？
7．超级克劳斯工艺（Superclaus）的基本原理是什么？为何具有尾气处理功能？
8．为什么要对脱硫尾气进行处理？有哪些主要处理方法？SCOT 法的原理是什么？

第七章 天然气脱水

第一节 概 述

管道输送的天然气，必须符号 GB 17820—2012 的要求，其中包括水露点或水含量这项指标，故在管输之前大多需要脱水。此外，在天然气加工过程中由于采用低温，也要求脱出天然气中的水，使其露点达到 -100°C 以下。

天然气脱水就是脱除天然气中的水蒸气，使其露点或含水量达到一定的要求。脱水前含水天然气的露点与脱水后干气的露点差称为露点降，常用露点降表示天然气的脱水深度。

天然气的脱水方法多种多样，按其原理可归纳为以下三种。

一、低温冷凝法

被水饱和的天然气在温度下降到水的露点以下时，天然气中含有的饱和水就会冷凝成液相水析出（天然气在新的温度下仍被水饱和），在分离和取走液相水的情况下，提高天然气的温度或降低天然气的压力，天然气就会变成不被水饱和的状态，从而降低了它的气相含水量。这就是低温脱水的原理。

低温冷凝法常用的节流膨胀冷却对脱除天然气中的重组分效果十分明显，能大幅度地降低天然气的烃露点。如果原料气压力较高且管道对于所输天然气的烃露点有明确要求，不允许输送过程中出现液态烃，那么节流制冷工艺是值得考虑的方案。低温冷凝法脱水、脱烃见第八章。

二、溶剂吸收法

溶剂吸收法脱水是采用一种亲水液体与天然气逆流接触，从而脱除气体中的水蒸气。用来脱水的亲水液体称为脱水吸收剂或液体干燥剂。

常用的脱水吸收剂是甘醇类化合物和氯化钙水溶液，目前广泛采用的是甘醇类化合物。由于吸收剂可以再生和循环使用，故脱水成本低，已在天然气脱水中得到广泛的使用。

三、固体吸附法

固体吸附法脱水是利用某些固体物质比表面高、表面孔隙可以吸附大量水分子的特点来脱除天然气中的水分。脱水后天然气含水量可降至 1mg/L，这样的固体物质有硅胶、活性氧化铝、4A 和 5A 分子筛等。

固体吸附剂被水饱和后易于再生，经过热吹脱附后可多次循环使用，因此常被用于天然气深度脱水。分子筛脱水广泛应用于需要深度脱水的工况（如生产 CNG、LNG 及 NGL 回收等）。

第二节　溶剂吸收法脱水

溶剂吸收法是目前天然气工业中使用较为普遍的脱水方法，被广泛采用的溶剂是三甘醇（TEG）。三甘醇法脱水装置的露点降可达40℃左右。

一、甘醇脱水的基本原理和物理性质

甘醇是直链的二元醇，其通用化学式是 $C_nH_{2n}(OH)_2$。二甘醇（DEG）和三甘醇（TEG）的分子结构如下：

$$
\begin{array}{c}
CH_2-CH_2-OH \\
| \\
O \\
| \\
CH_2-CH_2-OH
\end{array}
\qquad
\begin{array}{c}
CH_2-O-CH_2-CH_2-OH \\
| \\
CH_2-O-CH_2-CH_2-OH
\end{array}
$$

二甘醇　　　　　　　　三甘醇

甘醇可以与水完全溶解。从分子结构看，每个甘醇分子中都有两个羟基（—OH）。羟基在结构上与水相似，可以形成氢键，氢键的特点是能和电负性较大的原子相连，包括同一分子或另一分子中电负性较大的原子。这是甘醇与水能够完全互溶的根本原因。

甘醇的物理性质见表7-1。

表7-1　甘醇的物理性质

性　　质	二　甘　醇	三　甘　醇
分子式	$O(CH_2CH_2OH)_2$	$HO(C_2H_4O)_2C_2H_4OH$
相对分子质量	106.1	150.2
凝固点,℃	−8.3	−7.2
闪点（开口）,℃	143.3	165.6
沸点(760mmHg),℃	245.0	287.4
相对密度	1.1184	1.1254
折光指数 n_D^{20}	1.4472	1.4559
与水的互溶性（20℃）	完全互溶	完全互溶
绝对黏度（20℃），mPa·s	35.7	47.8
汽化热(760mmHg)，J/g	347.5	416.2
比热容，kJ/(kg·K)	2.3065	2.198
理论热分解温度,℃	164.4	206.7
实际使用再生温度,℃	148.9～162.8	176.7～204.4

三甘醇的优点是：

（1）沸点较高（287.4℃），比二甘醇约高43℃，可在较高的温度下再生，即使在常压下再生贫液浓度也可达98.5%～98.7%以上，因而露点降比二甘醇高8～22℃左右。

（2）蒸气压较低。27℃时，三甘醇的蒸气压仅为二甘醇的20%，因而损耗小。

(3) 热力学性质稳定。三甘醇理论热分解温度（206.7℃）约比二甘醇高40℃。
(4) 脱水操作费用比二甘醇法低。

二、TEG 吸收脱水的工艺流程

三甘醇TEG脱水工艺主要由甘醇吸收和再生两部分组成，图7-1是三甘醇脱水工艺的典型流程。工艺过程的中心设备是吸收塔，用泵将TEG泵入到吸收塔的顶部。TEG经过吸收塔时与气流逆流而向下流动，富TEG水溶液从塔底排出，再经过冷凝器的盘管升温后进入闪蒸罐闪蒸，然后液相经过滤后流入贫/富甘醇热交换器，经进一步升温后进入脱水单元的再生器部分，在再生塔内通过加热使TEG吸收的水分在常压下脱除，再生后的TEG经贫/富甘醇热交换器冷却后，然后泵入吸收塔循环使用；而湿天然气由吸收塔底进入经入口洗涤器后自下而上与TEG接触传质后经塔顶分离器后外输。

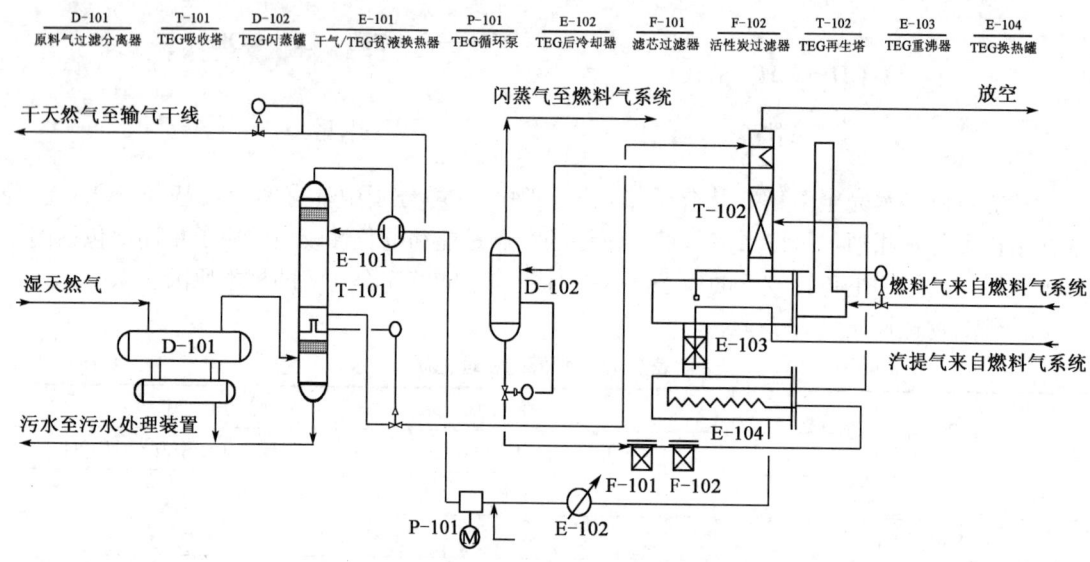

图7-1 三甘醇脱水典型工艺流程

（一）原料气分离器

原料气分离器的功能是分离掉原料气中夹带的固体或液滴，如沙子、管线腐蚀产物、液烃以及井下作业使用的化学药剂等等。常用卧式分离器或立式分离器，内装金属网除沫器。如原料气中夹带有很多细小的固体粒子或液滴，应考虑采用过滤式分离器或水洗式旋风分离器。脱水后的干气也应通过另一个分离器（图中未示出）后再进入下游设备。

（二）吸收塔

吸收塔通常是由底部的进料气洗涤器（分离器）、中部的吸收段、顶部的气体/TEG贫液换热器及捕器组成的一个整体。当进料气较脏且含游离液体较多时，进口气涤器和吸收塔最好分别设置。吸收塔一般采用泡罩塔，也可采用浮阀塔或规整填料。泡罩塔板适用于黏性液体和低液汽化比的场合，在气体流量较低时不会发生漏液，也不会使塔板上液体排干。吸收塔顶部都没有捕雾器，以除去粒径大于$5\mu m$的甘醇液滴，使干气中携带的甘醇少于$0.016g/m^3$。

（三）闪蒸罐

闪蒸罐的功能是闪蒸出溶解在 TEG 溶液中的烃类，以防止溶液发泡。烃类在甘醇中的溶解度主要与吸收压力有关，压力越高则溶解度越大，见图 7-2。闪蒸罐的操作压力为 0.27～0.62MPa（为使闪蒸气不经压缩可作为燃料气和汽提气，并保证富液有足够的压力），溶液在罐内的停留时间为 5～20min；对于重烃含量低的贫天然气，一般停留 10min 就足够了。如果原料气中所含重烃和 TEG 溶液形成了乳状液，就会导致溶液发泡，此时应使溶液升温至约 65℃，停留时间达到 20min 左右才能使之破乳而闪蒸出烃类。

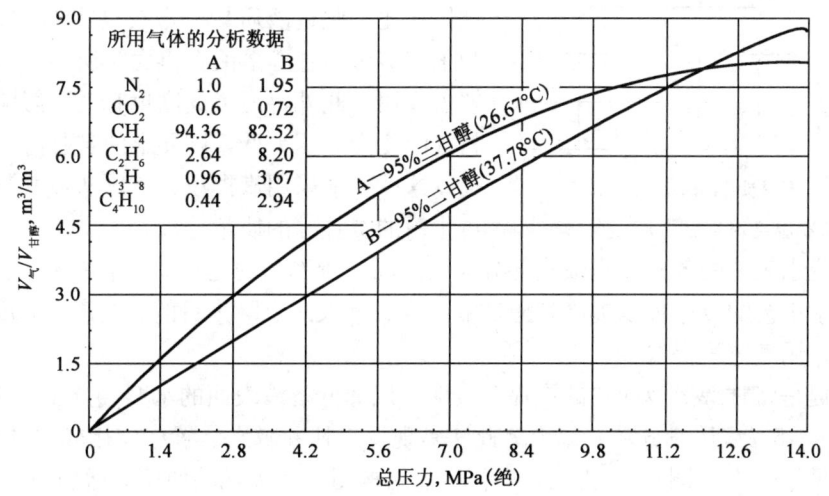

图 7-2 天然气在甘醇溶液中的溶解度（101.325kPa，20℃）

（四）过滤器

与脱硫装置类似，过滤器的功能是除去 TEG 溶液中的固体粒子和溶解性杂质。常用的有滤芯过滤器和活性炭过滤器两种。滤芯以纤维制品、纸张或玻璃纤维为材料，除去 $5\mu m$ 以上的粒子。活性炭过滤器则主要用于除去溶液中溶解性杂质，如高沸点的烃类、表面活性剂、压缩机润滑油以及 TEG 降解产物，等等。

（五）贫/富液换热器

贫/富液换热器是用来控制进闪蒸罐和过滤器的富液温度，并回收贫液的热量，使富液升温至 148℃ 左右进再生塔，以减轻重沸器的热负荷。最常用的是管壳式换热器。

（六）精馏柱和重沸器

精馏柱和重沸器的功能是蒸出富 TEG 溶液中的水分而使之被提浓。对于小型脱水装置，常将精馏柱安装在重沸器上部。精馏柱内一般充填 1.2～2.4m 高的陶瓷或不锈钢填料（鲍尔环），大型脱水装置有时也采用板式塔。精馏柱顶部设有冷却盘管，可使部分水蒸气冷凝，成为精馏柱顶的回流，从而使柱顶温度得到控制，并可减少甘醇损失量。无汽提气时，塔顶温度控制在 99℃；有汽提气时，塔顶温度控制在 88℃。当回流量为水蒸气排出量的 30% 时，柱顶排放的水蒸气中甘醇损失量非常小。

从精馏柱顶排出含硫化氢或硫醇的放空气，可采用灼烧的方法进行处理。

重沸器的作用是用来提供热量将富甘醇加热至一定温度，使富甘醇中所吸收的水分汽化并从精馏柱顶部排放。除此以外，重沸器还要提供回流热负荷以及补充散热损失。

重沸器一般采用釜式，在井场上的装置可用火管加热，有条件的场合也可以用蒸汽加热。

甘醇脱水装置是通过控制重沸器温度以得到必要的再生深度或贫甘醇的质量分数。如图 7-3 所示，在重沸器温度为 204℃ 下再生时，贫三甘醇的质量分数为 99.1%，与图中大气压下沸点曲线估计值相比，此贫液质量分数要高出 0.4%，这是因为重沸器中的甘醇溶液在再生时所溶解的烃类还有解吸作用。此外，海拔高度也有一定影响。如果进料气温度高、压力低，则要求的贫甘醇质量分数更高，这就要求采用汽提法、负压法或共沸法来提高再生后的贫甘醇的质量分数。

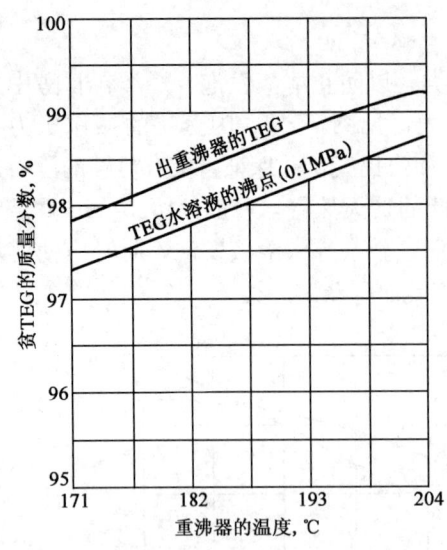

图 7-3 重沸器温度对贫甘醇质量分数的影响

三甘醇脱水工艺的各种流程吸收部分大致相同，所不同的是甘醇富液的再生方法。多年来三甘醇脱水工艺的改进都以提高甘醇贫液浓度、增大露点降为目的。提高三甘醇贫液浓度的方法主要采用气体汽提法。

气体汽提是将甘醇溶液同热的汽提气接触，以降低溶液表面的水蒸气分压，使甘醇溶液得以提浓到 98.5%（质量分数）以上。此法是现行三甘醇脱水装置中应用较多的再生方法。其典型流程见图 7-4。图 7-5 为三甘醇再生器结构图。汽提气的使用会增加一些生产费用。为防止汽提气产生污染，将含有汽提气的再生气引入一小型灼烧炉灼烧后排空。

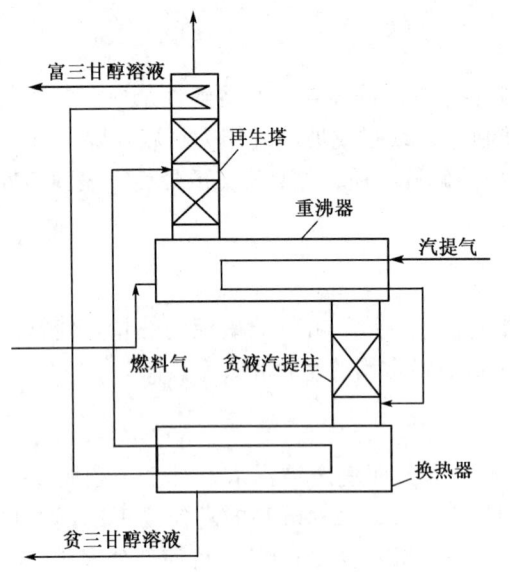

图 7-4 汽提再生流程

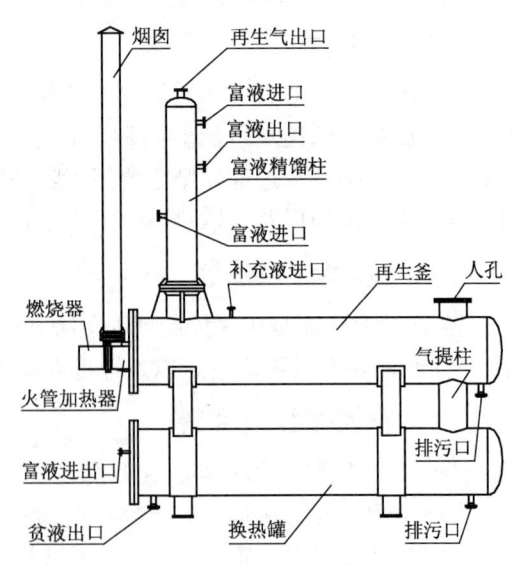

图 7-5 三甘醇再生器结构图

三、含硫天然气脱水

在含硫天然气气田开发过程中，为防止集输管线腐蚀，可以采用干气输送防止集输管线腐蚀，即通过 TEG 脱水后再输送。含硫天然气 TEG 脱水与不含硫天然气脱水基本相似，也有不同之处。

(1) 富 TEG 溶液的汽提：当含硫天然气与 TEG 接触时，H_2S 会溶解到 TEG 中，导致溶液 pH 值下降和溶液的变质（与 TEG 发生反应），所以，应在富液再生之前增设一个富液汽提塔，汽提气可以采用不含硫的天然气或其他惰性气体。

(2) 装置的腐蚀：H_2S 溶解在 TEG 中，高温再生时，管线和设备腐蚀严重，应加强防腐，可采用不锈钢制作管线和设备，以及使用中和剂和缓蚀剂等。

(一) 含硫天然气脱水工艺

如图 7-6 所示，原料气经气液分离后进入 TEG 吸收塔下部，与塔上部进入的 TEG 贫液在塔内逆流接触，天然气中的大部分饱和水被脱除。脱水后的干气从塔顶排出，进入集气干线。TEG 富液从吸收塔下部集液管排出，经塔底液位调节阀调压后进入富液汽提塔上部，与从塔下部进入的净化天然气逆流接触，富液中的大部分 H_2S 被净化天然气带出，汽提塔顶出来的气体经增压后返回到脱水吸收塔前的原料气管线。从富液汽提塔底流出的富液经塔底液位调节阀调压后进入重沸器富液精馏柱顶部盘管换热后进入 TEG 闪蒸罐，闪蒸出少量烃类和 H_2S。闪蒸后的 TEG 富液经闪蒸罐液位控制阀后进入气液过滤器，除去 TEG 中存在的机械杂质及降解产物。此后，富液进入 TEG 缓冲罐与热的 TEG 贫液换热，富液被加热后进入 TEG 重沸器上的富液精馏柱。TEG 溶液在重沸器中被提浓（或称为再生）。再生后的 TEG 贫液经 TEG 缓冲罐换热和 TEG 冷却器冷却后，用 TEG 循环泵升压送至 TEG 吸收塔上部，从而完成 TEG 的吸收、再生循环过程。

采用汽提工艺，汽提后富液中 H_2S 浓度降低了很多（基本与低含硫气田站场脱水装置富液中 H_2S 浓度相同），从而大大降低了 H_2S 在高温部分对 TEG 溶液的影响，由于降低了溶液中 H_2S 含量，也减少了在再生过程对设备及管道的腐蚀。

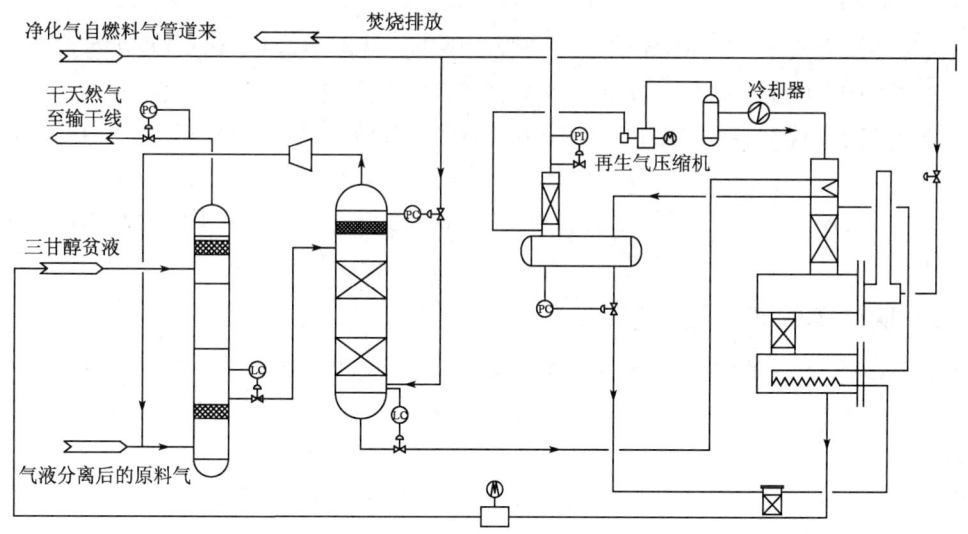

图 7-6 高含硫气田集气站脱水（富 TEG 汽提方案）工艺流程

(二) 含硫天然气 TEG 脱水存在的主要问题

(1) 系统构成复杂，可能泄漏的点增多，运行管理要求高，运行成本较高；

(2) 各集气站均需要设置尾气焚烧炉对 TEG 闪蒸过程中的含硫气进行焚烧后排放，环境污染较大；

(3) TEG 存在一定的降解，TEG 更换较频繁，运行成本高；

(4) 湿气及富液对设备的腐蚀严重；

(5) 需从天然气净化厂建一条高压净化气管道至各集气站，且汽提气还需增压后才能返回原料气中，流程复杂；

(6) 废弃的 TEG 处理困难。

四、工艺操作条件

影响三甘醇脱水装置操作的主要因素是吸收塔的操作条件、三甘醇贫液浓度和三甘醇循环量，而三甘醇贫液浓度又是最关键的因素。

吸收塔的操作条件主要是指塔的操作压力和温度，以及塔中气液接触方式等。

(一) 吸收温度

(1) 在恒定压力条件下，当入口气体温度升高时，入口气体的含水量增加。也就是说，在较高的温度下，甘醇不得不清除更多的水量才能符合要求。

(2) 气体温度升高，会导致所需的吸收塔塔径的增加。这是由于温度升高实际上增大了气流的速度。

(3) 甘醇溶液的吸收温度一般为 10～54℃，但最好在 27～38℃。吸收温度低于 21℃ 时，甘醇溶液黏度过大，起泡增多，因而使塔板效率降低，甘醇损失增加；如低于 10℃，脱水效果就明显下降。吸收温度高于 43℃ 时，进料气中含水量太高，而且甘醇溶液的脱水能力也会下降。

(二) 塔内压力

只要保持压力低于 20.0MPa（表压），吸收塔压力就不会对甘醇的吸收过程产生多大的影响。在恒定的温度下，入口气体的含水量随压力增加而减少。这样，气体在较高的压力下脱水，被清除的水就不多。另外，在高压下气体的实际流速低时，就可采用小直径的塔。

在低压下，只需较薄的壁厚就可以维持相应的压力，从而减少设备投资。因此，工作压力和塔的价格之间存在着一个经济上的权衡。通常认为 3.45～8.27MPa 的脱水压力是最经济的。

(三) 吸收塔的塔板数

在各级塔板上，甘醇并没有都达到平衡状态。25% 的塔板效率通常用于设计，换句话说，1 个理论上的平衡塔板相当于 4 个实际塔板。在泡罩塔内，相邻塔板的间隔一般为 610mm。

在甘醇循环率和贫甘醇浓度恒定情况下，塔板数越多，露点降越大。由于重沸器的热负荷与甘醇循环率有直接的关系，故所用的塔板数越多，节约燃料也越多。通常多数塔板都定为 6～8 块。

(四) 贫甘醇的温度

进入塔顶的贫甘醇的温度对气体的露点降有较大的影响，温度低能使甘醇循环率减至最小；若温度太高，会使较多的甘醇损失到塔顶的排出干气中。同时，应保持贫甘醇的温度略高于吸收塔的温度,否则烃类会在塔内冷凝而引发甘醇发泡。多数设计要求贫甘醇温度较吸收塔的出口气体温度高 3~8℃。

(五) 甘醇的浓度

在给定了甘醇循环率和塔板数的情况下,贫甘醇的浓度越高,露点降就越大。

图 7-7 给出与各种浓度的甘醇接触的气体在不同温度下的平衡水露点,而离开吸收塔的气体的实际露点一般较平衡露点高 5~8℃。已知进塔湿气温度和欲达到的干气露点,即可确定必需的贫甘醇溶液浓度。

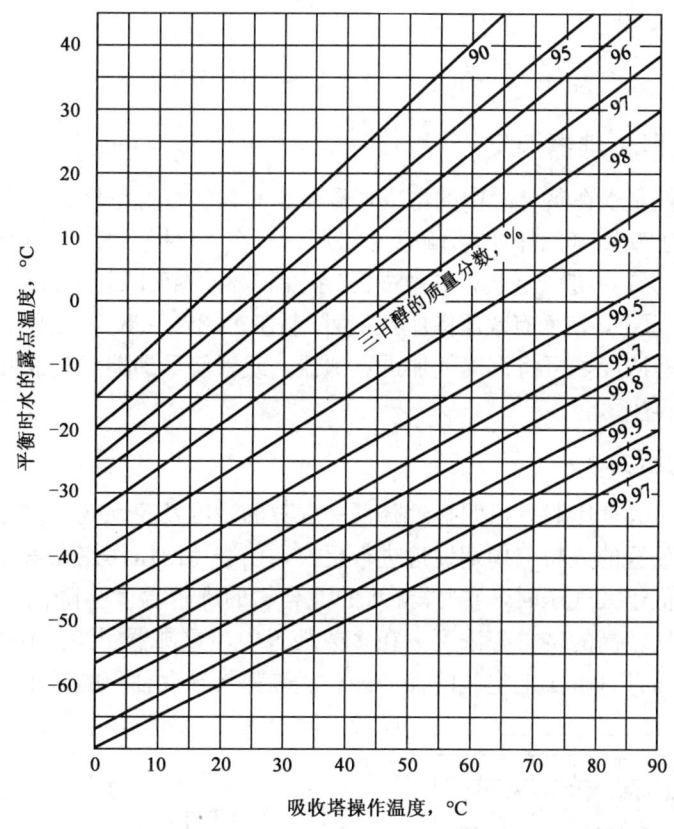

图 7-7 吸收塔温度、进塔 TEG 贫液质量分数和出塔干气平衡露点关系

上述所确定的贫三甘醇溶液浓度是当吸收塔顶和进塔贫三甘醇溶液充分接触达到平衡时,出塔干气达到平衡露点(即干气可能达到的最低露点)所必需的最低浓度。实际上,吸收塔顶气液两相的接触时间不足以达到平衡,出塔干气不能达到平衡水露点。出塔干气的真实水露点比平衡水露点高,即:

$$t_r = t_e + \Delta t \tag{7-1}$$

式中 t_r——出吸收塔干气真实水露点,℃;

t_e——出吸收塔干气的平衡水露点,℃;

Δt——偏差值,其大小取决于贫三甘醇溶液的循环量、塔径、塔结构等影响气、液两相接触时间的诸因素,一般可取 $\Delta t = 5 \sim 8$℃。

【例 7-1】 某三甘醇脱水装置夏季操作时吸收塔天然气进料压力为 549.2kPa（绝），温度为 35℃。要求吸收后干气露点达到 −3℃时进塔贫三甘醇溶液最低浓度为多少？

解： 已知 $t_r = -3℃$，取 $\Delta t = 8℃$，

$$t_e = t_r - \Delta t = -3 - 8 = -11(℃)$$

查图 7-7 得贫三甘醇溶液最低浓度为 98.2%（质量分数）。

【例 7-2】 某三甘醇脱水装置冬季操作时吸收塔天然气进料压力为 549.2kPa（绝），温度为 12℃。若采用浓度为 98.5% 的贫三甘醇溶液为吸收剂，吸收后干气露点可达多少？

解： 已知 $t_{进} = 12℃$，贫三甘醇溶液浓度为 98.5%，由图 7-7 可查得干气平衡露点 $t_e = -24℃$。若取 $\Delta t = 8℃$，则：

$$t_r = t_e + \Delta t = -24 + 8 = -16(℃)$$

（六）甘醇重（再）沸器温度

重沸器的温度可控制水在贫甘醇中的浓度，温度越高，贫甘醇浓度也越大。通常把三甘醇重沸器的温度限制为 204℃（三甘醇热分解温度 206℃）；在无汽提气时，这个温度可将最大的贫甘醇浓度限制到 98.7%。一般比较流行的做法是，把重沸器的温度限制在 177～199℃ 之间，这样可将甘醇的降解减至最小，从而有效地将甘醇浓度限制在 98.2%～98.5% 之间。

若需较高的贫甘醇浓度，可将汽提气加进重沸器，或者使重沸器和蒸馏柱在真空状态下工作，也可采用共沸再生。

（七）重沸器的压力

重沸器的压力高于大气压时，可明显地降低贫甘醇的浓度及脱水效率。蒸馏柱应适当地向外排放，其内部所放置的填料应周期性地进行更换，以避免回压作用在重沸器上。

在重沸器的压力低于大气压时，富甘醇/水的混合物的沸腾温度会降低；而在同样的重沸器温度下，可得到比较高的贫甘醇浓度。在多数装置中，重沸器很少工作在真空状态下，因为那样会增加复杂性，且事实上空气的任何一点泄漏都将导致甘醇的退化。此外，使用汽提气一般较便宜。因此，重沸器的压力一般接近于常压。

（八）汽提气

甘醇同汽提气的接触能降低离开重沸器的贫甘醇中水的浓度。在常温常压下，常使用被水蒸气饱和的湿气作为汽提气。

一般都希望贫甘醇浓度为 98.2%～98.5% 以上时才用汽提气，此时重沸器仍可维持在一般的温度下。对于现有的装置，若必须超过设计水平增加循环率，而重沸器又达不到希望的温度，则使用汽提气以取得希望的贫甘醇浓度常常是可取的。

当采用汽提法再生三甘醇溶液时，可用图 7-8 估算汽提气量。

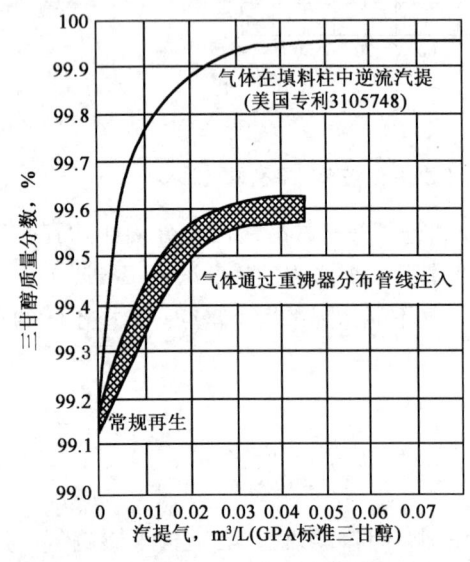

图 7-8 汽提气量对 TEG 质量分数的影响

(九) 甘醇比循环量

甘醇比循环量是指吸收单位质量水蒸气(通常是 1kg 水蒸气)所需的甘醇体积。当吸收塔的塔板数和贫甘醇浓度确定之后,饱和气的露点降就是甘醇比循环量的函数了。与气体接触的甘醇进入得越多,从气体中脱除的水蒸气也越多。但是,甘醇的浓度主要影响干气的露点,甘醇比循环量仅控制着总的被清除的水量。

三甘醇的比循环量一般为 12.5~33L/kg(三甘醇/水)。对于小型脱水装置,吸收塔内通常有 4~6 块塔板,三甘醇的比循环量一般为 20~30L/kg(三甘醇/水)。对于大型装置,吸收塔内通常有 8 块塔板,三甘醇的比循环量可减少至 16.7L/kg(三甘醇/水)。

循环率过大会使重沸器超载,且还会妨碍甘醇的再生。重沸器所需的热量同循环率成正比。因此,增加循环率就有可能减少重沸器的温度。贫甘醇浓度的减小,实际上降低了气体中被甘醇清除的水量。只有当重沸器温度保持恒定时,增加循环率才会降低气体的露点。故甘醇循环量不宜超过 33L/kg。

【**例 7-3**】 天然气甘醇脱水装置吸收塔进料量为 $15 \times 10^4 \text{m}^3/\text{d}$,进料天然气含饱和水,压力为 549kPa,温度为 35℃,要求脱水后干气露点为 -3℃。试求贫三甘醇溶液循环量。

解:已知 $Q = 15 \times 10^{-4} \text{m}^3/\text{d}$,由图 2-1 查得天然气的含水量。

$p = 549\text{kPa}$,$t = 35℃$ 时,$W_{H_2O} = 8.99\text{g/m}^3$;$t = -3℃$ 时,$W'_{H_2O} = 0.85\text{g/m}^3$。因此脱水量为:

$$G = Q(W_{H_2O} - W'_{H_2O})/1000 = 15 \times 10^4 (8.99 - 0.85) = 1221 \text{(kg/d)}$$

若取三甘醇的比循环量 $a = 25\text{L/kg}$(三甘醇/水),则三甘醇贫液循环量:

$$L = 25 \times 1221 = 30525 \text{(L/d)}$$

(十) 精馏柱顶温度

较高的精馏柱顶温度会增加甘醇的损失,精馏柱顶的温度可通过调节柱顶回流量使其保持在 99℃ 左右。精馏柱顶温度低于 93℃ 时。由于水蒸气冷凝量过多,会在柱内产生液泛,甚至将液体从塔顶吹出;精馏柱顶温度超过 104℃ 时,甘醇就可能显著地被蒸发而损失。借助于增加流经回流盘管的甘醇量,就可以降低蒸馏柱顶的温度,也可单独设置其他的冷回流设施。如果采用汽提法,精馏柱顶温度可降低至 88℃。为了能够手动或自动控制汽提蒸馏柱温度,一般在大多数回流盘管上都设有旁通。

在设计三甘醇脱水装置,甘醇脱水装置操作温度推荐值见表 7-2。

表 7-2 甘醇脱水装置操作温度推荐值

部 位	温度或温度范围,℃
进料气	27~38
甘醇溶液进吸收塔	高于气体 3~8
甘醇溶液进闪蒸分离器	38~93(宜选 65)
甘醇溶液进过滤器	38~93(宜选 65)
甘醇溶液进精馏柱	93~149(宜选 149)
精馏柱顶	99(有汽提时为 88)
重沸器	177~204(宜选 193)
三甘醇溶液进泵	<93(宜选 82)

五、TEG 吸收脱水主要设备的设计计算

(一) 吸收塔直径计算

吸收塔允许空塔气速度可按 Souders-Brown 公式计算：

$$v = C[(\rho_L - \rho_g)\rho_g]^{0.5} \tag{7-2}$$

式中　v——允许空塔气速度，m/s；
　　　C——系数，见表 7-3；
　　　ρ_L——TEG 的密度，kg/m^3；
　　　ρ_g——气体在操作状态的密度，kg/m^3。

表 7-3　公式 (7-2) 中的 C 值表

板间距，mm	C 值
450	0.0366
560	0.0457
600	0.0488

根据进气体积流量和空塔气速度就可以计算吸收塔直径了。

(二) 吸收塔塔板数的确定

三甘醇溶液脱水装置是典型的吸收—解吸过程，因此可以用标准的 Kremser-Brown 吸收因子方法。该法利用相平衡关系，并通过逐板作物料衡算导出如下 Kremser-Brown 方程：

$$E_a = \frac{y_{N+1} - y_1}{y_{N+1} - y_0} = \frac{A^{N+1} - A}{A^{N+1} - 1} \tag{7-3}$$

$$A = \frac{L}{VK} \tag{7-4}$$

$$K = y^0 \gamma \tag{7-5}$$

$$y_0 = K \cdot x_0 \tag{7-6}$$

式中　E_a——吸收量；
　　　y_{N+1}——进塔原料气中水的摩尔分数；
　　　y_1——出塔干气中水的摩尔分数；
　　　y_0——出塔干气与进塔贫 TEG 溶液处于平衡时干气中含水的摩尔分数，$y_0 < y_1$；
　　　K——水相平衡系数；
　　　γ——水的活度系数；可由图 7-9 查得。
　　　L——贫 TEG 循环量，kmol/h；
　　　V——气体处理量，kmol/h；
　　　N——吸收塔的理论板数；
　　　x_0——进塔贫 TEG 中水的摩尔分数。
　　　y^0——含饱和水汽的气相中水汽的摩尔分数，见第二章。

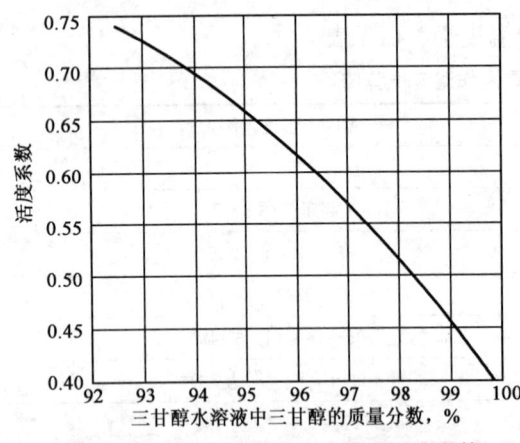

图 7-9　三甘醇—水溶液中水的活度系数

整个吸收塔系统，参数 y_{N+1}、y_1、V，操作压力 p 及接触温度 T 是确定的，贫甘醇浓度也为干气所要求的水露点所规定，因此，只需选出适宜的 L 和 N 值来满足 Kremser‑Brown 公式或 Kremser‑Brown 吸收因子图（图 7‑10）。

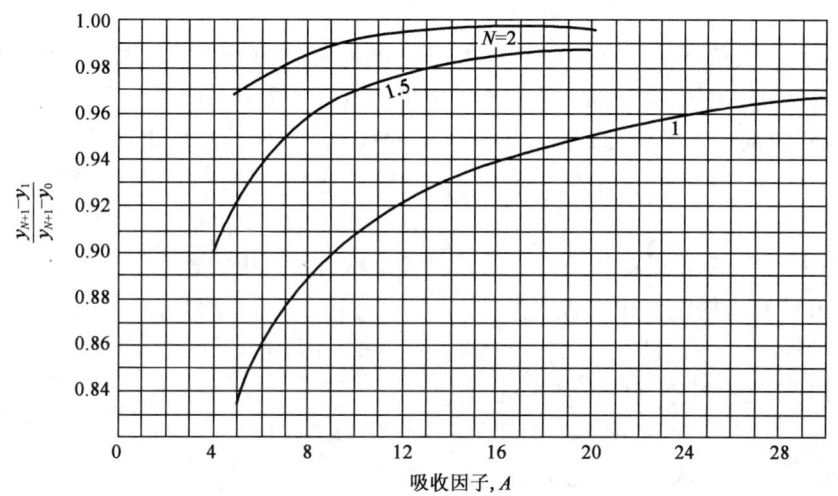

图 7‑10 Kremser‑Brown 吸收因子图

一般天然气中水含量常用单位体积气体内水的质量表示，如 $kg/10^6 m^3$（水/天然气）；甘醇溶液中水含量常用含水质量分数表示。计算中需要将其换算为摩尔分数。可用以下换算公式换算：

$$W = 749000y \tag{7-7}$$

式中　W——天然气中水含量，$kg/10^6 m^3$（水/天然气）；

y——水汽的摩尔分数。

Kremser‑Brown 方程式（7‑3）的左端为浓度的比值，因而与采用的浓度单位无关。为计算方便起见，可用单位体积气体中水的质量表示气体内水的浓度。方程式（7‑3）可改写为：

$$\frac{W_{N+1} - W_1}{W_{N+1} - W_0} = \frac{A^{N+1} - A}{A^{N+1} - 1} \tag{7-8}$$

$$W_0 = W^0 \gamma x_0 \tag{7-9}$$

$$K = 1.34 \times 10^{-6} W^0 \gamma \tag{7-10}$$

式中　W_{N+1}——进吸收塔湿原料气中含水量，$kg/10^6 m^3$（水/天然气）；

W_1——离开吸收塔干气中含水量，$kg/10^6 m^3$（水/天然气）；

W_0——离开吸收塔干气与进塔贫三甘醇溶液处于平衡状态时干气的含水量，$kg/10^6 m^3$（水/天然气）。

W^0——操作条件下与纯液相水呈平衡状态的饱和水含量，$kg/10^6 m^3$（水/天然气）；

x_0——与出塔干气平衡的贫三甘醇溶液中水的摩尔分数。

按方程式（7‑3）或方程式（7‑8）求得的是塔的理论板数，在三甘醇吸收塔的实际操作中，由于塔内气液两相接触时间有限，每块板上都不会达到平衡状态，所以实际需要的塔板数比理论板数多。实际板数 N_p 与理论板数 N 之间的关系为：

$$\eta = \frac{N}{N_p} \tag{7-11}$$

对于吸收塔，一般可取效率 η 为 25%～40%，故实际塔板数：

$$N_p = \frac{N}{\eta} \tag{7-12}$$

【例 7-4】 天然气三甘醇脱水工厂处理气量为 $15\times10^4 m^3/d$，含饱和水的原料气在 549kPa 和 35℃下进入吸收塔下部，用再生塔出来的贫三甘醇溶液（质量分数为 98.5% 的三甘醇溶液）为吸收剂进入塔顶部，吸收原料气中的水分。从吸收塔底出来的富水三甘醇溶液的质量分数为 94%，要求脱水后离开塔顶的干气露点达到 -3℃（夏季），求吸收塔所需塔板数。

解： 首先由图 2-1 查得操作条件下入塔湿气及出塔干气中的含水量分别为：

549kPa 和 35℃入塔湿气中的含水量：

$$W_{N+1} = 8.99 g/m^3 = 8990 kg/10^6 m^3$$

549kPa 和 -3℃出塔干气中的含水量：

$$W_1 = 0.85 g/m^3 = 850 kg/10^6 m^3$$

据方程式（7-9），求平衡状态时干气的含水量 W_0，则有：

$$W_0 = W^0 \gamma x_0$$

其中

$$x_0 = \frac{1.5/18}{98.5/150 + 1.5/18} = 0.1127$$

查图 7-9 得 $\gamma = 0.488$。

W^0 即为 W_{N+1}，$W^0 = 8990 kg/10^6 m^3$（水/天然气）

$W_0 = W^0 \gamma x_0 = 8990 \times 0.488 \times 0.1127 = 494.4284$（$kg/10^6 m^3$）（水/天然气）

将 W_{N+1}、W_1、W_0 代入方程式（7-8）左侧，有：

$$\frac{W_{N+1} - W_1}{W_{N+1} - W_0} = \frac{8990 - 850}{8990 - 494.4284} = 0.9581$$

即：

$$\frac{A^{N+1} - A}{A^{N+1} - 1} = 0.9581$$

上式变形后得：

$$0.0419 A^{N+1} = A - 0.9581$$

式中

$$A = \frac{L}{KV}$$

按方程式（7-10）计算 K。

$$K = 1.34 \times 10^{-6} W^0 \gamma = 1.34 \times 10^{-6} \times 8990 \times 0.488 = 0.0058$$

$\frac{L}{V}$ 可由全塔水的物料平衡求出，即：

$$V(y_{N+1} - y_1) = L(X_N - X_0)$$

$$\frac{L}{V} = \frac{y_{N+1} - y_1}{X_N - X_0}$$

根据方程式（7-7）有：

$$y = \frac{W}{749000} = 1.335 \times 10^{-6} W$$

则入塔湿气中的含水量（摩尔分数）：
$$y_{N+1} = 1.335 \times 10^{-6} \times 8990$$

出塔干气中的含水量（摩尔分数）：
$$y_1 = 1.335 \times 10^{-6} \times 850$$

根据贫富液中的含水量（质量分数），求 X_N 和 X_0。

$$6\% = \frac{X_N}{8.3333 - 7.3333 X_N}, \quad X_N = 0.3472$$

$$1.5\% = \frac{X_0}{8.3333 - 7.3333 X_0}, \quad X_0 = 0.1127$$

将 y_{N+1}、y_1、X_N 和 X_0 数值代入，可得：

$$\frac{L}{V} = \frac{y_{N+1} - y_1}{X_N - X_0} = \frac{1.335 \times 10^{-6} \times (8990 - 850)}{0.3472 - 0.1127} = 0.0463$$

求得吸收因子 A：

$$A = \frac{L}{KV} = \frac{0.0463}{0.0058} = 7.98$$

则：

$$0.0419 A^{N+1} = 7.98 - 0.9581 = 7.0219$$

$$A^{N+1} = 167.587$$

$$N + 1 = \frac{\lg 167.587}{\lg 7.98} = \frac{2.22}{0.902} = 2.461$$

$$N = 1.461$$

若取板效率为 25%，则：

$$N_p = \frac{1.461}{0.25} \approx 6 (块)$$

（三）闪蒸分离器

闪蒸分离器的尺寸可以根据停留时间来确定，即：

$$V = \frac{q_L t}{60} \tag{7-13}$$

$$q_L = L_G q_w \tag{7-14}$$

式中　V——闪蒸分离器中要求沉降容积，m^3；

　　　q_L——甘醇溶液循环量，m^3/h；

　　　t——停留时间，min，两相分离器为 5～10min，三相分离器为 20～30min；

　　　L_G——每吸收 1kg 水所需甘醇溶液量，m^3/kg（甘醇/水）；

　　　q_w——吸收塔的脱水量，kg/h。

（四）再生塔

精馏柱的直径：

$$D = 247.7 \sqrt{q_L} \tag{7-15}$$

式中　D——精馏柱直径，mm。

(五) 重沸器

1. 重沸器热负荷

重沸器热负荷可根据脱水量由下式经验公式估算：

$$Q_R = 2171 + 274.88 L_G \tag{7-16}$$

式中 Q_R——脱出1kg水所需的重沸器热负荷，kJ/kg（热负荷/水）；

L_G——甘醇循环量，L/kg（甘醇/水）。

式（7-16）未考虑汽提气的影响和火管重沸器的热效率。

2. 重沸器的尺寸

SY/T 0077—2008规定：采用三甘醇脱水时，重沸器火管表面平均热通量的正常范围是 $18 \sim 25 kW/m^2$，最高不超过 $31 kW/m^2$。

3. 汽提气用量

汽提气用量可查图7-7。

六、甘醇质量对脱水效果的影响

在甘醇脱水装置操作中经常发生甘醇损失过大和设备腐蚀的现象。进料气中含有液体和固体杂质、甘醇操作中氧化或降解变质、甘醇泵泄露和设备尺寸设计不周等，都可能是甘醇损失过大和设备腐蚀的原因。

（一）污染甘醇的原因和解决措施

1. 氧气窜入系统

（1）原因：甘醇脱水系统中含有氧气时会使甘醇氧化变质，生成腐蚀性有机酸，故应严防氧气窜入系统。甘醇储罐没有采用惰性气体密封、甘醇泵泄漏以及进料气中可能含氧都会使氧气进入系统。

（2）解决措施：甘醇储罐的上部空间应该采用微正压的干气或氮气密封；当甘醇泵出现泄漏时，应该及时检修，杜绝泄露。有时，也可向脱水系统中注入抗氧化剂（例如乙醇胺），其量为 $1 \sim 2g/L$（抗氧化剂甘醇）。

2. 降解

（1）原因：富甘醇在再生时如果温度过高会降解（热降解）变质。

（2）解决措施：重沸器温度应低于204℃，火管传热表面的热流密度则应小于 $25 kW/m^2$。同时，还应定期对火管传热表面由于油污和盐类沉积引起的热斑进行检查并及时清扫。

3. pH值降低

（1）原因：当酸性天然气脱水时，用来脱水的甘醇就会呈现酸性（pH值降低）并具有严重的腐蚀性。

（2）解决措施：甘醇热降解或氧化变质（氧化降解），以及硫化氢、二氧化碳溶解在甘醇中反应所生成的腐蚀性酸性化合物，可通过加入硼砂、三乙醇胺等碱性化合物来中和。但是，这些碱性化合物加入量过多就会析出沉淀，产生淤渣，故加入速度要慢，加入量要少，例如，胺的加入量为 $0.30 kg/m^3$（胺/甘醇）。当用碱性化合物对甘醇溶液进行中和时，甘醇过滤器需要经常切换，以除去过滤器中积累的淤渣。此外，在操作中还要定期检测甘醇的 pH 值，最佳 pH 值 7.0~8.5，当 pH 值大于 9 时，甘醇也容易起泡和乳化。

4. 盐污染

(1) 原因：盐分沉积在重沸器火管表面可以产生热斑并使火管烧穿。

(2) 解决措施：当甘醇中盐含量大于 0.0025%（质量分数）时，应将甘醇排放掉并对装置进行清扫。为了从甘醇中除去盐分，还可以建废甘醇复活设施或离子交换树脂床层，生成的水应先经过一个过滤分离器分出，以防止其进入吸收塔内。

5. 液烃

(1) 原因：液烃可能是由进料气携带过来的，也可能是由于贫甘醇进塔温度比出塔干气低，气体中重烃冷凝析出的，或可能是由甘醇吸收下来的。液烃如随富甘醇进入再生系统，将会在精馏柱内向下流入重沸器内并迅速汽化，造成大量甘醇被气体从柱顶带出。

(2) 解决措施：可采用进口气涤器、保持贫甘醇进塔温度比出塔干气高 6℃、合理设计三相闪蒸器的尺寸以及采用活性炭过滤器等措施，使液烃对甘醇的污染减少至最低程度。

在寒冷地区，为防止因吸收塔壁散热损失过大引起进料气在塔内冷凝，应将吸收塔保温或设置在室内。

6. 淤渣

(1) 原因：进料气所携带的尘土、泥沙、管道污垢、储集层岩石细屑、硫化铁和氧化铁等腐蚀产物，如未经过进口气涤器脱除，就会进入吸收塔内的甘醇中。这些固体杂质与焦油状烃类合在一起，最后会沉淀出来并形成具有磨损性的黑色黏稠状物。它们不仅会使甘醇泵和其他设备受到侵蚀，引起吸收塔塔板及精馏柱的填料堵塞，还会沉积在重沸器火管传热表面产生热斑。

(2) 解决措施：不论是富甘醇还是贫甘醇，都要进行过滤，以使其中的固体杂质含量小于 0.01%（质量分数）。

7. 起泡

(1) 原因：甘醇起泡有物理上的原因和化学上的原因。吸收塔内气体流速过高是甘醇起泡的物理原因，甘醇被固体杂质、盐分、缓蚀剂和液烃污染则是其起泡的化学原因。

(2) 解决措施：天然气进入吸收塔之前，先在入口气涤器中脱除液体和固体杂质，将甘醇进行过滤，提高气体和贫甘醇进塔温度，使其高于气体中重烃的露点，都是防止甘醇起泡的重要措施，此外，也可注入消泡剂防止甘醇起泡。目前可用作消泡剂的物质很多，必须通过实验确定其效果和用量。常用的消泡剂有含硅的破乳剂、大分子醇类及乙烯和丙烯的嵌段聚合物等。注入消防泡剂虽可防止甘醇起泡，但最好的方法还是采取措施，排除起泡的原因。

含硅的破乳剂价格较高，在重沸器中还会发生分解，反而加速甘醇起泡。因此，应确保将其用量控制在有效范围内。

（二）甘醇质量的最佳值

甘醇脱水装置在操作中的最佳值见表 7-4。

正常操作期间，甘醇脱水装置的三甘醇损失量一般不大于 15mg/m³（三甘醇/天然气），二甘醇损失量一般不大于 22mg/m³（二甘醇/天然气）。

表 7-4 甘醇质量的最佳值

参　数	富甘醇	贫甘醇
pH 值①	7.0~8.5	7.0~8.5
氧化物，mg/L	<600	<600
烃类②,%（质量分数）	<0.3	<0.3
铁离子②,mg/L	<15	<15
水③,%（质量分数）	3.5~7.5	<1.5
固体悬浮物，mg/L	<200	<200
起泡倾向	泡沫高度 10~20mL，破沫时间 5s	
颜色及外观	洁净，淡色到浅黄色	

① 富甘醇由于有酸性气体溶解，故其 pH 值较低。
② 由于过滤器过滤效果不同，贫甘醇、富甘醇中烃类、铁离子及固体悬浮物的数量可能有所差别。
③ 贫甘醇、富甘醇水含量相差应在 2%~6%。

第三节　固体吸附法脱水

一、吸附操作原理

吸附是指气体或液体与多孔的固体颗粒表面接触，气体或液体与固体表面分子间相互作用而停留在固体表面上，使气体或液体分子在固体表面上浓度增大的现象。被吸附的气体或液体称为吸附质，吸附气体或液体的固体称为吸附剂。

吸附作用有两种情况：一是固体和气体间的相互作用并不是很强，类似于凝缩，引起这种吸附所涉及的力同引起凝缩作用的范德华分子凝聚力相同，称为物理吸附；另一种是化学吸附，这一类吸附需要活化能。物理吸附是一可逆过程；而化学吸附是不可逆的，被吸附的气体往往需要在很高的温度下才能逐出，且所释出的气体往往已发生化学变化。

目前用于天然气脱水的多为固定床物理吸附。多组分气体混合物，如含水的天然气通过吸附剂床层时，固体吸附剂对气体中各组分吸附力的强弱，气体中可被吸附的化合物按不同比例被吸附，出现一连串的吸附传质段。当原料气由上向下流动时，各吸附质均被其吸附传质段前边线以上的吸附剂吸附。随着吸附过程的进行，各组分的吸附传质段沿床层向下移动。当某一组分的吸附传质前边线达到床层出口时，流出床层的气体中该组分浓度开始迅速上升，这点称为该组分在此条件下的转效点。如果吸附过程继续进行，到某一时刻该组分的吸附传质段后边线达到床层出口，此时吸附层不再吸附该组分，因此该组分在出床层气体中的浓度和进入吸附床气体中的浓度相等。若吸附过程仍继续进行，已吸附在床层中的该组分将被其后面的有较强吸附能力的组分所置换。经过一定时间，则此组分最终将被全部逐出床层。

用吸附剂除去气体混合物的杂质，一般都使吸附剂再生循环使用。升温脱吸是工业上常用的再生方法。这是基于所有干燥剂的湿容量都随温度上升而降低这一特点来实现的。通常采用一种经过预热的解吸气体来加热床层，使被吸附物质的分子脱吸，然后再用载气将它们带出吸附器，这样就可使吸附剂再生。吸附剂再生所需的热量由载气带入吸附床，一般吸附剂的再生温度为 175~260℃。

二、吸附剂

天然气脱水过程使用的吸附剂主要有活性氧化铝、硅胶、分子筛等，其物理特性见表7-5。

表7-5 常用吸附剂的主要物理特性

物理性质 类型	硅胶				活性氧化铝		分子筛
	青岛细孔	0.3型	R型	H型	H-151型	F-1型	
表面积，m^2/g	700	750～830	550～650	740～770	350	210	700～900
孔体积，cm^3/g		0.43～0.45	0.31～0.34	0.50～0.54			0.27
孔直径，Å	20～30	21～23	21～23	27～28			4～5
平均孔隙度，%		50～65			65	51	55～60
真密度，g/L		2.1～2.2			3.1～3.3	3.3	/
堆积密度，g/L	>670	720	780	720	830～880	800～880	660～690
假密度，g/L	1.0	1.2				1.6	1.1
比热容 $J/(g·℃)$		0.921	1.047	1.047		1.005	0.837～1.047
导热系数 $kJ/(m^2·h·℃)$		0.519		0.510(38℃) 0.754(94℃)			2.135(已脱水)
再生温度，℃		120～230	150～230		180～450	180～310	150～310
水含量（再生后），%		4.5～7			6.0	6.5	变化
静态吸附容量（相对湿度60%）%（质量分数）		35	33.3		22～25	14～16	22
颗粒形状	粒状	粒状	球状	球状	球状	颗粒	圆柱状

（一）活性氧化铝

活性氧化铝的主要组分是部分水化的、多孔和无定型的氧化铝，并含有其他金属化合物，其典型组成见表7-6。

表7-6 典型活性氧化铝组成

组成，% 商品牌号	Al_2O_3	Na_2O	SiO_2	Fe_2O_3	灼烧损失
F-1	92	0.90	<0.10	0.08	6.5
H-151	90	1.40	1.1	0.1	6.0
KA-201	93.6	0.30	0.02	0.02	6.0

（二）硅胶

工业上使用的硅胶多为颗粒状，分子式为 $SiO_2·nH_2O$。它具有较大的孔隙率。

一般工业硅胶中残余水量约6%，在一般再生温度下不能脱除，需灼烧至954℃才能除去。孔隙分成细孔和粗孔两种。硅胶吸附水蒸气的性能好，且具有较高的化学稳定性和热稳定性。但硅胶与液态水接触时易炸裂。硅胶的化学组成（干基）见表7-7。

表 7-7 硅胶化学组成（干基）

组成	SiO_2	Fe_2O_3	Al_2O_3	TiO_2	Na_2O	CaO	ZrO_2	其他
含量,%	99.71	0.03	0.10	0.09	0.02	0.01	0.01	0.03

（三）分子筛

分子筛是一种人工合成的无机吸附剂，是具有骨架结构的碱金属或碱土金属的硅铝酸盐晶体，其分子式如下：

$$Me_{x/n}[(AlO_2)_x(SiO)_y] \cdot mH_2O$$

式中 Me——某些碱金属或碱土金属离子，如 Na^+、K^+、Ca^{2+} 等；

n——Me 的价数；

x，y——化学式的原子配平数；

m——水的分子数。

分子筛通常分为 X 型和 A 型两类。它们的吸附机理是相同的，区别在于晶体结构的内部特征。A 型分子筛具有与沸石构造类似的结构物质，所有吸附均发生在晶体内部孔腔内；X 型分子筛能吸附所有能被 A 型分子筛吸附的分子，并且具有稍高的容量。13X 型分子筛能吸附像芳香烃这样的大分子。

分子筛表面具有较强的局部电荷，因而对极性分子和不饱和分子有很高的亲和力。水是强极性分子，分子直径为 2.7~3.1Å，比通常使用的分子筛孔径小，所以分子筛是干燥气体和液体的优良吸附剂。常用的分子筛特性见表 7-8。

表 7-8 各种分子筛性能表

型号	孔直径 Å	吸附质分子	排除的分子	应用范围
4A	4	直径小于 4Å 的分子，包括 3Å 分子筛能吸附的分子及乙醇、H_2S、CO_2、SO_2、C_2H_4、C_2H_6 及 C_3H_6	直径大于 4Å 的分子，如丙烷等	饱和烃脱水，冷冻系统干燥剂
5A	5	直径小于 5Å 的分子，包括以上各分子及 nC_4H_9OH、nC_4H_{10}、C_3H_8 至 $C_{22}H_{46}$	直径大于 5Å 的分子，如异构化合物及 4 碳环化合物	从支链烃及环烷烃中分离正构烷、脱水
10X	8	直径小于 8Å 的分子包括以上各分子及异构烷烃、烯烃及苯	二正丁基胺及更大分子	芳香烃分离
13X	10	直径小于 10Å 的分子包括以上各分子及二正丙基胺	$(C_4H_9)_3N$ 及更大分子	同时脱水、CO_2、H_2S 及硫醇

在脱水过程中，分子筛作为吸附剂的显著优点是：

（1）具有很好的选择吸附性。分子筛能按照物质的分子大小进行选择吸附。一定型号的分子筛孔径大小一样，只有比分子筛孔径小的分子才能被分子筛吸附，大于孔径的分子就被"筛去"。经分子筛干燥后的气体，含水量可达到 0.1~10mg/L，可以将天然气干燥至很低的露点。

（2）具有高效吸附特性。分子筛在低水汽分压、高温、高气体线速度等苛刻的条件下仍然保持较高的湿容量，因而分子筛适用于天然气深度脱水。

（3）高温脱水性能。在较高温度下，只有分子筛才是有效的脱水剂。

(四)吸附剂的选用

吸附法脱水时,应根据工艺要求进行技术经济比较,选择合适的吸附剂。

(1) 分子筛脱水宜用于要求深度脱水的场合(10^{-6}以下),分子筛宜采用 4A 型或 5A 型。

(2) 当天然气露点要求不很低时,可采用氧化铝或硅胶脱水。氧化铝不宜处理酸性天然气。

(3) 低压气脱水,宜用硅胶(或氧化铝)与分子筛双层联合脱水。

三、吸附法脱水

(一)吸附法脱水工艺流程

天然气脱水的吸附设备多采用固定床吸附塔。为了保证干气的连续生产必须循环操作,要用许多个并联的吸附床。床的数量和安排形式,从两个交替的吸附塔到多个塔不等。在每个塔内,三种不同的功能或循环必须交替起作用。这三个循环是:吸附或干燥气循环、加热或再生循环以及冷却循环。

图 7-11 为典型的双塔干燥剂脱水装置的流程图。任何固体干燥剂脱水系统的基本组成是:

(1) 入口气体分离器。
(2) 填充以固体吸附剂的两个或多个吸附器(塔)。
(3) 提供热再生气使塔内吸附剂再生的加热炉。
(4) 将热再生气中的水冷凝的再生气冷却器。
(5) 清除再生气中冷凝水的再生气分离器。
(6) 按照工艺过程的要求直接控制气流的管道、切换阀及控制器等。

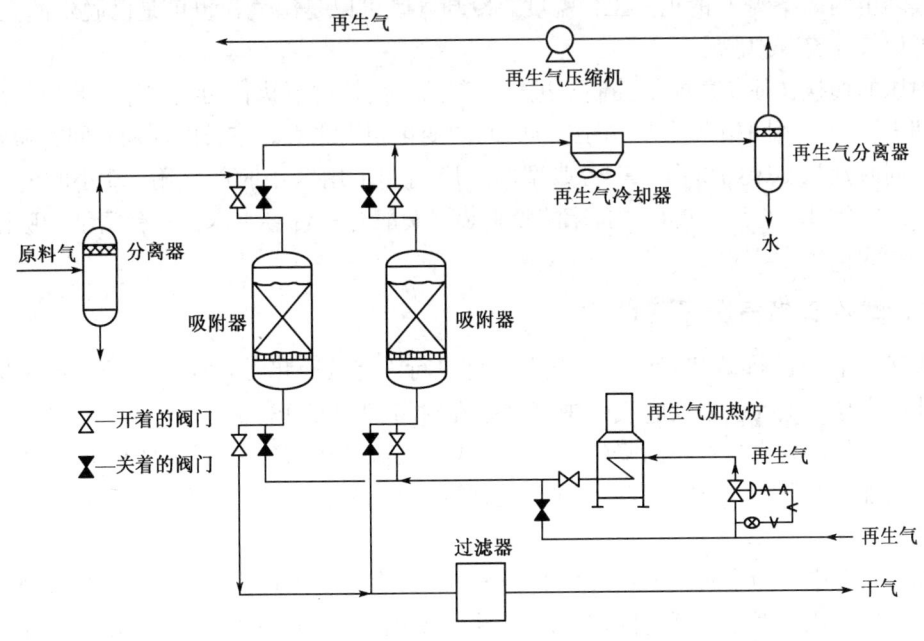

图 7-11 双塔干燥剂脱水装置流程图

在吸附周期中，湿的入口气要首先进入入口的分离器，并在分离器内清除掉自由液体、夹带的湿气和固体颗粒。分离器是一个重要的部分，因为自由液体可以损坏或破坏吸附剂床层，固体甚至可能堵塞床层。若吸附装置位于胺装置、甘醇装置或压缩机的下游，最好先安装一台过滤器。

然后，入口湿气自上而下流经吸附塔。水分子在床层的顶层首先被吸收。干的烃类气体是在穿过床层时被吸收的。当吸附剂的较上层部位由水饱和时，湿气流中的水就开始置换在较低床层原来吸附的烃类。液体烃类也被吸收一些，并充满同样条件下本应接受水分子的孔隙之中。

对于入口气流中的各种组分来说，在干燥床中会有一段床层厚度，在该层的顶部吸附剂已被某种组分饱和，而在床层底部的吸附剂则刚吸附那种组分。从饱和到开始吸附的这层厚度称作传质区。实际上，传质区只不过是一段层位，在那里，某种组分正从气流至干燥剂的表面传输其质量。

由于气流的连续流动，传质区不断向下移动，同时水汽将先前吸附的气体置换掉，并直至床最终全部由水饱和为止。若整个干燥剂床都由水蒸气所饱和，则出口气就和入口的湿气一样了。显然，在吸附床完全由水饱和之前，必须将塔加以切换使其从吸附周期转换到再生周期（加热和冷却）。

在任何给定的时间内，当其他的塔将处在被加热或冷却以再生吸附剂过程时，至少有一座塔要进入吸附状态。当一座塔切换至再生周期时，加热器中的湿气被加热，且被引入塔内来清除先前吸附的水分。当塔内的温度升高时，捕集在吸附剂孔隙内的水分会转变成蒸汽，并由天然气所吸收。这种气体离开塔顶后被冷却器所冷却。当气体被冷却时，水蒸气的饱和程度明显降低了，水被冷凝。冷凝水在再生气分离器中被分离，而冷的饱和再生气再次进行循环，以脱除水分。在较再生塔为低的压力下操作脱水塔或压缩再生气，有利于完成脱水过程。

用这种方法对床进行了脱附后，在把床再次投入脱水工作之前，需要采用冷气流通过塔，将其降至约 38~48℃ 的正常工作温度。冷却气既可以是湿气，也可是已脱水的天然气，热塔不能使气体充分地脱水。

吸附床的切换往往是由时间控制器进行控制的，而控制器执行切换工作又是依照规定的时间周期进行的。不同相（过程）的连续时间的变化相当之大。较长的周期时间将需要较厚的床，但同时延长了床的寿命。一台典型的 2 床周期采用 8 小时的吸附、6 小时的加热再生、2 小时的冷却。通常，具有 3 台床的吸附装置一般有一台再生床，一台清洁的吸附床和 1 台处于中间吸附周期的床。

（二）酸性天然气分子筛脱水

当天然气中含有 H_2S 和 CO_2 时，用分子筛进行天然气净化时，H_2S 和 CO_2 会反应生成 COS。此反应是可逆反应，反应气体中有水存在时可抑制 COS 的生成反应。但是，在吸附过程中，天然气的含水量在不断降低，因而促成了 COS 的生成。分子筛是 COS 生成反应的催化剂，会加速 COS 的生成。目前，国外已研制对 COS 生成反应几乎没有催化作用的分子筛，例如 Cosmin105A。

在图 7-12 中，为了防止加热过程中干燥器的再生气中出现 COS 和 H_2S 的峰值，脱水装置再生系统采用了两个并联的固定床反应器。每个固定床顶部装有 COS 水解催化剂，下部则是 H_2S 吸附剂。

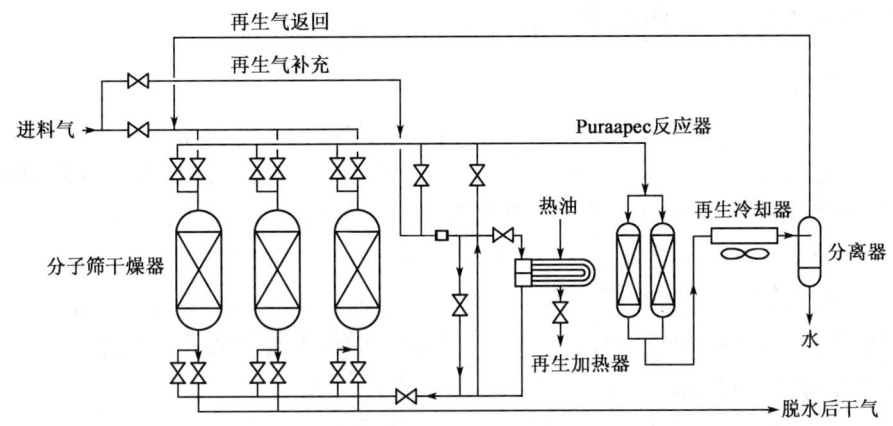

图 7-12 酸性天然气分子筛脱水工艺流程示意图

酸性天然气分子筛脱水工艺特点是：

(1) 流程简单，性能可靠，且对环境无污染；

(2) 由于本装置处理含硫天然气，再生气为含硫天然气，无法用作其他用途，装置利用系统本身的压力能采用高压再生，再生气返回原料天然气进行脱水；

(3) 装置再生温度控制在 260℃左右，可有效控制装置的 COS 产生。

(三) 吸附法脱水工艺参数

吸附法脱水工艺主要由吸附操作和再生操作组成，操作参数应按照原料组成、气体露点要求、吸附工艺特点等予以确定。

1. 操作温度

为了使吸附剂能保持高湿容量，除分子筛外，其他各种吸附剂操作温度不宜超过 38℃，最高不超过 50℃，否则应考虑使用分子筛作为吸附剂。

2. 操作压力

压力对干燥剂湿容量影响甚微，因此，吸附操作压力可由轻烃回收工艺系统压力决定。

3. 吸附剂使用寿命

吸附剂使用寿命决定于原料气性质和操作情况，一般为 1~3 年。

4. 操作周期

在装置处理量、进口气湿含量和出口干气露点确定后，周期时间主要决定于吸附剂的填装量和湿容量。确定吸附脱水操作周期应考虑保证吸附塔有足够的再生和冷却时间。

5. 分子筛吸附水容量

表 7-4 所列的吸附容量都是在指定条件下的，是静态吸附容量（湿饱和容量）。动态吸附容量参考下列数据：

活性氧化铝　　　　　　　　　　　　4~7kg/100kg（水/吸附剂）
硅胶　　　　　　　　　　　　　　　7~9kg/100kg（水/吸附剂）
分子筛　　　　　　　　　　　　　　9~12kg/100kg（水/吸附剂）

许多资料表明，再生 200 次后动态吸附容量降低 30%，动态吸附容量测定方法见 GB 8770—1988。

(四) 分子筛吸附器的设计计算

1. 吸附周期的确定

吸附周期的确定与天然气的处理量和吸附器的数量有关，一般都是采用短周期 8 小时，两个吸附器（塔），优点是装填分子筛量少，投资省，塔减少；采用 24 小时周期的两塔操作，比采用 8 小时周期操作的三塔（一个吸附，一个加热，一个冷却）分子筛装填量多一倍，但每天只再生一次，能耗要比 8 小时周期的少。再生次数少，对分子筛寿命有利，并且减少了切换操作次数。如果分子筛质量不过硬，要想缩短操作周期时间来弥补，8 小时周期的回旋余地不大，所以应进行全面的技术经济分析来确定吸附周期。

2. 吸附器直径的计算

1) 空塔流速

采用雷督克斯的半经验公式计算空塔流速：

$$G = \sqrt{C\rho_b\rho_g D_p} \tag{7-17}$$

$$v = \frac{G}{\rho_g} \tag{7-18}$$

式中 G——允许的气体质量流速，$kg/(m^2 \cdot s)$；
C——系数，$C=0.25\sim0.32$；
ρ_b——分子筛的堆密度，kg/m^3；
ρ_g——气体在操作条件下的密度，kg/m^3；
D_p——分子筛的平均直径（球形）或当量直径（条形），m；
v——气体空塔流速，m/s。

2) 吸附器直径

$$D = \sqrt{\frac{Q}{0.785v}} \tag{7-19}$$

式中 D——吸附器直径，m；
Q——天然气处理量，m^3/s；
v——气体空塔流速，m/s。

3. 吸附剂用量的计算

$$m = 1.3\frac{w_H \tau}{X_s \rho_b} \tag{7-20}$$

式中 m——吸附剂用量，m^3；
w_H——每小时脱出的水量，kg/h；
τ——吸附周期，h；
x_s——吸附剂动态饱和吸附量，kg/kg（水/吸附剂）；
ρ_b——分子筛的堆密度，kg/m^3。

4. 吸附传质区长度

$$h_Z = 1.41A\frac{q^{0.7895}}{v_g^{0.5506}\varphi^{0.2646}} \tag{7-21}$$

式中 h_Z——吸附传质区长度，m；
　　 A——系数，分子筛为 0.6；
　　 q——床层截面积的水负荷，kg/(m² · h)；
　　 v_g——空塔线速，m/min；
　　 φ——进吸附器气体相对湿度，%。

5. 转效点计算

$$\theta_B = \frac{0.01 x \rho_b h_T}{q} \quad (7-22)$$

式中 θ_B——到达转效点时间，h；
　　 x——选用的分子筛有效吸附容量，%；
　　 h_T——整个床层长度，m。

6. 气体通过床层的压力降

$$\frac{\Delta p}{L} = B \mu v_g + C \rho_g v_g^2 \quad (7-23)$$

式中 Δp——压降，kPa；
　　 L——床层高度，m；
　　 μ——气体黏度，mPa · s；
　　 v_g——气体流速，m/min；
　　 ρ_g——气体操作状态密度，kg/m³；
　　 B, C——系数，见表 7-9。

表 7-9　公式 (7-23) 中的 B, C 系数

分子筛	B	C
3.2mm 球形	4.155	0.00135
3.2mm 圆柱条形	5.357	0.00188
1.6mm 球形	11.278	0.00207
1.6mm 圆柱条形	17.660	0.00319

一般一个吸附床层的压降 Δp 不大于 55kPa。

吸附器吸附水，吸附热使床层温度升高，根据实践经验，床层温升为 3~6℃。

7. 再生气用量的计算

再生气加热后，流经分子筛床层加热，将吸附的水脱附。再生气进吸附器温度一般为 260℃左右。当再生气出吸附器温度升到 180~200℃并恒温约 2 小时后，可认为再生完毕。

再生操作压力通常与吸附操作压力相同，偶尔采用较低压力再生以提高被吸附分子的脱附能力。再生过程的温度变化曲线如图 7-13 所示。吸附剂的再生过程可划分为 A、B、C、D 四个阶段，在 A 阶段，烃类全部被脱附，水的脱附集中在阶段 B，阶段 C 主要清除重烃等不易脱附的物质，增加再生后吸附剂的湿容量，阶段 D 则冷却床层至吸附温度。$t_2 \approx$ 110℃，$t_3 \approx 127℃$，$t_B \approx 116℃$，$t_4 \approx 175~260℃$。再生气体温度和流量控制了每一阶段的时间。

1) 再生加热所需的热量

$$Q = 1.1(Q_1 + Q_2 + Q_3 + Q_4) \quad (7-24)$$

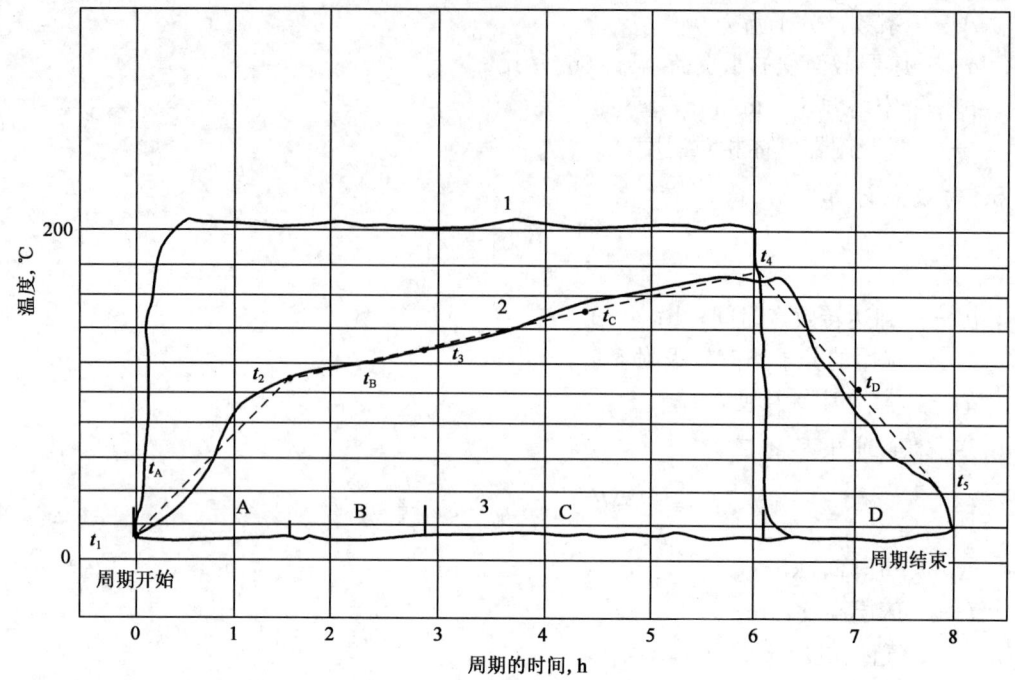

图 7-13 再生过程的温度变化曲线

式中 Q_1——加热分子筛的热量，kJ；
Q_2——加热吸附器本身（钢材）的热量，kJ；
Q_3——脱附吸附水的热量，kJ；
Q_4——加热铺垫的瓷球的热量，kJ。

式中的 1.1 为考虑 10% 的热损失。

设吸附后床层温度是 t_1，热再生气进出口平均温度为 t_2，则

$$Q_1 = m_1 c_{p1}(t_2 - t_1) \tag{7-25}$$

$$Q_2 = m_2 c_{p2}(t_2 - t_1) \tag{7-26}$$

$$Q_3 = m_3 \times 4186.8 \tag{7-27}$$

$$Q_4 = m_4 c_{p4}(t_2 - t_1) \tag{7-28}$$

式中 m_1——分子筛的质量 kg；
m_2——吸附器筒体及附体等钢材的质量 kg；
m_3——吸附水的质量 kg；
m_4——铺垫的瓷球的质量 kg；
c_{p1}——分子筛的比定压热容，kJ/(kg·℃)；
c_{p2}——吸附器筒体及附体等钢材的比定压热容，kJ/(kg·℃)；
c_{p4}——瓷球的比定压热容，kJ/(kg·℃)。

式中的 4186.8kJ/kg 是水的脱附热。

2) 再生气用量

$$G = \frac{1.1Q}{c_p \Delta t} \tag{7-29}$$

$$\Delta t = t_3 - \frac{1}{2}(t'_2 + t_1) \qquad (7-30)$$

式中 G——再生气用量，kg；

Q——再生加热所需的热量，kJ；

c_p——再生气用比定压热容，kJ/(kg·℃)；

Δt——再生气平均温降，℃；

t'_2——再生加热结束时气体出口温度，℃；

t_3——再生气进吸附器时的温度，℃。

3) 冷却吸附器计算

加热后，床层温度很高，需通入冷的干气冷却，必须冷却到原来吸附开始时的温度，此值应比吸附正常进行时的床层温度低 3～6℃（即减去吸附热使床层温度升高的温度）。设此值为 t'_1。

冷却吸附塔需移去的热量 Q'：

$$Q' = Q_1 + Q_2 + Q_4 \qquad (7-31)$$

吸附器由加热的平均温度 t_2 冷却到 t'_1，平均温度：

$$t_m = \frac{1}{2}(t_2 + t_1)$$

冷却时，干气不经过加热炉。设冷却气初温是 t_a，则总共需冷却气量：

$$G' = \frac{Q'}{c_p(t_m - t_a)} \qquad (7-32)$$

4) 加热炉热负荷

一般再生气出加热炉的温度比 t_3 高 10～15℃，加热炉热负荷 Q'' 为：

$$Q'' = G'' c_{pm} [(t_3 + 15) - t_a] \qquad (7-33)$$

式中 G''——再生加热气量，kg/h；

c_{pm}——平均比热容，kJ/(kg·℃)；

t_a——再生气进加热炉温度，℃。

（五）干燥器工艺计算步骤

当吸附周期、干燥器的数量和结构以及吸附类型确定后，可由上述有关公式按以下步骤进行干燥器工艺计算：

（1）根据进料湿气的流量及含水量，计算每个吸附周期吸附的总水量。

（2）当有数台干燥器并联进行脱水操作时，应将吸附的总水量除以并联的台数，求出每台干燥器每个吸附周期吸附的水量。

（3）确定吸附剂的吸附剂动态饱和吸附量 x_s。

（4）将每台干燥器每个吸附周期吸附的水量除以有效湿含量 x_s，求出每台干燥器所需的吸附剂总量。

（5）将每台干燥器所需的吸附剂总量除以吸附剂的堆积密度，求出每台干燥器所需的吸附剂用量（或装填体积）。

（6）确定允许空塔流速。计算出吸附床层的最小直径，根据此值确定干燥器外径，并选择合适的干燥器直径及实际的吸附及床层直径 D，然后核算实际的气体空塔流速，看其是否在合理范围之内。如不合理,则应改变干燥器直径,直至合理为止。

(7) 由式 (7-21) 求出最小的吸附剂及床层长度 h_Z。

(8) 由式 (7-22) 求出实际吸附剂床层在脱水操作达到转效点的时间 θ_B,看其是否大于或等于事先确定的吸附周期时间。如不相符,应重复进行以前各步骤的计算(注意:床层截面积水负荷与吸附周期长短无关)。

(9) 按式 (7-23) 计算气体流过床层的压降,看其是否合理。否则,应重复步骤(6)至步骤(9)的计算。

(10) 用上述计算结果再进行再生计算。

【例 7-5】 天然气处理量 50000 m³/h,平均相对分子质量 21(相对密度 $\Delta=0.725$)。吸附压力 4300kPa,温度 30℃,含饱和水,操作周期 8 小时,要求脱水到 1mg/L 以下。用球形 4A 分子筛,其平均直径 3.2 mm。分子筛堆密度 660 kg/m³,设计此吸附器。

解:(1) 吸附器直径计算。

查图 2-1,原料气在 4300kPa、30℃校正后的饱和含水量为 962g/1000m³,按全部脱去考虑,操作周期 8 小时,总共脱水:

$$8 \times 50 \times 0.962 = 384.8 (\text{kg/h})$$

天然气压缩系数 $Z=0.86$,则操作条件下气体量:

$$Q = \frac{50000}{3600} \times \frac{0.86}{\frac{4300}{101.325}} \times \frac{303}{293} = 0.291 (\text{m}^3/\text{s})$$

气体质量流量 $= \frac{50000}{3600} \times \frac{21}{22.4} = 13.02 (\text{kg/s})$

气体密度:

$$\rho_g = 13.02/0.291 = 44.742 (\text{kg/m}^3)$$

已知分子筛堆密度 $\rho_b=660\text{kg/m}^3$,分子筛平均直径 $D_p=0.0032\text{m}$。

①用式 (7-17) 计算允许的气体质量流速,C 取 0.29。

$$G = \sqrt{(0.29 \times 660 \times 41.69 \times 0.0032)} = 5.053 [\text{kg/(m}^2 \cdot \text{s})]$$

吸附器截面积:

$$F = \frac{13.02}{5.053} = 2.5766 (\text{m}^2)$$

直径:

$$D = \sqrt{\frac{2.5766}{0.785}} = 1.81 \ (\text{m}) \qquad (\text{取 } 1.8\text{m})$$

则 $F=2.5434 \text{ m}^2$,气体流速 $v_g=0.1227\text{m/s}$。

②分子筛有效吸附容量取 8kg/100kg(水/分子筛)。

吸附器需装分子筛:

$$384.8/0.08 = 4810 \ (\text{kg})$$

其体积为 $\qquad V=4810/660=7.288 \ (\text{m}^3)$

床层高:

$$h_T = \frac{V}{F} = \frac{7.288}{2.5434} = 2.865 (\text{m})$$

高径比约 1.6。

(2) 再生计算。

①再生热负荷计算。

用贫干气加热，$M=17$，进吸附塔温度260℃，分子筛床层吸附终了后温度35℃（即床层温升5℃），再生加热气出吸附器温度200℃，床层再生温度是 $\frac{1}{2}(260+200)=230$（℃），预先计算在230℃时，分子筛比热容0.96kJ/(kg·℃)，钢材比热容0.5kJ/(kg·℃)，瓷球比热容0.88kJ/(kg·℃)。吸附器筒体是压力容器，预先估算其包括器内附属设备的质量约13200kg，床层上下各铺150mm瓷球，瓷球堆密度2200kg/m³，共计约1678kg。由式（7-25）至式（7-28）得：

$$Q_1 = 4810 \times 0.96 \times (230-35) = 900432 \text{(kJ)}$$
$$Q_2 = 13200 \times 0.5 \times (230-35) = 1287000 \text{(kJ)}$$
$$Q_3 = 384.8 \times 4186.8 = 1611080 \text{(kJ)}$$
$$Q_4 = 1678 \times 0.88 \times (230-35) = 287945 \text{(kJ)}$$
$$Q = Q_1 + Q_2 + Q_3 + Q_4 = 4495102 \text{(kJ)}$$

加10%的热损失，则是4944612kJ。

设再生加热时间4.2小时，每小时加热量是：

$$4944612/4.2 = 1177288 \text{ (kJ/h)}$$

②再生气量计算。

再生气在230℃时的平均比热容3.14kJ/(kg·℃)，再生温降是：

$$\Delta t = 260 - \frac{1}{2}(35+200) = 142.5(\text{℃})$$

每千克再生气给出热量：

$$q_H = c_p \Delta t = 3.14 \times 142.5 = 447.5 \text{(kJ/kg)}$$

需再生气量：

$$G = 1177288/447.5 = 2631 \text{ (kg/h)}$$

③冷却气量计算，床层温度自230℃降到30℃，则冷却热负荷如下：

$$Q_1 = 4810 \times 0.96 \times (230-30) = 923520 \text{ (kJ)}$$
$$Q_2 = 13200 \times 0.5 \times (230-30) = 1320000 \text{ (kJ)}$$
$$Q_4 = 1678 \times 0.88 \times (230-30) = 295328 \text{ (kJ)}$$

共计2538848kJ，冷却气进口30℃。

设冷却时间为3.3h，每小时移去热量2538848/3.3＝769348（kJ/h）。冷却气平均比热容在130℃时是2.9kJ/(kg·℃)，冷却气温差$\Delta t=100$℃，需冷却气量769348/2.9×100＝2653(kg/h)。

④再生加热气压力不同情况下，空塔流速的比较

设再生加热气1380kPa，再生加热气量2631kg/h，$M=17$，其体积量是：

$$(2631/17) \times 22.4 = 3467 \text{ (m}^3\text{/h)}$$

操作时体积：

$$V = \frac{3467}{3600} \times \frac{101.32}{1382} \times \frac{230+273}{273} = 0.13 \text{ (m}^3\text{/s)}$$

空塔流速：

$$W = 0.13/2.5434 = 0.0512 \text{ (m/s)}$$

用式（7-17）核算，c 取 0.167。
$$\rho_g = (2631/3600)/0.13 = 5.609 \text{ (kg/m}^3\text{)}$$
$$G = (0.167 \times 660 \times 5.609 \times 0.0032)^{0.5} = 1.406 \text{ [kg/(m}^2 \cdot \text{s)]}$$

需空塔截面积 $F = 0.73/1.406 = 0.52 \text{ (m}^2\text{)}$，现 2.5434m^2，足够。

如果设再生加热气压力 410kPa（绝）。操作状态时气体流量为：
$$V = \frac{3467}{3600} \times \frac{1}{4} \times \frac{503}{273} = 0.4436 \text{ (m}^3\text{/s)}$$
$$\rho_g = 0.7308/0.4436 = 1.647 \text{ (kg/m}^3\text{)}$$

仍用式（7-17）计算 $G = 0.7622\text{kg/(m}^2 \cdot \text{s)}$ 需空塔截面积 $F = 0.7308/0.7622 = 0.958\text{m}^2$，也是可以的。

⑤压力降计算（吸附）。用式（7-23）计算
$$\Delta p/L = B\mu v_g + C\rho v_g^2$$

现已知床层高 2.865m（即 $L = 2.865\text{m}$）。由有关图表知此状态下 $\mu = 0.013\text{mPa} \cdot \text{s}$。已知 $\rho_g = 41.69\text{kg/m}^3$，$v_g = 0.1227 \times 60 = 7.362 \text{ (m/min)}$，则：
$$\Delta p = 2.865 \times (4.155 \times 0.013 \times 7.362 + 0.00135 \times 41.69 \times 7.362^2) = 9.9 \text{ (kPa)}$$

再生加热和冷却时压降都很小，可不计算。

⑥再生加热气加热炉热负荷计算，设进加热炉干气温度 23℃，出加热炉气体温度比进吸附器温度再高 15℃，即 275℃，则：
$$Q = 2631 \times 3 \times (275 - 23) = 198936 \text{(kJ/h)}$$

一般用圆筒式加热炉，因炉小，对流炉管制造上有困难，大都是纯辐射加热，热效率低，计算燃料用量时注意。

⑦转效点计算，由式（7-22）得：
$$\theta_B = 0.01 x \rho_b h_T / q$$
$\rho_b = 660\text{kg/m}^3, x = 8\%, h_T = 2.865\text{m}, q = 48.1/2.5434 = 18.91\text{[kg/(m}^2 \cdot \text{h)]}$
$$\theta_B = \frac{0.01 \times 8 \times 660 \times 2.865}{18.91} = 8\text{(h)}$$

即符合原设计吸附周期 8 小时的要求。

⑧传质区长度 h_Z 计算，用式（7-21）计算
$$h_Z = 1.41 A \frac{q^{0.7895}}{V_g^{0.5506} \times 100^{0.2646}}$$
$$= 1.41 \times 0.6 \times \frac{18.91^{0.7895}}{7.362^{0.5506} \times 100^{0.2646}} = 0.843\text{(m)}$$

可见，无论是床层截面的水负荷或空塔流速都无问题，h_T 都大于 $2h_Z$。

有时，设计者在 h_T 值上取稍大一点，保证转效点时间 θ 值有一点裕量，是可以考虑的。

四、脱水工艺的选择

常用的天然气脱水方法有溶剂吸收和固体干燥剂吸附两种方法。目前广泛使用的是三甘醇吸收脱水和分子筛吸附脱水。三甘醇法用于一般要求的场合，分子筛用于深度脱水。

（一）三甘醇吸收脱水的优点

(1) 能耗小，操作费用低；

(2) 处理量小时，可作成橇装式，紧凑并造价低，搬迁和移动方便，预制化程度高；
(3) 三甘醇使用寿命长，损失量小，成本低；
(4) 脱水后干气露点可达$-30℃$左右，能满足一般的天然气脱水要求。

（二）三甘醇吸收脱水的缺点

(1) 干气露点不能满足深冷回收轻烃凝液的要求；
(2) 原料气中携带有轻质油时，易起泡，破坏吸收；

（三）吸附法脱水的优点

(1) 脱水后，气体中水含量可低于$1mg/L$，露点可达$-70℃$以下；
(2) 对进料气的温度、压力、流量变化不敏感，操作弹性大；
(3) 操作简单，占地面积小。

（四）吸附法脱水的缺点

(1) 对于大装置，设备投资大，操作费用高；
(2) 气体压降大于溶剂吸收脱水；
(3) 吸附剂使用寿命短，一般使用三年就需更换；
(4) 能耗高，处理量低时更明显。

由此可见，选择脱水工艺时应根据脱水目的、要求、处理规模等进行技术经济比较，有时也有采用先用甘醇吸收脱水，再用分子筛吸附脱水的联合方法。

习　　题

1. 为何要脱除天然气中的水？
2. 三甘醇作为天然气脱水剂有哪些优点？
3. 提高三甘醇贫液浓度的措施有哪些？
4. 分子筛吸附剂有何优点？
5. 描述吸附的基本过程。
6. 固体吸附法脱水和液体吸收法脱水有何优缺点？
7. 某天然气处理量为$100\times10^4 m^3/d$，采用三甘醇吸收法脱水，含饱和水的原料气在$3.8MPa$和$35℃$下进入吸收塔下部，要求吸收后干气露点达到$-5℃$，已知气体相对分子质量为26。求：
(1) 进塔贫三甘醇溶液最低浓度。
(2) 贫三甘醇溶液循环量。
(3) 吸收塔所需塔板数。
(4) 吸收塔的直径。
8. 某轻烃回收站天然气处理量为$100\times10^4 m^3/d$，天然气平均相对分子质量为25，含饱和水的原料气压力为$4.0MPa$，温度$30℃$，采用球形4A分子筛吸附脱水，要求脱水后含水量在$1mg/L$以下。已知4A分子筛的颗粒直径为$3.2mm$，堆密度为$660kg/m^3$，吸附周期采用$8h$，设计此吸附器。

第八章 天然气凝液回收

第一节 概 述

天然气是多组分烃类混合物，如果把天然气中的乙烷、丙烷、丁烷等重烃类组分分离出来，可以降低天然气的烃露点，调整气体的发热量，改善商品气的质量，同时还可提高整个天然气的经济价值。

分离出来的乙烷、丙烷、丁烷、丙烷与丁烷混合物（即液化石油气LPG）、天然汽油和凝析液等，通称为天然气液烃（NGL）。NGL是石油化工和石油精细化工的重要原料，如用作生产乙烯的原料，无论是经济方面，还是技术方面都优于其他原料；NGL作为燃料，不仅热值高，而且燃烧无污染；NGL还可加工成各种溶剂、试剂。总之，NGL的用途十分广泛，具有比天然气高得多的市场价格。因此，人们越来越重视天然气中液烃的分离工作。

从NGL出发，可能分离出纯乙烷、纯丙烷、纯丁烷或丙烷与丁烷混合物等。如果上述纯组分都作为商品，那么，就要对这些产品的蒸气压、密度、轻馏分含量、颜色、杂质含量及含水量等提出一定的要求，即产品要达到技术规范。

一、液化石油气

我国液化石油气按来源分为油气田及炼油厂两种质量标准。油气田LPG的质量标准示于表8-1，它分为丙烷、丁烷、丙烷与丁烷混合物三种。

表8-1 液化石油气质量指标（GB 11174—2011）

项目	商品丙烷	商品丁烷	商品丙烷与丁烷混合物	项目	商品丙烷	商品丁烷	商品丙烷与丁烷混合物
蒸气压（37.8℃）kPa	≤1430	≤485	≤1480	密度（20℃或15℃）kg/m³	实测	实测	实测
丁烷及以上组分，%	≤2.5	—	—	铜片腐蚀，级	≤1	≤1	≤1
戊烷及以上组分，%	—	≤2.0	≤3.0	总硫含量，10^{-6}	≤185	≤140	≤140
蒸发残留物 mL/100mL	≤0.05	≤0.05	≤0.05	游离水	—	无	无
油渍观察	通过	通过	通过				

二、稳定轻烃

我国将NGL中的C_{5+}产品称为稳定轻烃，其质量标准示于表8-2。

表 8-2　稳定轻烃质量指标（GB 9053—1998）

项目	1号	2号	项目	1号	2号
饱和蒸气压，kPa	74～200	夏季小于74，冬季小于88	硫含量，%	≤0.05	≤0.10
10%蒸发温度，℃	—	35	机械杂质及水分	无	无
90%蒸发温度，℃	≤135	≤150	铜片腐蚀，级	≤1	≤1
终馏点，℃	≤190	≤190	颜色	≥+25	—
60℃蒸发率，%	实测	—			

第二节　气液平衡与分馏

一、多组分体系相态特征

多组分系统 PVT 相图的相包络区决定于系统中所有组分的种类和它各自所占的相对浓度。天然气 PVT 相图如图 8-1 所示。相包络图（简称相图）是判断天然气中是否有凝液的有效方法。

混合物相包络区的临界凝析压力是露点曲线所能达到的最高压力。同样，临界凝析温度是露点曲线所能达到最高温度。这两个参数在 PVT 相图上的位置和数值的大小，取决于系统中所具有的组分种类和组分的浓度。

图 8-1 中泡点线和露点线在临界点 C 相遇。曲线 AE 是一等温压缩过程。A 点的温度高于临界点而低于临界凝析温度，体系处于气相；压缩到露点 B，开始有液滴凝析出来；随着压力的增加，凝析液量增加；但压缩到 E 点，又与露点线相遇，即形成的液体又全部汽化。因此，在露点 B 和露点 E 之间必有一点（例如 D 点）是在压缩过程中凝析液量最多的点。从 B 点到 D 点，凝析液量增加；从 D 点到 E 点，随压力增加，凝析液反而减少，已凝析的液体又汽化。从 E 点到 D 点，随压力降低，液体反而凝析的现象，称为反凝析现象。

当体系压力高于临界压力 p_c 而低于临界凝析压力时，也会有上述类似情况发生。图 8-2 中曲线 JG 表示等压加热过程。在泡点 I，液体开始蒸发；再次交泡点线于 G 点时，已蒸发出来的蒸气又全部凝析。如果 H 点表示过程中蒸发量最大的一点，那么从 H 点到 G 点称为等压反凝析。

总之，多组分体系在等温降压或等压升温过程中出现的液体凝析现象就称为反凝析现象，它只能发生在图 8-2 中的阴影部分。由图 8-2 可见，这种反凝析现象的程度是两相平衡边界线上实际临界点相对位置的函数。

一般天然气系统的临界凝析温度在 -140～400℃ 之间。临界凝析温度与所要求的质量规格密切有关。

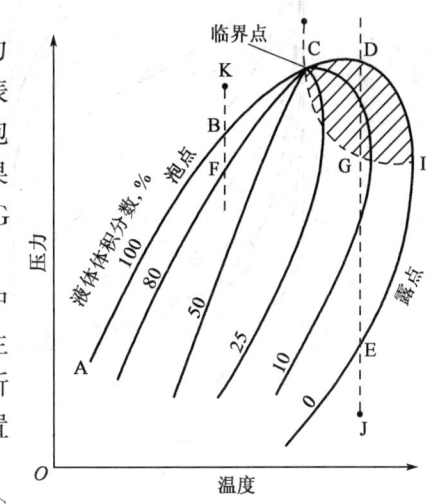

图 8-1　天然气混合物的相包络图

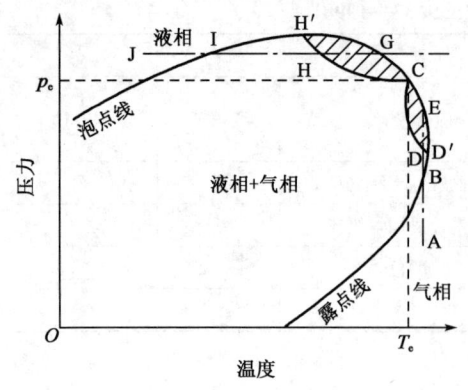

图8-2 多组分体系反凝析现象示意图

例如,要求产物的最大烃露点小于任意压力下的设计温度,此时就需要确定临界凝析温度。

二、凝液回收的压力和温度

(一) 冷凝压力

由气液平衡原理可知,在冷凝压力一定时,当系统温度等于该天然气的露点时即开始有凝析液产生。随着温度不断降低,天然气中较重烃类(如 C_{10}、C_9、C_8 等)的冷凝率开始急剧增加,以后又逐渐减小;与此同时,较轻烃类(如 C_5、C_4、C_3 等)的冷凝率开始较小,以后逐渐增加,至某一值后也开始变小。N_2、CO_2、C_1、C_2 等组分的冷凝率一开始较小,但当温度低于某一值后则急剧增加。当系统温度等于该天然气的泡点时,天然气全部冷凝为凝析液。图8-3为某油田伴生气冷凝时冷凝率与温度的关系。表8-3为图8-3中样品的组成。

表8-3 计算冷凝率的天然气组成

组分,%	C_1	C_2	C_3	C_4	C_5	C_6	C_7	C_8	C_9	C_{10}	N_2	CO_2
天然气(1)	83.16	6.47	2.58	1.90	1.47	0.81	0.54	0.25	0.05	0.09	1.63	1.05
天然气(2)	49.20	12.35	16.80	12.07	4.70	1.80	0.86	0.23	0.08	0.03	1.28	0.60

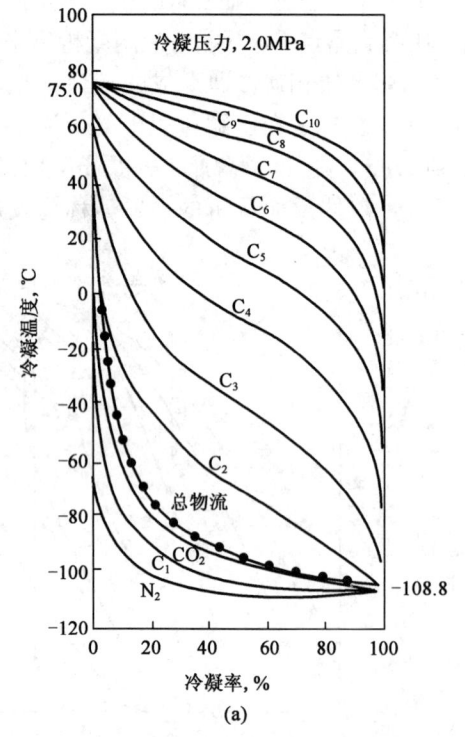

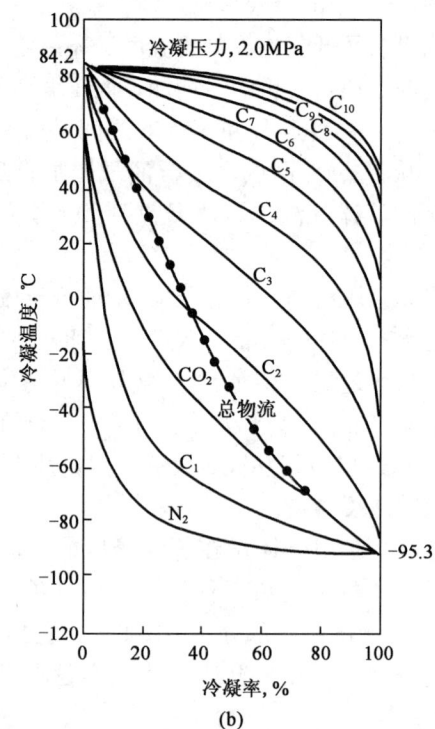

图8-3 不同组分下冷凝温度与冷凝率的关系
(a) 天然气(1)的冷凝曲线;(b) 天然气(2)的冷凝曲线

对天然气轻烃回收装置来说，要确定冷凝压力首先应考虑气体外输的压力要求。当凝析液需要靠本身压力输到稳定、分馏装置时，冷凝压力还应满足稳定操作的压力要求。如果气体外输压力高于稳定操作压力，则应按外输压力确定冷凝压力；反之，则可按稳定操作的压力来确定冷凝压力。当采用膨胀机制冷时，冷凝压力也应考虑为达到一定的膨胀比创造条件。

图 8-4 是冷凝率与冷凝压力的关系图。对于以回收 C_{3+} 烃类为目的的装置，可以通过提高冷凝压力来提高 C_3 的冷凝率，但是冷凝压力过高也是不适合的。这是因为当冷凝温度一定时，随着冷凝压力的提高，不仅动力消耗增加，而且 C_3 冷凝率的增长率却在迅速变慢；与此同时，由于冷凝压力增高，C_2 与 C_3 的相对挥发度变小（图 8-5），相对来说将有更多的 C_2 随 C_3 一起冷凝，这是不经济的。一般来说，冷凝压力不应高于冷凝率的增长显著变慢的压力值，并经过经济对比确定一个适宜的冷凝压力。

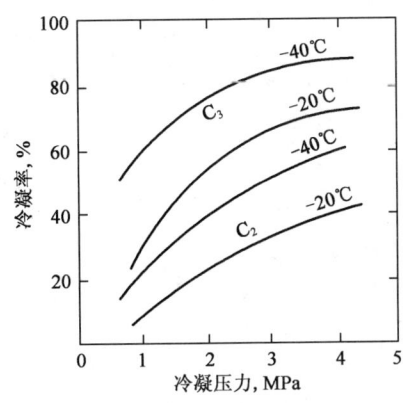

图 8-4 冷凝率与冷凝压力的关系

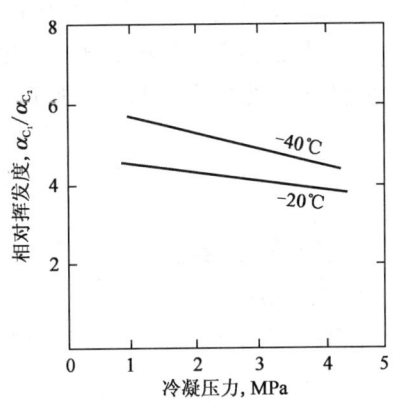

图 8-5 C_2 与 C_3 相对挥发度与冷凝压力的关系

（二）冷凝温度

当冷凝压力初步选定后，即可由天然气在此压力下的冷凝曲线找出适宜的冷凝温度。对于以回收 C_3 烃类为目的的装置，在确定冷凝温度时，既要保证 C_3 有较高的冷凝率，又不能使 C_2 的冷凝率过高。此温度一般宜在 C_3 冷凝率的增长由快变慢的转折点附近。在压力一定时，这个温度主要与组成有关。天然气中 C_3 含量较多时，此温度较高，反之则较低。若冷凝温度再低，虽然 C_3 的冷凝率有所增加，但因 C_2 的冷凝率增加更快，不仅要耗费较多的冷量来冷凝 C_2，而且还必须耗费较多的热量将其从凝析液中脱除出去。这在经济上是不合理的。

若确定的适宜的冷凝温度介于 $-15 \sim -25$ ℃ 之间，采用蒸汽压缩式制冷装置即可提供工艺所需的冷量，这就是外加冷源的浅冷装置。若此温度低于 -25 ℃，为了达到要求的 C_3 收率，应进行综合对比，可用适当提高冷凝压力的办法或可采用膨胀机制冷达到要求的低温。

三、多组分烃类系统的平衡

天然气凝液回收大都在压力较高、温度较低的情况下进行冷凝分离，特别在要求高丙烷收率或高乙烷收率时更是如此。这时，气相不能看作理想气体，液相不能看作理想溶液，与之有关的如道尔顿分压定律或拉乌尔定律都不适用。

只有一个气相一个液相的气液平衡可用下式计算汽化率：

$$x_i = \frac{z_i}{1+(K_i-1)e} \tag{8-1}$$

式中　x_i——i 组分在液相中摩尔分数；
　　　z_i——i 组分在原料气中摩尔分数；
　　　K_i——i 组分的相平衡常数，与组成的压力、温度有关；
　　　e——气液平衡时的汽化率。

$$y_i = K_i x_i \tag{8-2}$$

要得到比较精确的 e 值，关键是相平衡常数 K 值的计算。在偏离理想状态较远的情况下，只能用状态方程式计算。

混合物气液平衡的条件是任何一个组分在气相和液相中的逸度相等，即：

$$f_{iv} = f_{iL} \tag{8-3}$$

式中　f_{iv}——混合物中 i 组分在气相中的逸度；
　　　f_{iL}——混合物中 i 组分在液相中的逸度。

对于纯组分，逸度定义可用微分方程表示：

$$dG = RT \, d\ln f \tag{8-4}$$

$$\lim_{p \to 0} \frac{f}{p} = 1 \tag{8-5}$$

式中　G——吉布斯自由能；
　　　R——气体常数；
　　　T——体系温度；
　　　f——逸度。

式（8-5）的意义是理想气体的逸度就是压力。也就是说，在非理想体系中，逸度是对压力的修正值。用状态方程计算相平衡常数 K_i 值实际上是计算 f_{iv} 和 f_{iL} 值。由相平衡常数定义可写出：

$$K_i = \frac{y_i}{x_i} = \frac{f_{iL}/x_i}{f_{iv}/y_i} \tag{8-6}$$

虽然状态方程是经验式，缺少理论基础，但能严格地描述 p、V、T 之间的实验数据，得到广泛应用。

四、气液平衡计算

（一）泡点、露点的计算

1. 用试差法求泡点、露点

如果已知系统的压力 p，液相组成 x_1，x_2，…，x_{c-1}（共 c 个独立变量），要求解液相泡点及平衡时的气相组成，可先假设初始泡点为 T，根据已知的 p 和液相组成求出各组分的平衡常数 K_1，K_2，…，K_c，然后判断下式是否成立：

$$\begin{cases} \sum_{i=1}^{c} y_i = \sum_{i=1}^{c} K_i x_i = 1.0 & \text{（泡点方程）} \\ \sum_{i=1}^{c} x_i = \sum_{i=1}^{c} \frac{y_i}{K_i} = 1.0 & \text{（露点方程）} \end{cases} \tag{8-7}$$

如果式（8-7）成立，所假设的温度即为所求泡点、露点，相应的气相组成也为所求组成；如果有偏差，则另行假设，直到符合要求时为止。

2. 快速迭代法求泡点、露点

对于碳氢化合物，可用快速迭代法求泡点和露点。公式为：

泡点：
$$T_b^{k+1} = T_b^k \left[1 + C\left(1 - \sum K_i x_i\right) \right] \tag{8-8}$$

露点：
$$T_d^{k+1} = T_d^k \left[1 - C\left(1 - \sum \frac{y_i}{K_i}\right) \right] \tag{8-9}$$

式中 C——经验常数，其值一般为 $\frac{1}{10} \sim \frac{1}{5}$。

C 值越小，收敛性越好，但需迭代次数较多；C 值越大，越不容易收敛。对具体的过程，应仔细调整 C 的数值，对大多数碳氢化合物，C 值一般取 $\frac{1}{7.5}$ 较好。

3. K_b 法求泡点和露点

在确定泡点和露点时，为了避免试差运算，可采用 K_b 法。具体做法是：规定 i 组分对 b 组分的相对挥发度 a_i 为

$$a_i = \frac{K_i}{K_b} \tag{8-10}$$

式中 K_i，K_b——在相同温度和相同压力下的计算值，b 组分不一定是给定混合物中的成分。

若已知 $\{x_i\}$ 和压力 p，求泡点，则气、液相平衡的 $y_i = K_i x_i$ 可改写成：

$$y_i = \frac{K_i}{K_b} K_b x_i = a_i K_b x_i \tag{8-11}$$

将式（8-11）对所有的组分求和并整理得：

$$K_b = \frac{1}{\sum_{i=1}^{c} a_i x_i} \tag{8-12}$$

因为 a_i 几乎与温度无关，所以它们可以通过任意温度 T 及特殊压力下的 K_i、K_b 计算，利用式（8-12）求出 K_b，再从 K_b 和 T 的关系中求出泡点。

类似地，若已知 $\{y_i\}$ 和压力 p，可用下式

$$K_b = \sum_{i=1}^{c} \frac{y_i}{a_i} \tag{8-13}$$

求出 K_b，再利用 K_b 与 T 的关系求露点。

这里的 $\{x_i\}$、$\{y_i\}$ 表示所研究的液相或气相中所有组分的 x_i 和 y_i 的值。

（二）部分汽化与部分冷凝

在天然气处理工艺流程中，工艺流体发生部分汽化与部分冷凝的过程很多，特点是气、液两相一经形成并达到平衡后即进行分离（即闪蒸分离）。如油田气增压压缩机的级间和级后分离器；冷换后、冷剂预冷后和降压膨胀后的凝液分离器等都属部分冷凝过程。在工艺流程的另一些环节中设有凝液复热过程，复热后产生部分汽化过程等。部分汽化与部分冷凝过程如图 8-6 所示。

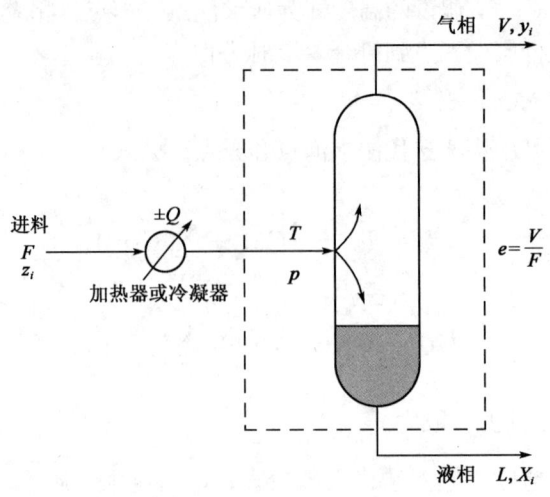

图 8-6 部分汽化或部分冷凝示意图

根据该图，设工艺流体的流量为 F（单位为 kmol/h），组成为 z_i（摩尔分数）的气相或液相进料，经冷却器至温度 T 后，将有部分汽化或冷凝，并进入分离器，在压力为 p 的情况下分离为平衡的气、液两相，气相的量为 V（单位为 kmol/h），组成为 y_i（摩尔分数），液相的量为 L，组成为 x_i，部分汽化的量可用汽化率 e 来计算。e 定义为：

$$e = \frac{V}{F} \tag{8-14}$$

物料平衡关系式为：

$$Fz_i = Vy_i + Lx_i \tag{8-15}$$

将 $y_i = K_i x_i$ 代入式（8-15）并消 y_i 得：

$$x_i = \frac{z_i}{eK_i + (1-e)} = \frac{z_i}{(K_i - 1)e + 1} \tag{8-16}$$

因为 $\sum x_i = 1$，故式（8-16）可改写为：

$$\sum_{i=1}^{c} \frac{z_i}{(K_i - 1)e + 1} = 1 \tag{8-17}$$

同理有：

$$y_i = \frac{K_i z_i}{(K_i - 1)e + 1} \tag{8-18}$$

$$\sum_{i=1}^{c} \frac{K_i z_i}{(K_i - 1)e + 1} = 1 \tag{8-19}$$

这就是部分汽化或部分冷凝过程统一的基本方程式。

部分汽化或部分冷凝的计算一般是已知 F、z_i、p、T（或 e），求 e（或 T）及 y_i、x_i。下面是用基本方程式求汽化率 e 的方法。

令：

$$F(e) = \sum_{i=1}^{c} \frac{z_i}{(K_i - 1)e + 1} - 1 \tag{8-20}$$

一般 $F(e) = 0$ 是非线性方程，可用牛顿法求解，其迭代公式为：

$$e^{k+1} = e^k - \frac{F(e^k)}{F'(e^k)}$$

$$= e^k + \frac{\sum\limits_{i=1}^{c} \frac{z_i}{(K_i-1)e^k+1} - 1}{\sum\limits_{i=1}^{c} \frac{z_i(K_i-1)}{[(K_i-1)e^k+1]^2}} \quad (8-21)$$

迭代过程进行到以下条件为止：

$$|F(e^{k+1})| \leqslant \varepsilon$$

式中　ε——预先给定的足够小的整数；

　　　k——迭代次数。

在进行汽化与冷凝计算之前，应先判断原料混合物在给定温度和压力下的状态是否处于两相区，一般需对原料作如下检验：

$$\begin{cases} \sum\limits_{i=1}^{c} K_i z_i = 1 & (T=T_b, e=0) \quad \text{（原料为饱和液体）} \\ \sum\limits_{i=1}^{c} K_i z_i > 1 & (T>T_b, e>0) \quad \text{（原料为过冷液体）} \\ \sum\limits_{i=1}^{c} K_i z_i < 1 & (T<T_b, e<0) \end{cases} \quad (8-22)$$

$$\begin{cases} \sum\limits_{i=1}^{c} \frac{z_i}{K_i} = 1 & (T=T_d, e=1) \quad \text{（原料为饱和气体）} \\ \sum\limits_{i=1}^{c} \frac{z_i}{K_i} > 1 & (T<T_d, e<1) \quad \text{（原料为过热蒸气）} \\ \sum\limits_{i=1}^{c} \frac{z_i}{K_i} < 1 & (T>T_d, e>1) \end{cases} \quad (8-23)$$

当 $\sum K_i z_i$ 和 $\sum z_i/K_i$ 同时大于 1 时，原料混合物处于两相区（$0<e<1$）。

值得注意的是，在未进行汽化或冷凝计算之前，平衡常数 K_i 是未知的，所以无法作出判断和检验。另外，在求泡点时，除假设初始泡点外，还需假设 K_i 的初值。为了能使迭代过程进行下去，一般要用理想的相平衡常数 K_i^0 作为初值。理想相平衡常数的定义是：

$$K_i^0 = \frac{p_k^s}{p} \quad (8-24)$$

式中　p_k^s——纯组分 i 的饱和蒸气压。

由于理想相平衡常数 K_i^0 与实际状态的 K_i 往往偏差较大，因此用 K_i^0 作检验计算结果有时很不理想。

五、精馏塔工艺计算

精馏过程是在精馏塔中气相与液相进行的多次传质传热，从而进行的多次汽化与冷凝的复杂分离过程。精馏过程如图 8-7 所示。

精馏计算主要是计算精馏过程的物料平衡和热平衡，以此求得塔的操作温度和操作压力，确定达到预期分离效果所

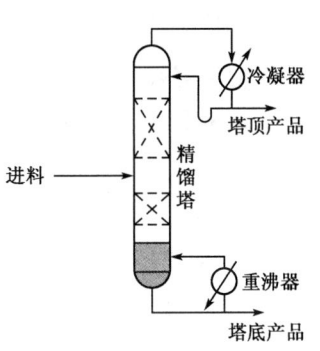

图 8-7　精馏过程示意图

需的塔板数和回流比。

(一) 物料平衡

1. 关键组分

在多元物系中，按工艺要求，指定某两个关系比较重大的组分作为分离的基准，称为关键组分。例如轻烃回收装置中的脱甲烷塔，工艺要求是脱除混合轻烃中的 CH_4 和比它轻的组分，而把 C_2H_6 和比它重的组分留在塔底产品中，因此是在 CH_4 和 C_2H_6 两个组分之间进行分离，这两个组分对物料的分离起着关键性的控制作用，即关键组分。

这两个关键组分中，挥发度大的组分称为轻关键组分，为达到分离要求，在塔釜中必须对它的浓度加以控制；挥发度小的组分称为重关键组分，为达到分离要求，必须控制它在塔顶产品中的浓度。

2. 物料的分配

可用 Hengstebeck 公式即式 (8-25) 求得塔顶馏出物及塔底出料中组分的分布：

$$\frac{\lg\left(\frac{d}{b}\right)_L - \lg\left(\frac{d}{b}\right)_h}{\lg\alpha_L - \lg\alpha_h} = \frac{\lg\left(\frac{d}{b}\right)_i - \lg\left(\frac{d}{b}\right)_h}{\lg\alpha_i - \lg\alpha_h} \quad (8-25)$$

式中 $\left(\frac{d}{b}\right)_L, \left(\frac{d}{b}\right)_h, \left(\frac{d}{b}\right)_i$——轻关键组分、重关键组分和 i 组分在塔顶及塔底的分配比；

$\alpha_L, \alpha_h, \alpha_i$——轻关键组分、重关键组分和 i 组分对重关键组分的相对挥发度，$\alpha_h = 1$。

按式 (8-25) 求得 i 组分在塔顶及塔底的分配比 $\left(\frac{d}{b}\right)_i$ 后，可按下式求得其在塔顶及塔底的量 d_i 及 b_i：

$$b_i = \frac{F_i}{1 + \frac{d_i}{b_i}} \quad (8-26)$$

$$d_i = F_i - b_i \quad (8-27)$$

式中 F_i——i 组分在进料中的量，kmol/h；

d_i——i 组分在塔顶产品中的量，kmol/h；

b_i——i 组分在塔底产品中的量，kmol/h。

3. 物料衡算

(1) 按工艺要求确定轻关键组分、重关键组分，并按纯度或收率的要求计算其在塔顶、塔底的分配比 $\left(\frac{d}{b}\right)_L$ 和 $\left(\frac{d}{b}\right)_h$。

(2) 根据经验数据假设塔的操作压力，并选择合适的状态方程计算各组分在塔顶、塔底条件下平衡常数 K_i 和相对挥发度，由此求得各组分的塔顶—塔底平均相对挥发度：

$$\alpha_{icp} = \sqrt{\alpha_{i顶} \cdot \alpha_{i底}} \quad (8-28)$$

(3) 按 Hengstebeck 公式求取各组分在塔顶、塔底的分布量。

(4) 按新分配的组成及塔顶、塔底出料状态，可求塔顶、塔底温度 T'_D、T'_B，并与上次计算 α_i 时所用的温度值比较，必要时修正 α_i 值循环重算，直到满足下式要求：

$$(T'_D - T_D)^2 + (T'_B - T_B)^2 \leqslant \varepsilon \quad (8-29)$$

(5) 由以上计算列出物料平衡表。

（二）操作压力及塔顶温度

1. 操作压力

塔顶操作压力应为回流罐内压力加上该馏出系统（从塔顶到回流罐的管线、仪表和设备）的阻力。

回流罐内的压力随塔顶馏出物的不同状态有三种计算方法：

（1）塔顶全凝。此时回流罐内压力为塔顶物料在回流罐温度下的泡点压力，即：

$$\sum y_i = \sum K_i x_i = 1 \tag{8-30}$$

在规定温度下，先设一压力，求出各组分的相平衡常数 K_i，按式（8-30）计算。若 $\sum K_i x_i > 1$，则所假定压力太低（K_i 值太大）；若 $\sum K_i x_i < 1$，则所设压力太高，需重新假设压力，直到 $\sum K_i x_i = 1$ 时即为所求压力。

（2）塔顶部分冷凝。此时回流罐产品有气体和液体两部分，回流罐内压力用式（8-31）计算：

$$\sum \frac{K_i D_i}{\dfrac{D_L}{D_v} + K_i} = D_v \tag{8-31}$$

式中　D_i——i 组分在塔顶产品的量，kmol/h；

　　　D_L——塔顶产品中液体的量，kmol/h；

　　　D_v——塔顶产品中气体的量，kmol/h。

（3）塔顶产品全部不凝。此时回流罐的液体全部作为塔顶回流，而产品则全部以气态从罐顶逸出。回流罐内压力应为塔顶产品在回流罐温度下的露点压力：

$$\sum x_i = \sum (y_i / K_i) = 1 \tag{8-32}$$

2. 塔顶温度

操作压力确定以后，塔顶温度是顶层塔板上油气的露点，可由式（8-32）求得。在已知压力下，先假设一塔顶温度，求出塔顶油气中各组分的平衡常数 K_i 值，然后由式（8-32）计算。如能满足该式要求，即系所求之值；否则，应重新假设再算。

同样，塔顶产品组成也应按三种不同情况进行计算：

（1）塔顶馏出物全凝时，顶层塔板油气的组成与塔顶馏出物相同。

（2）塔顶产品全部不凝时，顶层塔板油气组成是塔顶产品（气相）与回流蒸气的混合物。

（3）塔顶产品部分冷凝时，顶层塔板油气组成应为气相和液相产品之和。产品的气液相组成可按部分冷凝气液平衡方程式（6-56）求得。

$$\sum x_i = \frac{x_{Fi}}{K_i + (1 - K_i) \dfrac{L}{F}} = 1 \tag{8-33}$$

$$F = L + V \tag{8-34}$$

式中　x_i——塔顶液相中 i 组分的分子分数；

　　　x_{Fi}——塔顶气相和液相中 i 组分的分子分数；

　　　K_i——塔顶条件下 i 组分的平衡常数；

F——塔顶气相和液相量，kmol/h；
L——塔顶液相量，kmol/h；
V——塔顶气相量，kmol/h。

3. 塔底温度

在塔底压力下，塔底液体处于泡点状态，因此，塔底温度可按式（6-53）计算，同样需假定温度后试算确定。

（三）最小回流比

1. 求 θ 值

$$\sum_{i=1}^{n} \frac{x_i x_{Fi}}{\alpha_i - \theta} = 1 - q \tag{8-35}$$

式中　　n——组分数；
　　　　α_i——i 组分的平均相对挥发度，可按式（8-28）求得；
　　　　x_{Fi}——进料中 i 组分的分子分数；
　　　　θ——式（8-35）的一个根，对 n 个组分有 n 个根，其值在轻关键组分、重关键组分的相对挥发度之间，先设一个值，试算至满足式（8-35）；
　　　　q——进料状态参数。

q 的计算公式为：

$$q = \frac{每千摩尔进料汽化为饱和蒸气所需热量}{每千摩尔进料的蒸发潜热}$$

当饱和液相进料时，$q=1$；
当饱和蒸气进料时，$q=0$；
当气液混相进料时，$1>q>0$；
当过热蒸气进料时，$q<0$。

2. 计算最小回流比 $R_{\min}$

$$R_{\min} = \sum_{i=1}^{n} \frac{\alpha_i x_{Di}}{\alpha_i - \theta} - 1 \tag{8-36}$$

式中　　$R_{\min}$——最小回流比；
　　　　x_{Di}——塔顶产品中 i 组分的液相分子分数。

塔顶产品为气相出料时，x_{Di} 改用 i 组分的气相分子分数 y_{Di}。

（四）最少理论板数

最少理论板数可按芬斯克（Fenske）方程计算：

$$N_{\min} + 1 = \frac{\lg\left(\dfrac{x_{LD}}{x_{hD}}\right)\left(\dfrac{x_{hB}}{x_{LB}}\right)}{\lg\sqrt{\alpha_D \alpha_B}} \tag{8-37}$$

式中　　$N_{\min}$——最少理论板数；
　　　　x_{LD}，x_{hD}——轻关键组分、重关键组分塔顶的分子分数；
　　　　x_{LB}，x_{hB}——轻关键组分、重关键组分在塔底的分子分数；
　　　　α_D——塔顶条件下轻关键组分对重关键组分的相对挥发度；
　　　　α_B——塔底条件下轻关键组分对重关键组分的相对挥发度。

(五) 实际操作回流比下的理论板数

$$A = \frac{R - R_{\min}}{R + 1} \quad (8-38)$$

$$B = 0.75(1 - A^{0.5668}) \quad (8-39)$$

$$N_{精} = \frac{B + N_{\min 精}}{1 - B} \quad (8-40)$$

$$N_{提} = \frac{B + N_{\min 提}}{1 - B} \quad (8-41)$$

式中 $N_{\min 精}$——最少理论板数时精馏段板数；

$N_{\min 提}$——最少理论板数时提馏段板数。

(六) 热平衡

加热蒸汽带入的热量为：

$$Q_B = G_B(H_B - \theta_B) \quad (8-42)$$

式中 H_B——加热蒸汽焓；

θ_B——冷凝水焓。

六、凝液分馏方案

轻烃分馏流程一般由产品方案确定。轻烃回收装置按产品要求生产丙烷或丁烷等体烃，其凝析液的精馏分离就需要采用三塔流程（图 8-8），以挥发度递减顺序安排的流程。第一塔为脱乙烷塔，塔顶产品为 C_2 为主的干气，塔底为 C_{3+} 组分的混合烃。第二塔为脱丙烷塔，进料为脱乙烷塔的塔釜液，塔顶为 C_3 组分，塔底为 C_{4+} 组分的混合烃。第三塔为脱丁烷塔，进料为脱丙烷塔的塔釜液，塔顶为 C_4 组分，塔底为 C_{5+} 组分的轻油。

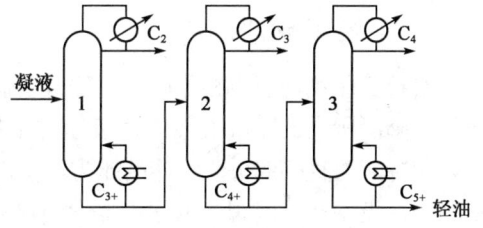

图 8-8 三塔精馏流程
1—脱乙烷塔；2—脱丙烷塔；3—脱丁烷塔

第三节 天然气凝液回收方法

天然气凝液回收方法基本上可分为吸附法、冷油吸收法和冷凝分离法三种。目前基本上均采用冷凝分离法。

一、冷凝分离法

该法是利用原料中各组分冷凝温度不同的特点，在逐步降温过程中依次将较高沸点烃类冷凝分离出来。

冷凝分离法最根本的特点是需要提供较低温位的冷量，使原料气降温。按照提供冷量的制冷系统不同，冷凝分离法可分为冷剂制冷法、直接膨胀制冷法和联合制冷法三种。

（一）冷剂制冷法

冷剂制冷法也称为外加冷源法（外冷法）。它是由独立设置的冷剂制冷系统向原料气提供冷量，其制冷能力与原料气无直接关系。根据原料气的压力、组成及天然气液的回收深度，冷剂（制冷剂或制冷工质）可以分别是氨、丙烷及乙烷，也可以是乙烷、丙烷等烃类混合物，而后者又称为混合冷剂（混合制冷剂）。制冷循环可以是单级或多级串联，也可以是阶式制冷（覆叠式制冷）循环。

1. 适用范围

在下列情况下可采用冷剂制冷法：

（1）以控制外输气露点为主，并同时回收部分凝液的装置。通常，原料气的冷冻温度应低于外输气所要求的露点 5℃以上。

（2）原料气较富，但其压力和外输气压力之间没有足够压差可供利用，或为回收凝液必须将原料气适当增压，所增压力和外输气压力之间没有压差可供利用，而且采用冷剂制冷又可经济地达到所要求的凝液收率。

2. 冷剂选用的依据

冷剂选用的主要依据是原料气的冷冻温度和制冷系统单位制冷量所耗的功率，并应考虑以下因素：

（1）丙烷适用于原料气冷冻温度高于－25～－30℃时的工况。

（2）以乙烷、丙烷为主的混合冷剂适用于原料气冷冻温度低于－35～－40℃时的工况。

（3）能使用凝液作为冷剂的场合应优先使用凝液。

（二）直接膨胀制冷法

直接膨胀制冷法也称膨胀制冷法或自制冷法（自冷法）。此法不另外设置独立的制冷系统，原料气降温所需的冷量由气体直接经过串接在该系统中的各种类型膨胀制冷设备来提供，因此，制冷能力直接取决于气体的压力、组成、膨胀比及膨胀制冷设备的热力学效率等。常用的膨胀制冷设备有节流阀（也称焦耳—汤姆逊阀、J－T阀）、膨胀机及热分离机等。

1. 节流阀（J－T阀）制冷

当气体有可供利用的压力能而且不需很低的冷冻温度时，采用节流阀膨胀制冷是一种比较简单的制冷方法。当进入节流阀的气流温度很低时，节流效应尤为显著。

节流过程是不可逆过程，过程进行时流体熵随之增加。

在下述情况下，可考虑采用节流阀制冷：

（1）压力很高的气藏气（一般在 10MPa 或更高），特别是其压力会随开采过程逐渐递减时，应首先考虑采用节流阀制冷。节流后的压力应满足外输气要求，不再另设增压压缩机。如气源压力不够高或已递减到不足以获得所要求低温时，可采用冷剂预冷。

（2）气源压力较高，或适宜的冷凝分离压力高于干气外输压力，仅靠节流阀制冷也能获得所需的低温，或气量较小不适合用膨胀机制冷时，可采用节流阀制冷。当气体中重烃较多，靠节流阀制冷不能满足冷量要求时，可采用冷剂预冷。

（3）原料气与外输气有压差可供利用，但因原料气较贫故回收凝液的价值不大时，可采用节流阀制冷，仅控制其水露点及烃露点以满足管输要求。若节流后的温度不够低，可采用冷剂预冷。

2. 热分离机制冷

热分离机是一种简易、有效的气体膨胀制冷设备，由喷嘴及接受管组成，按结构可分为静止式和转动式两种。热分离机已在我国一些天然气液回收装置中得到应用。在下述情况下，可考虑采用热分离机制冷：

（1）原料气量不大且其压力高于外输气压力，有压差可供利用，但靠节流阀制冷达不到所需的温度时，可采用热分离机制冷。热分离机的气体出口压力应能满足外输要求，不应再设增压压缩机。热分离机的最佳膨胀比约为5，且不宜超过7。如果气体中重烃较多，可采用冷剂预冷。

（2）适用于气量较小或气量不稳定的场合。简单、可靠的静止式热分离机特别适用于单井或边远井气藏气的天然气凝液回收。

3. 膨胀机制冷

膨胀机是一种输出功率并使压缩气体膨胀因而压力降低、能量减少的原动机。通常人们又把其中输出功率且压缩气体为水蒸气或燃气的这一类膨胀机称为蒸汽轮机或燃气轮机，而只把输出功率且压缩气体为空气、天然气等，利用气体能量减少获得低温实现制冷目的的这一类称为膨胀机。由于膨胀机具有流量大、体积小、冷损少、结构简单、通流部分无机械摩擦件、不污染制冷工质（即压缩气体）、不需润滑、调节性能好、安全可靠等优点，故自20世纪60年代以来已在天然气凝液回收及天然气液化等加工装置中广泛用作制冷机械。

膨胀机制冷原理主要是利用一定压力的气体在机内进行绝热膨胀且对外做功而消耗气体的内能，从而使气体自身强烈冷却而达到制冷的目的。

图8-9为一种广为应用的带有半开式工作叶轮的单级向心径—轴流反作用膨胀机的局部剖视图。它由膨胀机通流部分、制动器及机体三部分组成。膨胀机通流部分是获得低温的主要部件，由蜗壳、喷嘴（导流器）、工作轮（叶轮）及扩压器组成。由膨胀机工作轮、制动风机轮和主轴等组成的旋转部件又称为转子。此外，为了膨胀机连续安全运行，还必须有一些辅助系统，例如润滑、密封、冷却、自动控制等保安系统等。

喷嘴按其流道喉部截面是否变化可分为固定喷嘴和可调喷嘴，后者流道喉部截面在膨胀机运行中可根据冷量调节的需要来改变，故大中型膨胀机普遍采用，以提高其运行时的经济性。

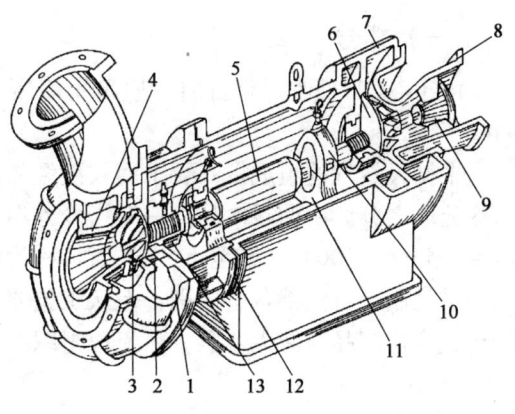

图8-9 向心径—轴流反作用式膨胀机典型结构
1—蜗壳；2—喷嘴；3—工作轮；4—扩压器；5—主轴；6—风机；7—风机蜗壳；8—风机端盖；9—测速器；10—轴承座；11—机体；12—中间体；13—密封设备

膨胀机制冷与节流阀制冷比较：

（1）无论是从温降效应还是从制冷量来讲，膨胀机都比节流阀要高，而且又可回收膨胀功，故可提高制冷系统的经济性。

（2）节流阀结构简单，操作方便；膨胀机结构复杂。

(3) 节流阀出口允许有很大的带液量，而膨胀机所允许的带液量有一定限度，一般不大于 10%（质量分数）。

因此，应根据具体情况选择膨胀机制冷或节流阀制冷。高压凝析气的低温冷凝分离装置中常采用节流阀制冷，而 NGL 回收及天然气液化装置中则常采用膨胀机制冷。

当节流阀制冷或热分离机制冷不能达到所要求的凝液收率时，可考虑采用膨胀机制冷。膨胀机制冷的适用情况如下：

(1) 原料气量及压力比较稳定。
(2) 原料气压力高于外输气压力，有足够的压差可供利用。
(3) 气体较贫，凝液收率要求较高。

(三) 联合制冷法

联合制冷法又称为冷剂与直接膨胀联合制冷法。顾名思义，此法是冷剂制冷法与直接膨胀制冷法二者的联合，即冷量来自两部分：一部分由膨胀制冷法提供；一部分则由冷剂制冷法提供。当原料气组成较富，或其压力低于适宜的冷凝分离压力，为了充分、经济地回收天然气凝液而设置原料气压缩机时，应采用有冷剂预冷的联合制冷法。

由于我国的伴生气大多具有组成较富、压力较低的特点，所以天然气液回收装置普遍采用膨胀制冷法及有冷剂预冷的联合制冷法，而其中的膨胀制冷设备又以膨胀机为主。

上述三种冷凝分离方法之间各有利弊，工程技术人员应视原料气源压力、组成、气量、分离要求的不同，通过技术经济平衡选用不同的分离方法。

二、天然气凝液回收工艺

(一) 概述

由于 NGL 回收过程目前普遍采用冷凝分离法，故此处只介绍采用冷凝分离法的 NGL 回收工艺。

根据天然气的组成以及要求回收液烃的程度不同，天然气的冷凝分离工艺有浅冷分离和深冷分离之分。所谓浅冷分离一般指冷冻温度不低于 $-20 \sim -35$℃ 的分离工艺；当冷冻温度达到 $-45 \sim -100$℃（或至 4.2K）时，称为深冷分离。

虽然制冷方法都各有区别，但从工艺原理上看，都是经过气体冷凝回收凝液和凝液精馏分离成合格产品这两大步骤。从流程组织上，一般由七个单元组成（图 8-10）。

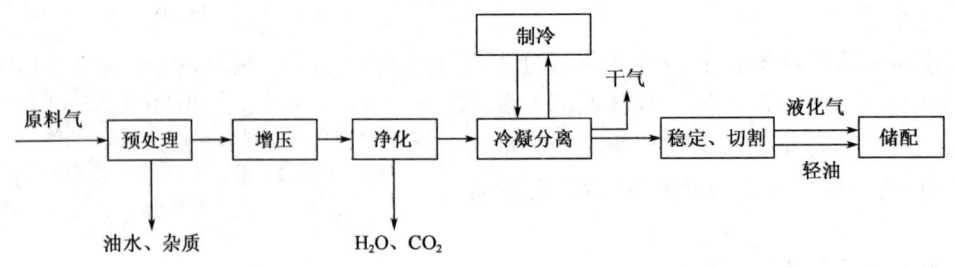

图 8-10 冷凝分离法轻烃回收工艺原理流程图

1. 预处理

预处理主要是除去来气中夹带的油、游离水和泥砂等杂物，主要设备是分离器。

2. 增压

冷凝分离法是利用油气田中各组分沸点不同的特点，在一定压力下，将气体逐渐降温，其中沸点高的重组分先冷凝出来。众所周知，对某一组分来说，压力增高，沸点相应也增高，因此，对于同样组分，为了达到较好的冷凝分离效果，应在一定的压力下进行。另外，对采用膨胀机制冷的回收装置来说，为达到所需的制冷温度，膨胀机必须有一定的膨胀比，即必须保证膨胀机的进气压力。

对油田气来说，大部分是经低压集输系统输送到处理装置的，因而进装置的原料气压力偏低。为满足工艺要求，需设置压缩机增压。对高压油气田来说，来气压力已满足工艺要求，可不再设增压压缩机。

常用的原料气及干气压缩机有往复式和离心式两种，选择原则如下：

（1）气量较大且较稳定，压缩比较小，或轴功率大于 2000~2500kW 时，可选用离心式压缩机。特殊情况下，轴功率小于 500kW 时也可考虑离心式压缩机。当气量波动或递减、处理厂分期建设或气量较少以及压缩比很高（例如注气）时，可选用往复式压缩机。

大型往复式压缩机的绝热效率应大于 80%，离心式压缩机应大于 75%。

（2）驱动机的选择应考虑能源的供应及压缩机的转速。离心式压缩机可选用燃气轮机驱动，往复式压缩机可选用电动机或燃气发动机驱动。

3. 净化

原料净化的主要目的是脱除气态水分和 CO_2 等，防止在冷凝操作时由于温度过低而在管道或设备中出现冰堵。脱水和脱 CO_2 见第六章、第七章。

4. 冷凝分离

净化后的原料气在换热设备中降温至所要求的温度，其中的重组分冷凝出来。按气液平衡原理可知，在重组分冷凝的同时，必定夹带一部分轻组分，为使回收的轻烃能作为产品，必须进行分离。因而经过这一单元后，物料将分成两部分；一部分是以 C_1、C_2 为主的干气，另一部分是冷凝分离后回收的轻烃，其中包含一定数量的 C_3 和 C_4。

5. 制冷

冷凝分离轻烃回收工艺的重要条件是应提供冷量。对于完全采用外加冷剂的回收装置（大多采用浅冷工艺），是由单独的制冷系统提供冷量；对于采用膨胀机自制冷的回收装置，制冷系统与冷凝分离流程相结合。

6. 稳定、切割

脱除甲烷和乙烷的凝液中还含有 C_3 和 C_4。因为丙烷、丁烷的沸点较低，它们的存在会使轻油不稳定，轻油的饱和蒸气压会随着温度的上升而增高，这对储存和使用都不利。为此，需将轻油进一步稳定，脱除其中的丙烷和丁烷。稳定操作一般在精馏塔内进行，塔顶产品即是液化气（丙烷和丁烷），塔底为稳定轻油。

7. 储配

轻烃回收装置的产品一般有干气、液化气和轻油三种。干气可直接外输，液化气和轻油应设置相应的储存和分配设施以供销售。

冷凝分离法的流程尽管多种多样，但基本操作是由上述七个单元组成的。装置工艺流程的变化是原料气气源条件（气量、压力和组成）、产品要求和建设环境等因素的不同而引起的。工艺流程的合理与否是装置达到较高的技术经济效益的前提，因此，为获得较低的运行成本、较少的建设效益、尽可能高的产品收率和产品质量，必须合理地组织工艺流程。同时，在满足装置的技术经济要求的前提下，尽可能简化流程、方便操作。

（二）丙烷制冷——浅冷回收工艺

低压浅冷回收工艺应用于处理富气（C_3、C_4 含量较高），以回收轻油为主，同时副产品 C_3、C_4 作为液化气。

低压浅冷工艺条件一般操作压力不大于 2500kPa，温度不低于 −30℃。该工艺适用于处理富气，是由于富气中 C_3 以上的组分含量大，同样的能耗回收轻烃量大，生产成本低。一般低压浅冷工艺 C_3 回收率为 20%～30%，对于比较富的伴生气可望达到 60%。据国内有关生产厂家报导，对贫气，回收每千克轻烃（C_{3+}）的电耗为 1～3kW·h；对于富气，回收每千克轻烃（C_{3+}）的电耗为 0.5kW·h。该工艺适用于以回收轻油为主的另一个原因是由于 C_5 以上的组分临界温度高，容易在低压下冷凝出来，因此没有必要更多地提高压力或降低温度。

浅冷回收工艺典型流程如图 8-11 所示。进装置的低压原料气（压力为 100～300 kPa）在原料气分离器内除去油、水和其他杂质后，进入原料气压缩机增压。压缩机一般选用两级往复式压缩机，将原料气压力增至 1600～2500kPa，然后经过气/气换热器进入丙烷蒸发器，在这里原料气被冷却至 −25℃左右。此时，伴生气中的 C_{5+} 重组分冷凝为液体，气液混合物在低温冷凝分离器内得以分离。分出气体的主要成分是甲烷，其凝析液是 C_{2+} 以上组分的混合烃。进入脱乙烷塔脱除 C_2，塔底混合烃进入轻油稳定塔脱除 C_3 和 C_4，塔顶产品即液化石油气作为民用燃料，塔底稳定轻油作为产品外销。

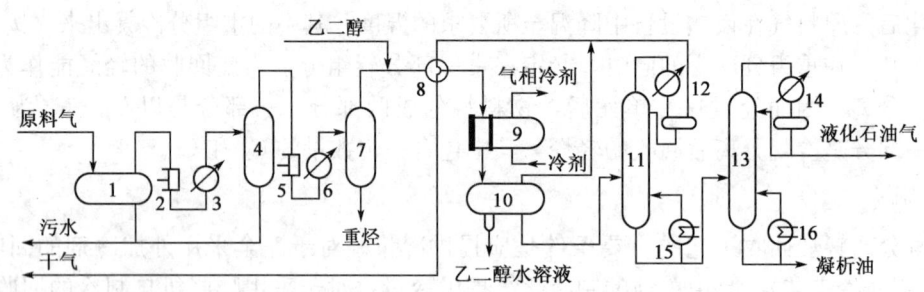

图 8-11 冷剂制冷工艺流程

1—原料气分离器；2，5—原料气压缩机；3，6—水冷却器；4，8—分离器；8—气/气换热器；
9—丙烷蒸发器；10—低温冷凝分离器；11—脱乙烷塔；12—脱乙烷塔塔顶冷凝器；
13—脱丙丁烷塔；14—脱丙丁烷塔塔顶冷凝器；15，16—塔底再沸器

（三）膨胀制冷——深冷回收工艺

大多数膨胀制冷装置采用中低压小膨胀比的单级膨胀制冷技术（ISS），由于膨胀比小（一般为 2～4），制冷温度一般为 −50℃左右，C_3 收率为 30%～40%。该工艺的优点主要是制冷系统设备数量少，操作方便，投资和操作费用低，制冷系数较大，占地面积小，在外输干气压力要求较低的情况下，可大大降低装置能耗；主要缺点是对较富的原料气的处理适应性较差。

图 8-12 是采用膨胀制冷的轻油回收装置典型流程。低压原料气进装置后经过原料气分离器除去油、水和杂质，进入原料气压缩机增压。为达到要求的制冷温度，就必须保证一定

的膨胀比，为此增压压缩机出口压力一般在 2500～4000kPa 左右。增压后的气体进入分子筛干燥器脱水，然后在主冷箱预冷至低温，以保证进膨胀机的气体温度足够低，达到预期的膨胀制冷效果。从主冷箱出来的低温气（一般为 -30～-60℃）进入一级分离器分出凝液，气体进膨胀机绝热膨胀同时对外做功，此时压力降低（大约在 1000kPa 以下），温度也降至 -60～-120℃。

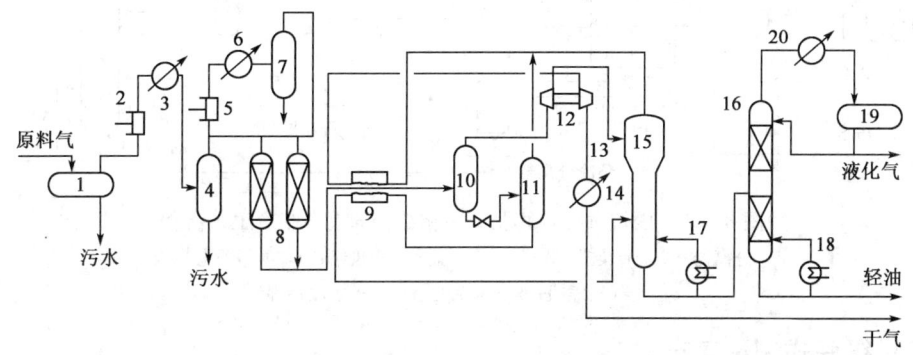

图 8-12 单级膨胀制冷工艺流程

1—原料气分离器；2—原料气压缩机；3，14，20—水冷却器；4—级间分离器；8—分子筛干燥器；9—主冷箱；10，11—气液分离器；12—膨胀机膨胀端；13—膨胀机增压端；15—脱乙烷塔；16—脱丙烷、丁烷塔；17，18—再沸器；19—回流罐

低温气体在脱乙烷塔顶进行冷分离之后，干气返回冷箱作为冷媒预冷原料气。干气在主冷箱升温后进膨胀机的同轴压缩机升压后外输。一级分离器分出的凝液经闪蒸分离后也进入主冷箱升温，此部分凝液即作为脱乙烷塔的进料。凝液在脱乙烷塔内脱除 C_2 后进脱丙烷、丁烷塔，脱除 C_3 和 C_4，塔底即为稳定轻油，塔顶为液化石油气产品。

高压油气田的天然气压力较高，进装置后可无需增压，这将省却增压能耗。膨胀机只是利用了原料气本身的剩余压差，因而在能量利用上是很合理的。此外，由于膨胀机达到的制冷温度低，冷凝分离压力又比较高，因而这种流程的 C_{3+} 收率较高。深冷分离也适用于需回收液态乙烷的场合。在深度提取乙烷方面，该法能耗低、收率高、运行成本低，有较大优越性，目前已逐渐取代冷冻吸收法。膨胀机制冷工艺具有操作方便、维护费用低、对原料气组成变化的适应性大、效率高等显著优点，已成为目前天然气加工工业的主要发展趋势。

膨胀制冷元件除膨胀机外，也可以采用热分离机。

（四）丙烷预冷膨胀机制冷工艺

膨胀机制冷是依靠系统本身产生冷量，冷量的大小主要取决于可以回收的压力能的大小（即操作压差的大小）和回收压力能制冷元件（膨胀机）的效率。虽然增加系统进口压力、降低出口压力、提高膨胀机效率都将增加制冷量，但对低压原料气增加进口压力将会增加增压能耗，而降低出口压力往往也受到外输条件的限制，因而在有些情况下，仅靠天然气自身压降膨胀制冷满足不了装置对冷量的要求，即装置冷量不平衡。为此，就需要设置外加冷源以补充冷量，这就出现了外冷源同膨胀机制冷相结合的轻烃回收工艺。

目前，国内装置采用的这种制冷工艺主要有丙烷制冷剂压缩循环制冷与膨胀制冷，典型的流程如图 8-13 所示。采用这种工艺流程的中深冷装置，制冷温度一般为 -80～-100℃ 左右，C_3 收率一般为 75%～85%。这种工艺方法的主要优点是制冷温度低，产品收率高，对原料气组分的变化适应性强；主要缺点是流程比较复杂，投资高，装置能耗也比较高。美国拉克罗里气体加工厂的深冷装置采用了该流程。C_2 收率为 75%，C_3 收率达 93%。

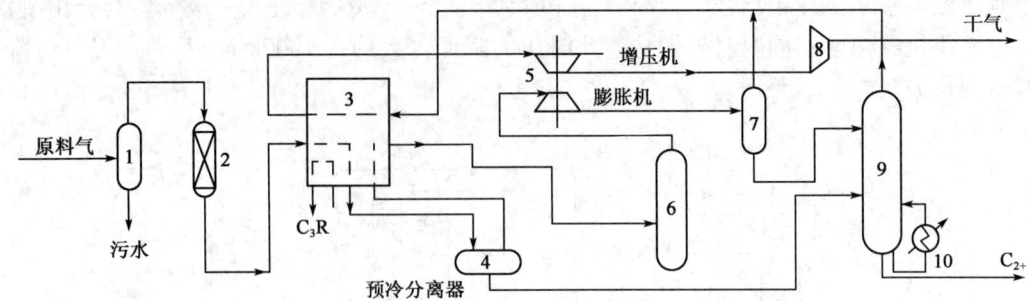

图 8-13 丙烷预冷与膨胀制冷相结合的混合制冷工艺流程
1—分离器；2—干燥器；3—主冷箱；5—膨胀机组；4，6，7—分离器；
8—干气压缩机；9—脱甲烷塔；10—塔底再沸器

（五）级联式制冷工艺

该法以级联式制冷系统提供的冷量进行天然气的分离，用以回收 C_{2+} 轻烃，C_2 收率达 80% 以上。

常用的制冷系统为丙烷—乙烷级联式制冷系统，即由丙烷制冷机提供 −30℃ 以上温度级的冷量，同时提供部分冷量作为乙烷制冷机冷凝器的冷却剂，并由乙烷制冷机提供 −40～−90℃ 的低温冷量。采用丙烷—乙烷级联式制冷系统的好处是可以自产冷剂，且制冷系数大。典型工艺流程如图 8-14 所示。

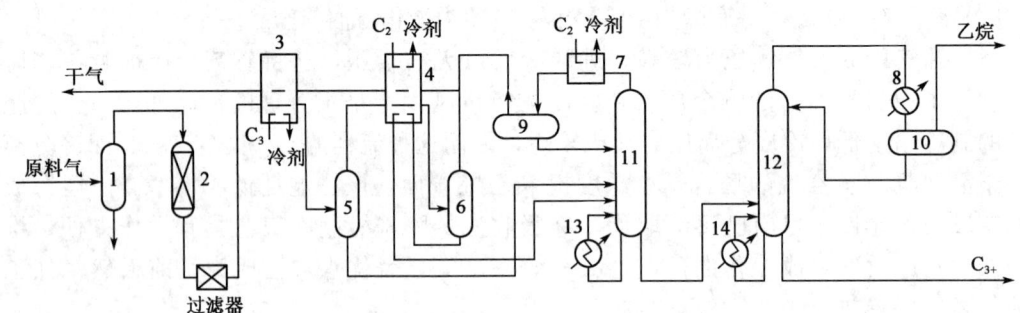

图 8-14 丙烷—乙烷级联式制冷工艺流程
1，5，6—分离器；2—分子筛干燥器；3，4—冷箱；7，8—塔顶冷凝器；9，10—塔顶回流罐；
11—脱甲烷塔；12—脱乙烷塔；13，14—塔底再沸器

（六）膨胀机制冷工艺的改进

1. 气体过冷（GSP）和液体过冷工艺（LSP）

这两种工艺是 Ortloff 公司对工业标准单级膨胀制冷工艺（ISS）和多级膨胀制冷工艺（MTP）的改进。典型的 GSP 和 LSP 工艺流程分别如图 8-15 和图 8-16 所示。

GSP 是针对较贫气体（C_{2+} 含量不大于 400mL/m³）处理装置而改进的工艺，而 LSP 是针对较富气体（C_{2+} 含量不小于 400mL/m³）处理装置而改进的工艺。采用 GSP 工艺可在保持较高 C_2 收率的情况下，原料气中 CO_2 的允许含量高于 ISS 和 MTP 两种工艺，且功耗较低。采

用 LSP 工艺可以减少常规流程的高压和低温，从而节省功率。由于在脱甲烷塔顶部几层塔板处 CO_2 易生成固体，采用 LSP 工艺后，有一部分含有 C_4 组分的液体进入塔上部，溶解 CO_2，使之偏离生成固体的条件，故该工艺可以处理 CO_2 较多的气体，不需专门设置脱 CO_2 设施。

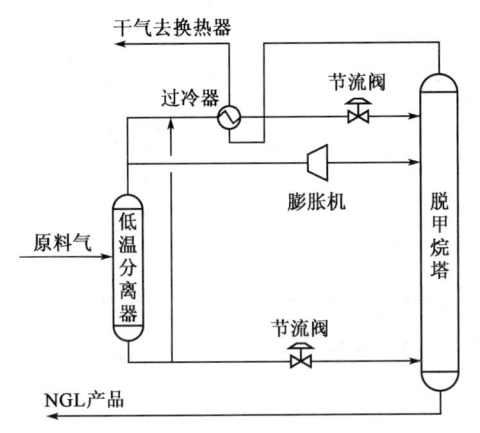 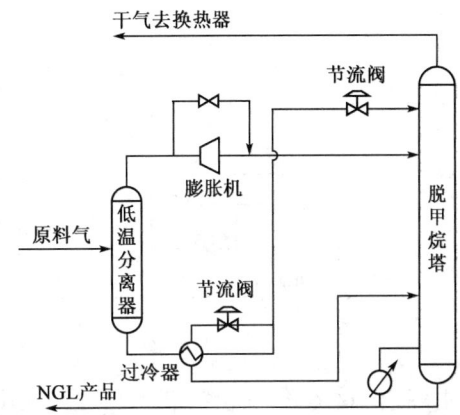

图 8-15　气体过冷（GSP）工艺流程图　　　图 8-16　液体过冷（LSP）工艺流程图

当原料气中 CO_2 含量不大于 2% 时，GSP 法一般不要求预先脱除 CO_2，其允许值取决于原料气组成和操作压力。干气再压缩所需功率与乙烷收率之间的关系不太敏感是该法的特点，乙烷收率一般为 88%～93%。

表 8-4 列出了处理量为 $283 \times 10^4 \mathrm{m}^3/\mathrm{d}$ 的 NGL 回收装置采用 ISS、MTP 及 GSP 等方法时的主要指标对比。从表中可以看出，采用 GSP 工艺可在保持较高 C_2 收率的情况下，原料气中 CO_2 的容许含量高于膨胀制冷工艺的容许含量，而且降低功耗。

表 8-4　ISS、MTP 及 GSP 法主要指标对比

工 艺 方 法	ISS	MTP	GSP
C_2 收率，%	80.0	85.4	85.8
冻结情况	冻结	冻结	不冻结
再压缩功率，kW	6478	4639	3961
制冷压缩功率，kW	225	991	1244
总压缩功率，kW	6703	5630	5205

2. 直接换热工艺（DHX）

DHX 塔相当于一个吸收塔，其工艺实质是脱乙烷塔回流罐中的液烃经过冷换、节流降温后，进入 DHX 塔塔顶用来吸收低温冷凝分离器进入 DHX 塔内气体中的 C_{3+} 组分，从而提高 C_{3+} 收率（图 8-17）。常规单级膨胀机制冷装置很容易改造成 DHX 工艺，实践证明，在不回收乙烷的情况下，在相同条件下 C_{3+} 收率可由原来的 72% 增加到 95%，改造所用投资却较少。

3. 塔顶气循环工艺（OHR）

OHR 是一种有效回收丙烷的深冷工艺。设计中的回流来自脱乙烷塔塔顶，被吸收塔的塔顶冷流体冷凝，其工艺流程见图 8-18。

OHR 设计的丙烷回收率比 ISS 设计的高 15.6%，并能迅速偿还由于采用 OHR 设计而增加的费用。

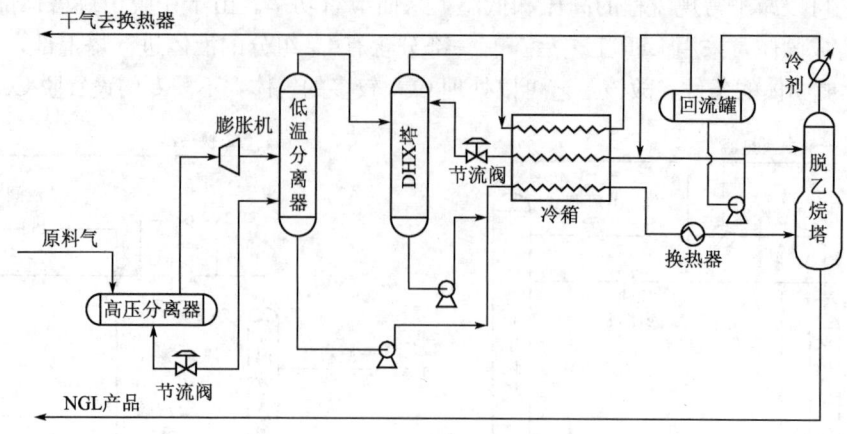

图 8-17 直接换热工艺（DHX）流程

4. 气体过冷—塔顶气循环工艺（OHR/GSP）

根据 OHR 和 GSP 的回收特点，提出了一种双模式设计，即在同一个装置中将这两种设计结合在一起。这种双模式设计操作灵活，能最大限度地回收丙烷。同时，乙烷收率被控制在规定要求。流程结构见图 8-19。

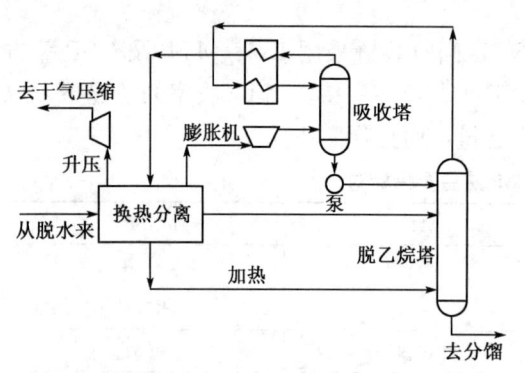

图 8-18 OHR 原理流程示意图

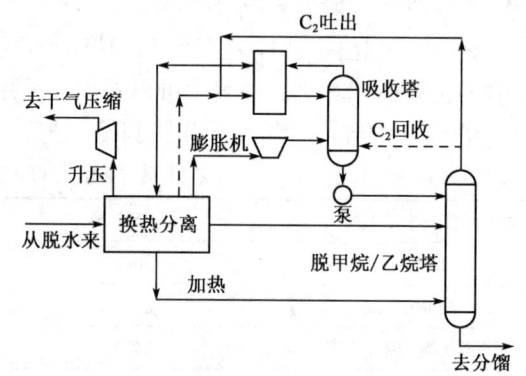

图 8-19 OHR/GSP 部分流程图

三、工艺方法选择的原则

要确定某一种工艺方法为最佳方法是很困难的，但在工艺方法的选择上应遵循如下主要原则：

（1）当进气压力与输出干气压力之间有自由压差可供利用（增压或无需增压回收 NGL）且 C_{3+} 组分含量又不太多时，宜选用膨胀制冷法。

（2）当有自由压差可供利用，但原料气中 C_{2+} 含量较少，回收价值又不大时，往往采用节流阀制冷，降低水及重烃的露点，以满足长输管道对气质的要求。如制冷温度还不够低，再加冷剂制冷作为辅助措施。

（3）对以回收 C_{3+} 轻烃为目的的小型轻烃回收装置，应根据伴生气中 C_{3+} 含量情况，从图 8-20 中选择相应的工艺方法，处于三种方法交叉区时，应选择上马快、投资省的冷剂制冷（如丙烷制冷）法，或单级膨胀制冷法，或二者相结合的联合制冷法。

(4) 当干气外输压力接近于原料气压力,回收 C_2,而且要求 C_3 收率达 90% 左右时,可参照图 8-21 选择相应的工艺方法。

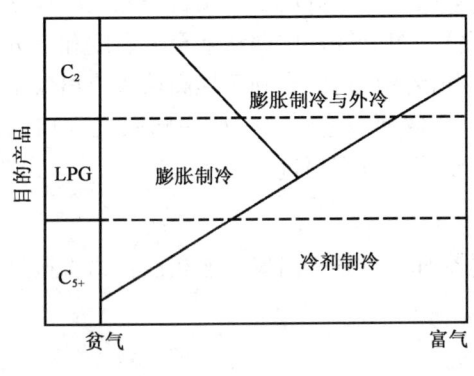

图 8-20 轻烃回收装置工艺方法的选择示意图

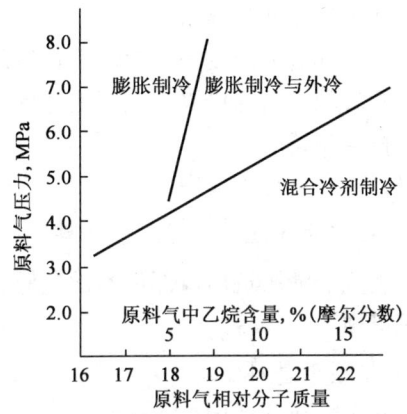

图 8-21 回收 90% 丙烷的最佳方法选择

(5) 当原料气 C_{2+} 含量较多,装置处理规模较大时,为了降低功率的消耗,宜采用膨胀制冷与冷剂制冷相结合的混合制冷方法。

需要说明的是,深冷装置的 C_2 收率高于 90% 时,投资及操作费用明显上升。这是因为,一是需要增加膨胀机的级数以获得更低的温度等级,相应地要求提高原料气的压力,不论是采取提高整个集气管网的压力等级,还要采取在处理厂增加压缩机的办法,都会使投资和操作费用显著增加;二是由于原料气压力提高后使设备、管线等压力等级也随之提高,投资又会增加;三是由于制冷温度下降,需增加低温钢材的用量或改用更耐低温的钢种也会增加投资,因此,过高的 C_2 收率会导致投资费用增加较多,经济上不合算。一般认为 60%～85% 的 C_2 收率是比较合适的。对以回收 C_{3+} 液烃为目的的浅冷装置,一般情况下 50%～80% 的 C_3 收率是比较合适的,但应进行优化设计后确定最佳 C_2 或 C_{3+} 收率指标。

上述几种回收工艺在实际选用中应因地制宜。总体说来,当天然气组成较富,处理气量较小,装置建设目的是为了回收 C_{3+} 烃类,且产品收率要求不高时,宜用浅冷工艺;当天然气处理量较大,气体组成又比较贫,或装置建设的目的是为了生产乙烷产品时,应采用深冷工艺。为满足深冷工艺的冷量平衡要求,首先应立足于膨胀机制冷。当这部分冷量满足不了工艺要求时,可考虑设置外加冷源作为补充。采用膨胀机自制冷时,应合理安排流程、各部分的压力分配,既保证为实现一定的制冷要求所需的膨胀比,又不致因此而过多地增加增压能耗。总之,工艺方法的确定应从原料气组成、装置建设目的、产品方案、运行成本和工程投资诸方面进行综合比较。

四、轻烃回收的脱乙烷塔

(一) 脱乙烷塔的特点

脱乙烷塔是油田气处理装置中回收物与脱除物分离的要害和枢纽部位。该部位的特殊性主要表现在塔顶。

1. 塔顶进料的特殊性

1) 塔顶液相低温进

当油田气冷冻分离采用多级冷凝、凝液多级分离时，脱乙烷塔多采用自塔底到塔顶的多股进料；底部进料温度高、组分重；顶部进料温度低、组分轻；中部从下至上温度和组分界于前两者之间。这样可以大幅度地降低塔内的传质和传热负荷，有利于提高精馏分离效果。

但在很多情况下，人们为了简化工艺流程，只采取两股进料：一股是膨胀机入口前凝液，组分较重，进入塔中部；一股是膨胀机出口后凝液，自塔顶进入。

2) 塔顶为气液相低温混合进料

当装置的膨胀机出口部位不设置低温凝液分离器时，膨胀机出口气液相混合物直接进入脱乙烷塔顶部。

3) 塔顶无进料

一些小型浅冷油田气分离装置，为了节约工程投资而简化工艺流程，将各级冷冻分离的凝液混合到一起，然后用泵送入脱乙烷塔的中部，此时塔顶无进料。

2. 塔顶无液相产品

通常的精馏塔，塔顶以液相产品为回流来控制塔顶温度。但脱乙烷塔的塔顶产品是甲烷和乙烷，无法将其液化作为回流，所以必须采取特殊措施来控制塔顶温度，如用冷剂循环供给塔顶冷量。

3. 塔顶处于低温

由于塔顶组分的限制，在一定的压力条件下，其露点处于常温以下的低温，而且全塔上下温差很大。

4. 分离要求苛刻

脱乙烷塔塔顶是回收物与脱除物绝然分离的地方。脱除物中带走的丙烷不可能再进行回收，回收物中所含的残留乙烷也难于再进行脱除，因此，这里的分离决定了全装置的丙烷收率，也决定了丙烷或液化气中的乙烷含量。由于人们总是希望提高丙烷收率和降低液相产品中的乙烷含量，所以，这里的分离要求是苛刻的。

(二) 脱乙烷塔的几种塔顶形式

由于脱乙烷塔塔顶的特殊性和重要性，多年来工艺设计师们曾根据油田气处理装置的规模大小、产品收率要求等不同条件，先后设计出了多种形式的工艺过程，这里仅列举其中的五种加以简明介绍。

如图 8-22 所示，其中的图 8-22 (c) 结构最为简单，膨胀机出口的低温气液混合流体直接进入脱乙烷塔的顶部，省去了最后一级凝液分离器，或者说是将最后一级凝液分离器合并到脱乙烷塔的塔顶。但这样引出的主要缺点有二：一是由于脱乙烷塔塔顶温度和组成的限制，要求膨胀机出口必须保持足够高的压力；二是该物料流量大，其中甲烷相对含量较高，根据气—液相平衡规律，较在相同情况下设凝液分离的丙烷收率要少 3%～5% 左右。

图 8-22 (a) 比较简单，该方案在我国各油田已建的小规模浅冷装置中使用较普遍，进料为最后一级凝液分离器分出的凝液，增压至 1.8～2.5MPa；经塔顶列管式冷凝器复热后进入塔顶。这对提高分离器效果较不复热要好一些，但也像图 8-22 (c) 一样，塔顶温

度也是不可调节的。

图 8-22 (d) 凝液分离器气液产品都流向脱乙烷塔，但气相只通过塔顶冷却器间接散冷量给塔顶，然后与塔顶脱除物混合而去。液相根据压力情况增压或直接进入脱乙烷塔塔顶。该型的优点是塔顶温度较低，有利于提高丙烷收率。

图 8-22 (e) 利用外加冷源的方式来控制塔顶温度，是可调控的，因而塔顶温度的平稳程度较其他几种形式好，生产更有保证。由于塔顶冷量供应充足，可相对提高丙烷收率和降低脱乙烷塔的操作压力。

图 8-22 (b)、(f) 两种形式的共同点是脱乙烷塔塔顶脱出物的去向优于 (a)、(c)、(d) 三种，图 8-22 (b) 脱出气 Ⅳ 进入凝液分离器液位以下，再经过一次凝液吸收后可提高丙烷收率；图 8-22 (f) 的塔顶脱出气再经过一次换冷又可分出部分凝液，该凝液经高架分离器 5 后可返回塔中，故丙烷收率高于其他形式。

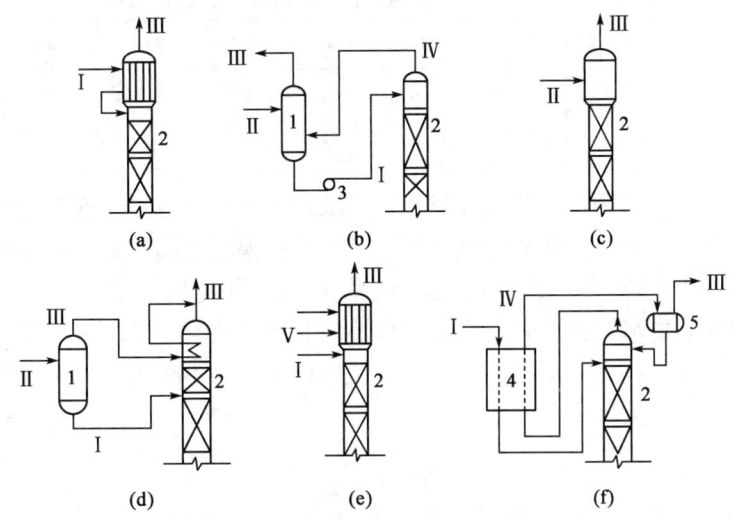

图 8-22 脱乙烷塔的几种塔顶形式

1—最后一级凝液分离器；2—脱乙烷塔；3—凝液泵；4—板式换热器；5—高架分离器；Ⅰ—最后一级凝液分离器分出的凝液；Ⅱ—膨胀机出口低温气液混合物；Ⅲ—干气；Ⅳ—脱乙烷塔塔顶脱出气；Ⅴ—循环制冷冷剂

从设备和工艺流程的繁简程度讲，图 8-22 (b)、(d)、(f) 要较其他几种形式复杂，工程投资相应较高。

由于我国轻烃及其产品比较短缺，市场价格很好，各种油田气处理装置都有很好的经济效益，投资回收期仅 0.5~1.5a。所以，油田气处理装置的工艺方案应以工艺完善、提高收率为主。在投资可以承受的情况下，不应过分强调简化工艺流程及设备，故推荐选用图 8-22 (b)、(d)、(f) 三种工艺形式。

脱乙烷塔的压力就是塔顶温度下的塔顶产品的露点压力。如果压力低，露点也低，要有冷一点的冷源维持塔顶温度。一般地说，塔顶压力在 1600~2800kPa。表 8-5 为脱乙烷塔顶、塔底产品组成。

如果丙烷是回流冷凝器的冷源，丙烷蒸发器的操作压力是常压 (101.325kPa)，蒸发温度是 $-42.07℃$。考虑传热还要有个温差，假定 8℃，乙烷塔顶产品冷凝液温度只能达到 $-34℃$，则塔顶压力至少是 2400kPa，这从表 8-6 可以明显地看出。

表 8-5 脱乙烷塔塔顶、塔底产品组成   单位:%（摩尔分数）

组 分	塔 顶	塔 底	组 分	塔 顶	塔 底
N_2	0.2	0	iC_5	0	10
CO_2	2.72	0	nC_5	0	8.37
C_1	61.66	0	C_6	0	5.7
C_2	32.57	0.99	C_7	0	2.45
C_3	2.83	37.87	C_8	0	0.6
iC_4	0.016	16.06	C_9	0	0.06
nC_4	0.004	17.8	C_{10}	0	0.02

表 8-6 表 8-5 中的组分在不同塔压下露点、泡点

塔压，kPa	1200	1400	1600	1800	2000	2200	2400	2600	2800	3000
塔顶露点,℃	-48	-44	-41	-38	-36	-33	-31	-29	-27	-26
塔底泡点,℃	65	73	80	87	93	99	105	110	115	121

规定了塔压之后，塔顶温度应是在塔压下的塔顶产品的露点，塔底温度是塔底产品液相的泡点。但是，采用这种塔，塔顶产品温度应该比进料温度略高一点。高多少可以从全塔的热平衡计算，因为进入塔的热量已知，塔底产品（塔压下的泡点）的热量也可以算出来。现假设一个比进料略高的塔顶温度，这个温度应比塔顶产品在塔压下的露点高一点或者相等，看这个温度比进料温度高还是低。如果是低。说明产品分割不正确；如果是高，则重沸器的热负荷就可算出。

习 题

1. 我国液化石油气质量标准有哪些要求？在液化石油气生产过程中如何控制其质量？
2. 从天然气混合物的相包络图中可以确定哪些参数？
3. 凝液回收时的压力和温度怎样考虑？压力是否越高越好？温度是否越低越好？为什么？
4. 泡点、露点的定义是什么？如何计算？
5. 部分汽化与部分冷凝分离（即闪蒸分离）如何计算气、液相的组成和汽化率（或液化率）？
6. 精馏的原理是什么？一个完整的精馏塔由哪几部分组成？
7. 对于多组分混合液，如何设计其分馏方案？
8. 冷凝分离法有哪几种方式？各有何优点？适用哪些条件？
9. 冷凝法回收天然气凝液工艺一般有哪几部分构成？说明理由。
10. 可以通过哪些方式改进膨胀机制冷工艺（ISS）？说明理由。
11. 天然气凝液回收工艺方法选择的原则是什么？
12. 轻烃回收的脱乙烷塔的特点是什么？为什么脱乙烷塔与脱丙烷、丁烷塔有差异？

第九章 天然气处理计算机模拟

第一节 软件介绍

　　HYSYS 软件是世界著名油气加工模拟软件工程公司开发的大型专家系统软件。该软件分动态和稳态两大部分，主要用于油田地面工程建设设计和石油石化炼油工程设计计算分析，其动态部分可用于指挥原油生产和储运系统的运行。HYSYS 在油气田地面工程建设中的应用包括：各种集输流程的设计、评估及方案优化，站内管网、长输管线及泵站、管道停输的温降、收发清管球及段塞流的预测，油气分离、油气水三相分离、油气分离器的设计计算，天然气水合物的预测，油气相图的绘制，预测油气的反析点，原油脱水、原油稳定装置设计与优化，天然气脱水（甘醇或分子筛），脱硫装置设计与优化，天然气轻烃回收装置设计与优化，泵、压缩机的选型和计算，等等。

　　HYSYS 软件与同类软件相比具有非常友好的操作界面，方便易学，软件智能化程度高，通过拖拽就可完成设备布置。HYSYS 现在引进了 ASPEN PLUS 组分库，有 4000 种纯组分，25000 个交互作用参数，对原油进行切割生成假组分，热力学状态方程达 29 个之多，可以根据不同的原料气组成，选择合适的状态方程。常用设备单元如下。

一、压缩机/膨胀机

　　Compressor 用于提高入口气的压力。根据所提供的条件，Compressor 计算物流性质（压力或温度）或者是压缩效率。

　　Expander 用于降低入口高压气的压力以产生低压的高速流。膨胀过程将气体的内能转换成动能，最终产生轴功。Expander 单元将计算物流性质或膨胀效率。

二、冷却器/加热器

　　Cooler 和 Heater 单元是单侧热交换器。在入口流的冷却（加热）时需要出口条件，能量流吸收（或提供）的能量，就是出/入口物流的焓差。在使用此单元时，只需关心工艺物流的冷却或加热需要多少公用工程能量，而不必关心公用工程的自身的条件。

三、换热器

　　Heat Exchanger 进行两侧的能量和物质的平衡计算。换热器的功能很强大，可计算温度、压力、热流（包括热损失和热泄露）、物料的质量流率或 UA。

四、冷箱

　　LNG 换热器模型用于计算多股流换热器和换热器网络的热量和质量的平衡问题。此计算方法可以处理多个不同的规定和未知的变量。冷箱可处理多股物流，而换热器仅处理一个热侧热流和一个冷侧冷流。

五、混合器

Mixer 进料物流多于两个，但仅有一个产品物流。Mixer 完成热量和质量平衡计算。在入口和出口要有一个未知温度，才可进行严格的计算。如果入口流的全部性质都已知（温度、压力和组成），出口流性质可自动计算出来，因为物流的组成、压力和焓都是已知的。

六、管道

Pipe Segment 可广泛用于模拟各种各样的管道状态计算，能进行单管和多管的工厂配管的设计，可进行严格的热传递计算，并能解决大型的管段网络问题。

七、泵

Pump 单元操作用以增加入口液体物流的压力。根据所提供的条件，泵计算未知的压力、温度或者泵的效率。

八、2/3 相分离器、储罐

Separator/3-Phase Separator/Tank 都使用相同的特性视窗，此页带有操作切换钮，以此可以很容易地将单元从一个转换到另一个。

Separator：多股进料，一股气相和一股液相产品。

3-Phase Separator：多股进料，一股气相和两股液相产品，三相分离器将其容器内物料可分成气相、轻液相和重液相。

Tank：多股进料，一股液相产品，储罐通常用于模拟液体的平衡器。

九、塔

HYSYS 塔处理中可以使用精馏塔（Distillation Column）、回流吸收塔（Refluxed Absorber）、再沸吸收塔（Reboiled Absorber）、吸收塔（Absorber）和简捷塔（Short Cut Distillation）。

十、阀门

Valve 单元操作对有关的两个物流进行热量和物料的平衡计算，需要输入的是进口及出口物流，也可以指定通过该阀的压力降。

第二节　三甘醇脱水工艺模拟

一、工艺流程

三甘醇脱水典型工艺流程见图 9-1。

二、基础数据

（1）三甘醇脱水工艺模拟天然气组成见表 9-1。

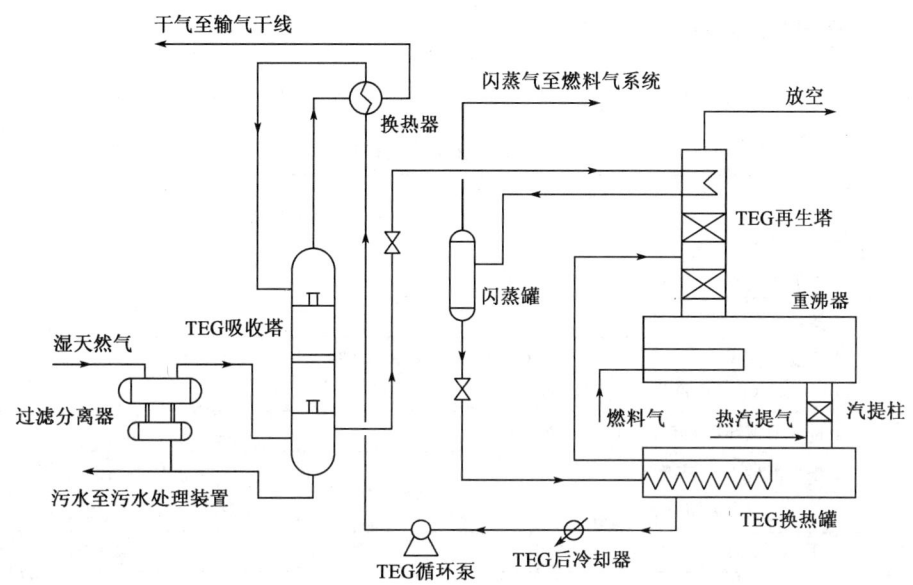

图 9-1 三甘醇脱水典型工艺流程

表 9-1 三甘醇脱水工艺模拟天然气组成(脱硫后数据)

组　分	C_1	C_2	C_3	iC_4	nC_4	CO_2	N_2	H_2O
摩尔分数,%	95.48	0.33	0.03	0.01	0.01	2.75	1.29	0.10

(2) 进气温度:28℃。
(3) 进气压力:4.5MPa。
(4) 天然气处理量:$100 \times 10^4 m^3/d$ (101.325kPa,20℃)。
(5) 外输干气水露点要求:-13℃。

三、HYSYS 软件计算模型

三甘醇脱水 HYSYS 软件计算模型见图 9-2。

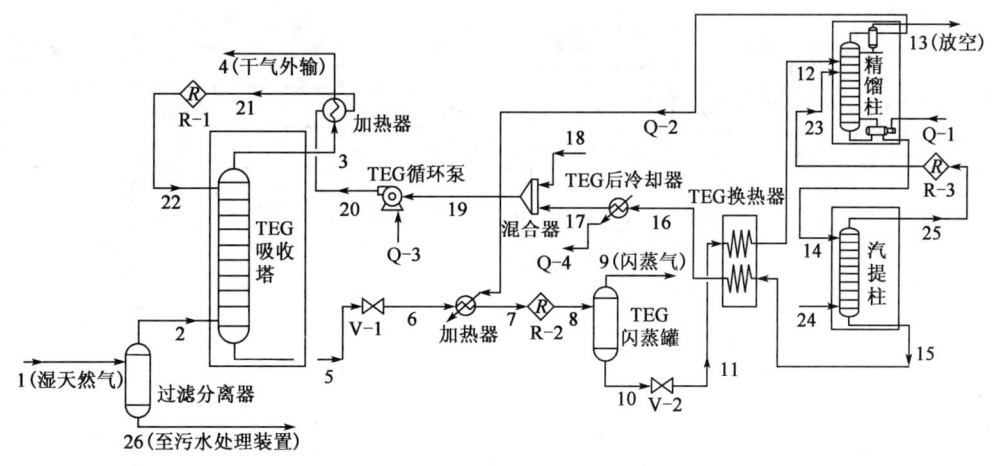

图 9-2 三甘醇脱水 HYSYS 软件计算模型
1~26 为流号

四、工艺计算详细步骤

三甘醇脱水的工艺计算共分为 18 个步骤，按表 9-2 至表 9-19 依次进行。

表 9-2 输入基础数据

步骤	内容	数据或流号
1	新建 new case	
2	添加物流包 Fluid Pkgs - Add	
3	选择状态方程 P-R	
4	添加组分 View - Add Pure (C_1, C_2, C_3, iC_4, nC_4, CO_2, N_2, H_2O, TEG)	
5	进入模拟环境 enter simulation environment	
6	添加流号 1（湿天然气）	流号 1（湿天然气）
7	温度 Temperature, ℃	取 28
8	压力 Pressure, MPa	取 4.5
9	摩尔流率 Molar Flow, kmol/h（折算方法：标准状态下不断改变 conditions 页的 Molar Flow 值，直到 Properties 的 Act. Volume Flow 值为 $1\times 10^6 \mathrm{m^3/d}$）	折算结果 1714
10	输入 composition (mole fraction)	取
	C_1, %	95.4800
	C_2, %	0.3300
	C_3, %	0.0300
	iC_4, %	0.0100
	nC_4, %	0.0100
	CO_2, %	2.7500
	N_2, %	1.2900
	H_2O, %	0.1000
	TEG, %	0.0000
11	添加流号 22	流号 22
12	温度 Temperature, ℃	取 37
13	压力 Pressure, MPa	取 4.55
14	摩尔流率 Molar Flow, kmol/h（试算得到）	试算结果 3.85
15	输入 composition molar fraction（试算得到）	试算结果
	C_1, %	0.0541
	C_2, %	0.0006
	C_3, %	0.0001
	iC_4, %	0.0000
	nC_4, %	0.0000
	CO_2, %	0.0012
	N_2, %	0.0006
	H_2O, %	7.5504
	TEG, %	92.3932

表 9-3 添加过滤分离器

步骤	内容	数据或流号
1	添加两相分离器 Separator	
2	进料 Inlets	流号 1（湿天然气）
3	气相出料 Vapour Outlet	流号 2
4	液相出料 Liquid Outlet	流号 26（至污水处理装置）

表 9-4 添加 TEG 吸收塔

步骤	内容	数据或流号
1	添加吸收塔 Absorber	
2	塔顶进料 Top Stage Inlet	流号 22
3	塔底进料 Bottom Stage Inlet	流号 2
4	塔顶出料 Ovhd Vapour Outlet	流号 3
5	塔底出料 Bottom Liquid Outlet	流号 5
6	塔板数 Stages	7 块板
7	Next	
8	塔顶压力 Top Stage Pressure，MPa	取 4.45
9	塔底压力 Bottom stage Pressure，MPa	取 4.49
10	Next	
11	完成 Done	
12	运行 Run	

表 9-5 看露点（试算露点值直到达到要求）

步骤	内容	数据或流号
1	双击流号 3	
2	Properties	
3	Append New Correlation	
4	Gas	
5	Water Dew Point	
6	Apply	
7	Properties（性质窗口最下方）	
8	查看水露点 Water Dew Point，℃	试算结果 −13.27℃
9	若水露点不满足要求，则调整贫液浓度、流量和塔板数	

表 9-6 添加节流阀 V-1

步骤	内容	数据或流号
1	添加节流阀 Valve	
2	进料 Inlet	流号 5
3	出料 Outlet	流号 6
4	定义流号 6	
5	压力 Pressure，MPa	取 0.6

表 9-7 添加加热器

步骤	内容	数据或流号
1	添加加热器 Heater	
2	进料 Inlet	流号 6
3	出料 Outlet	流号 7
4	能流 Energy	流号 Q-2
5	Design	
6	Parameters	
7	压损 Delta P, kPa	取 50

表 9-8 添加 TEG 闪蒸罐

步骤	内容	数据或流号
1	添加两相分离器 Separator	
2	进料 Inlets	流号 8
3	气相出料 Vapour Outlet	流号 9（闪蒸气）
4	液相出料 Liquid Outlet	流号 10
5	定义流号 8（试算得到）	
6	温度 Temperature,℃	试算结果 103.9
7	压力 Pressure, MPa（与流号 7 相同）	取 0.55
8	摩尔流率 Molar Flow, kmol/h（与流号 7 相同）	取 5.561
9	输入 composition mole fraction（试算得到）	试算结果
	C_1,%	1.1448
	C_2,%	0.0117
	C_3,%	0.0018
	iC_4,%	0.0003
	nC_4,%	0.0003
	CO_2,%	0.5892
	N_2,%	0.0982
	H_2O,%	34.1949
	TEG,%	63.9589

表 9-9 添加节流阀 V-2

步骤	内容	数据或流号
1	添加节流阀 Valve	
2	进料 Inlet	流号 10
3	出料 Outlet	流号 11
4	定义流号 11	
5	压力 Pressure, MPa	取 0.26

表 9-10 添加 TEG 换热器

步骤	内容	数据或流号
1	添加换热器 LNG Exchanger（此处也可用 Heat Exchanger）	
2	通道压损 Pressure Drop, kPa	取 50
3	热流 Inlet	流号 15
4	热流 Outlet	流号 16
5	冷流 Inlet	流号 11
6	冷流 Outlet	流号 12
7	定义流号 12	
8	温度 Temperature, ℃	取 149

表 9-11 添加精馏柱

步骤	内容	数据或流号
1	添加流号 23 并定义（试算得到）	流号 23
2	温度 Temperature, ℃	试算结果 193.1
3	压力 Pressure, MPa	试算结果 0.1263
4	摩尔流率 Molar Flow, kmol/h	试算结果 0.2089
5	输入 composition mole fraction（试算结果）	试算结果
	C_1, %	20.1904
	C_2, %	0.1047
	C_3, %	0.0079
	iC_4, %	0.0013
	nC_4, %	0.0019
	CO_2, %	0.1283
	N_2, %	0.1149
	H_2O, %	73.3446
	TEG, %	6.1060
6	添加精馏塔 Distillation Column	
7	塔板数 Stages	3 块板
8	进料 Inlet	流号 12
9	进料位置 Inlet Stage	第 3 块板
10	进料 Inlet	流号 23
11	进料位置 Inlet Stage	再沸器 Reboiler
12	塔顶出料 Ovhd Vapour Outlet（Full Rflx）	流号 13（放空）
13	冷凝器能流 Condenser Energy Stream	流号 Q-2
14	塔底出料 Bottoms Liquid Outlet	流号 14
15	再沸器能流 Reboiler Energy Stream	流号 Q-1
16	Next	
17	Next	

续表

步　骤	内　　容	数据或流号
18	冷凝器压力 Condenser Pressure，MPa	取 0.1113
19	再沸器压力 Reboiler Pressure，MPa	取 0.1263
20	Next	
21	Next	
22	完成 Done	
23	添加约束 Monitor - Specifications	
24	回流比 Reflux Ratio（试算得到）	试算结果 1.5
25	激活 Active	
26	取消激活 Ovhd Vap Rate	
27	添加额外约束 Add Spec	
28	Column Temperature	
29	Name	再沸器温度
30	Stage	Reboiler
31	Spec Value，℃（试算得到）	试算结果 195
32	激活 Active	
33	运行 Run	
34	若精馏塔出现黄色警告，反复 Run 几次即可	
35	精馏塔完成计算	

表 9-12　添加汽提柱

步　骤	内　　容	数据或流号
1	添加汽提柱 Absorber	
2	塔板数 Stages	2 块板
3	塔顶进料 Top Stage Inlet	流号 14
4	塔底进料 Bottom Stage Inlet	流号 24
5	塔顶出料 Ovhd Vapour Outlet	流号 25
6	塔底出料 Bottom Liquid Outlet	流号 15
7	Next	
8	塔顶压力 Top Stage Pressure，MPa	取 0.1263
9	塔底压力 Bottom stage Pressure，MPa	取 0.1263
10	Next	
11	完成 Done	
12	定义流号 24	
13	温度 Temperature，℃	取 180
14	压力 Pressure，MPa	取 0.145
15	摩尔流率 Molar Flow，kmol/h（试算得到）	折算结果 0.045

续表

步骤	内 容	数据或流号
16	输入 composition mole fraction	取
	C_1,%	98.1297
	C_2,%	0.5315
	C_3,%	0.0420
	iC_4,%	0.0067
	nC_4,%	0.0100
	CO_2,%	0.6898
	N_2,%	0.5812
	H_2O,%	0.0090
	TEG,%	0.0000
17	双击汽提柱 Absorber	
18	运行 Run	
19	汽提塔完成计算	

表 9-13 添加循环 R-3

步骤	内 容	数据或流号
1	添加循环 R-3 Recycle	
2	进料 Inlet	流号 25
3	出料 Outlet	流号 23
4	软件自动完成迭代计算	

表 9-14 添加循环 R-2

步骤	内 容	数据或流号
1	添加循环 R-2 Recycle	
2	进料 Inlet	流号 7
3	出料 Outlet	流号 8
4	软件自动完成迭代计算	
5	若精馏塔出现黄色警告，反复 Run 几次即可	

表 9-15 添加 TEG 后冷却器

步骤	内 容	数据或流号
1	添加冷却器 Cooler	
2	进料 Inlet	流号 16
3	出料 Outlet	流号 17
4	能流 Energy	流号 Q-4
5	Design	
6	Parameters	
7	设备压损 Delta P，kPa	取 50
8	定义流号 17	
9	温度 Temperature，℃	取 82

表 9-16 添加混合器（此处混合器起到缓冲罐的作用）

步骤	内容	数据或流号
1	添加混合器并 Mixer	
2	进料 Inlets	流号 17
3	进料 Inlets	流号 18
4	出料 Outlet	流号 19
5	定义流号 18（参考流号 17）	
6	温度 Temperature,℃	取 82
7	压力 Pressure，MPa	0.0263
8	输入 composition（mole fraction）	取
	C_1，%	0.0541
	C_2，%	0.0006
	C_3，%	0.0001
	iC_4，%	0.0000
	nC_4，%	0.0000
	CO_2，%	0.0012
	N_2，%	0.0006
	H_2O，%	7.5504
	TEG，%	92.3932
9	定义流号 19	
10	摩尔流率 Molar Flow，kmol/h（与流号 22 相同）	3.85

表 9-17 添加 TEG 循环泵

步骤	内容	数据或流号
1	添加泵 Pump	
2	进料 Inlet	流号 19
3	出料 Outlet	流号 20
4	能流 Energy	流号 Q-3
5	定义流号 20	
6	压力 Pressure，MPa	取 4.6

表 9-18 添加贫三甘醇溶液/干气换热器

步骤	内容	数据或流号
1	添加换热器 Heat Exchanger	
2	管程进料 Tube Side Inlet	流号 3
3	管程出料 Tube Side Outlet	流号 4（干气外输）
4	壳程进料 Shell Side Inlet	流号 20
5	壳程出料 Shell Side Outlet	流号 21
6	参数 Parameters	
7	管程/壳程压损 Delta P，kPa	取 50
8	定义流号 21（与流号 22 相同）	
9	温度 Temperature,℃	取 37

表 9-19 添加循环 R-1

步骤	内容	数据或流号
1	添加循环 R-1 Recycle	
2	进料 Inlet	流号 21
3	出料 Outlet	流号 22
4	软件自动完成迭代计算	
5	完成整个流程的模拟	

五、计算结果汇总

经过软件模拟计算,得到各关键参数(表 9-20),各流号计算结果汇总见表 9-21。

表 9-20 关键参数模拟计算结果

三甘醇比循环量,L/kg	16.7
贫三甘醇溶液浓度,%(质量分数)	99.02
干气水露点,℃	−13.4
汽提气量,m^3/L(汽提气/三甘醇)	0.002
精馏柱再沸器功率,kW	63.48

表 9-21 各流号计算结果汇总

点号		1	2	3	4	5	6	7	8	9
气相分数		1.0000	1.0000	1.0000	1.0000	0.0000	0.0121	0.0132	0.0132	1.0000
温度,℃		28.00	28.00	28.96	29.53	28.71	32.19	103.90	103.90	103.90
压力,MPa		4.50	4.50	4.45	4.40	4.49	0.60	0.55	0.55	0.55
摩尔流率,kmol/h		1714.0	1714.0	1712.0	1712.0	5.561	5.561	5.561	5.561	0.073
相对分子质量		17.03	17.03	17.03	17.03	102.7	102.7	102.7	102.7	21.67
质量焓,kJ/kg		−4910	−4910	−4899	−4897	−5958	−5958	−5775	−5775	−6285
质量熵,kJ/(kg·℃)		8.899	8.899	8.911	8.923	1.155	1.185	1.721	1.721	8.381
组成	C_1	95.4795	95.4795	95.5714	95.5714	1.1448	1.1448	1.1448	1.1448	70.3060
	C_2	0.3300	0.3300	0.3303	0.3303	0.0117	0.0117	0.0117	0.0117	0.5611
	C_3	0.0300	0.0300	0.0300	0.0300	0.0018	0.0018	0.0018	0.0018	0.0686
	iC_4	0.0100	0.0100	0.0100	0.0100	0.0003	0.0003	0.0003	0.0003	0.0119
	nC_4	0.0100	0.0100	0.0100	0.0100	0.0003	0.0003	0.0003	0.0003	0.0131
	CO_2	2.7503	2.7503	2.7511	2.7511	0.5892	0.5892	0.5892	0.5892	17.2240
	N_2	1.2901	1.2901	1.2911	1.2911	0.0982	0.0982	0.0982	0.0982	4.4144
	H_2O	0.1000	0.1000	0.0060	0.0060	34.1949	34.1949	34.1949	34.1949	7.3814
	TEG	0.0000	0.0000	0.0000	0.0000	63.9589	63.9589	63.9589	63.9589	0.0194
点号		10	11	12	13	14	15	16	17	18
气相分数		0.0000	0.0029	0.0176	1.0000	0.0000	0.0000	0.0001	0.0005	0.0005
温度,℃		103.90	104.10	149.00	101.10	195.00	191.30	142.70	82.00	82.00

续表

点　　号		10	11	12	13	14	15	16	17	18
压力，MPa		0.55	0.26	0.21	0.1113	0.1263	0.1263	0.0763	0.0263	0.0263
摩尔流率，kmol/h		5.488	5.488	5.488	1.692	4.005	3.841	3.841	3.841	0.009
相对分子质量		103.8	103.8	103.8	18.91	135.5	140.1	140.1	140.1	140.1
质量焓，kJ/kg		−5774	−5774	−5642	−12560	−5043	−5004	−5144	−5300	−5300
质量熵，kJ/(kg·℃)		1.702	1.704	2.034	9.710	2.154	2.109	1.792	1.386	1.386
组成	C_1	0.2222	0.2222	0.2222	3.2081	0.0022	0.0541	0.0541	0.0541	0.0541
	C_2	0.0043	0.0043	0.0043	0.0269	0.0000	0.0006	0.0006	0.0006	0.0006
	C_3	0.0009	0.0009	0.0009	0.0038	0.0000	0.0001	0.0001	0.0001	0.0001
	iC_4	0.0001	0.0001	0.0001	0.0005	0.0000	0.0000	0.0000	0.0000	0.0000
	nC_4	0.0001	0.0001	0.0001	0.0006	0.0000	0.0000	0.0000	0.0000	0.0000
	CO_2	0.3673	0.3673	0.3673	1.2070	0.0000	0.0012	0.0012	0.0012	0.0012
	N_2	0.0407	0.0407	0.0407	0.1460	0.0000	0.0006	0.0006	0.0006	0.0006
	H_2O	34.5526	34.5526	34.5526	94.9311	11.0663	7.5504	7.5504	7.5504	7.5504
	TEG	64.8118	64.8118	64.8118	0.4759	88.9314	92.3932	92.3932	92.3932	92.3932

点　　号		19	20	21	22	23	24	25	26
气相分数		0.0005	0.0000	0.0000	0.0000	1.0000	1.0000	1.0000	0.0000
温度，℃		82.00	81.56	37.00	37.00	193.10	180.00	193.10	28.00
压力，MPa		0.0263	4.6	4.55	4.55	0.1263	0.145	0.1263	4.50
摩尔流率，kmol/h		3.85	3.85	3.85	3.85	0.2089	0.045	0.2089	0.00
相对分子质量		140.1	140.1	140.1	140.1	25.75	16.4	25.75	18.03
质量焓，kJ/kg		−5300	−5292	−5394	−5394	−8885	−4307	−8885	−15860
质量熵，kJ/(kg·℃)		1.386	1.378	1.070	1.070	8.146	12.06	8.146	3.022
组成	C_1	0.0541	0.0541	0.0541	0.0541	20.1904	98.1297	20.1904	0.0000
	C_2	0.0006	0.0006	0.0006	0.0006	0.1047	0.5315	0.1047	0.0000
	C_3	0.0001	0.0001	0.0001	0.0001	0.0079	0.0420	0.0079	0.0000
	iC_4	0.0000	0.0000	0.0000	0.0000	0.0013	0.0067	0.0013	0.0000
	nC_4	0.0000	0.0000	0.0000	0.0000	0.0019	0.0100	0.0019	0.0000
	CO_2	0.0012	0.0012	0.0012	0.0012	0.1283	0.6898	0.1283	0.0444
	N_2	0.0006	0.0006	0.0006	0.0006	0.1149	0.5812	0.1149	0.0007
	H_2O	7.5504	7.5504	7.5504	7.5504	73.3446	0.0090	73.3446	99.9549
	TEG	92.3932	92.3932	92.3932	92.3932	6.1060	0.0000	6.1060	0.0000

第三节 轻烃回收工艺模拟

一、工艺流程

图 9-3 为膨胀制冷轻烃回收工艺流程。

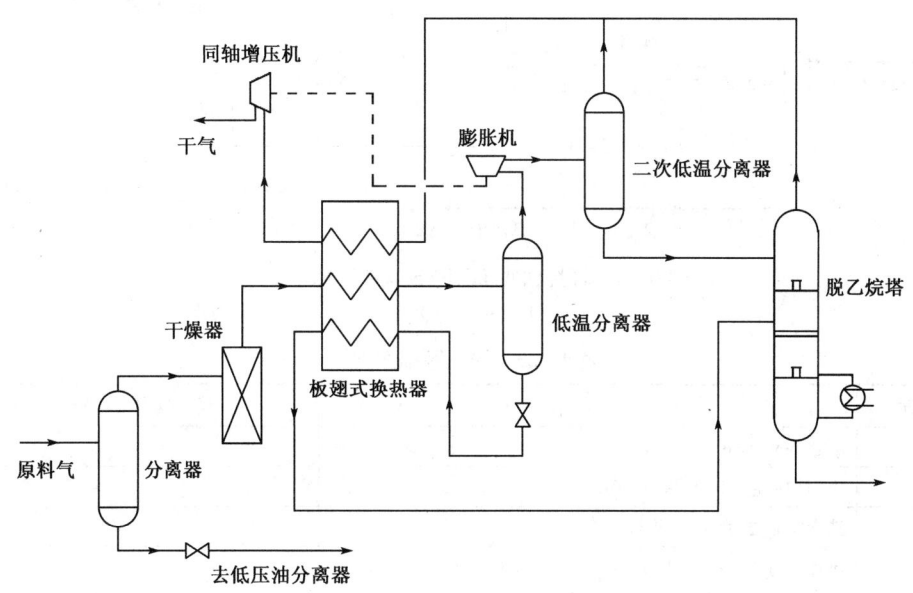

图 9-3 膨胀制冷轻烃回收工艺流程

二、基础数据

(1) 轻烃回收工艺模拟原料气组成见表 9-22。

表 9-22 轻烃回收工艺模拟原料气组成

组分	C_1	C_2	C_3	iC_4	nC_4	iC_5	nC_5	C_6	C_7	C_8	C_9	N_2	CO_2
摩尔分数,%	83.45	6.65	3.37	0.84	1.05	0.39	0.33	0.31	0.18	0.06	0.01	2.34	1.02

(2) 进气温度：28℃。

(3) 进气压力：4.5MPa。

(4) 天然气处理量：$100 \times 10^4 m^3/d$ (101.325kPa, 20℃)。

(5) 工艺要求：干气外输压力大于 1.25MPa。

三、HYSYS 软件计算模型

轻烃回收 HYSYS 软件计算模型见图 9-4。

四、工艺计算详细步骤

轻烃回收的工艺计算分为 14 个步骤，依次按表 9-23 至表 9-36 进行。

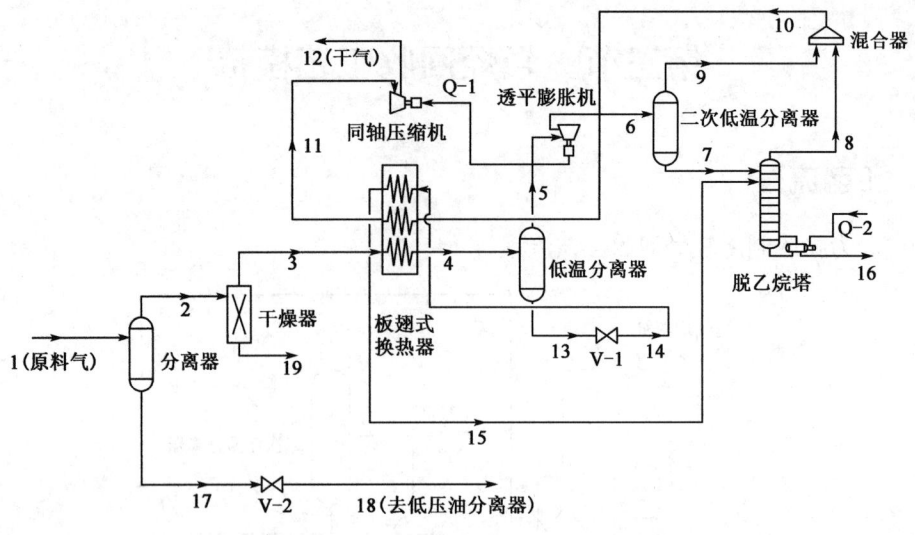

图 9-4 轻烃回收 HYSYS 软件计算模型
1~19 为流号

表 9-23 输入基础数据

步 骤	内 容	数据或流号
1	新建 new case	
2	添加物流包 Fluid Pkgs - Add	
3	选择状态方程 Sour SRK	
4	添加组分 View - Add Pure（C_1，C_2，C_3，iC_4，nC_4，iC_5，nC_5，C_6，C_7，C_8，C_9，N_2，CO_2）	
5	进入模拟环境 enter simulation environment	
6	添加流号 1（原料气）	流号 1（原料气）
7	温度 Temperature,℃	取 28
8	压力 Pressure, MPa	取 4.5
9	摩尔流率 Molar Flow, kmol/h（折算方法：标准状态下不断改变 conditions 页的 Molar Flow 值，直到 Properties 的 Act. Volume Flow 值为 $1 \times 10^6 m^3/d$)	折算结果 1765
10	输入组分 composition（mole fraction）	取
	C_1,%	83.4500
	C_2,%	6.6500
	C_3,%	3.3700
	iC_4,%	0.8400
	nC_4,%	1.0500
	iC_5,%	0.3900
	nC_5,%	0.3300
	C_6,%	0.3100
	C_7,%	0.1800
	C_8,%	0.0600
	C_9,%	0.0100
	N_2,%	2.3400
	CO_2,%	1.0200

表 9-24　添加立式分离器

步　骤	内　　容	数据或流号
1	添加两相分离器 Separator	
2	进料 Inlets	流号 1（原料气）
3	气相出料 Vapour Outlet	流号 2
4	液相出料 Liquid Outlet	流号 17

表 9-25　添加节流阀 V-2

步　骤	内　　容	数据或流号
1	添加节流阀 Valve	
2	进料 Inlet	流号 17
3	出料 Outlet	18（去低压油分离器）

表 9-26　添加干燥器（此处组分分配器起到干燥器的作用）

步　骤	内　　容	数据或流号
1	添加组分分配器 Component Splitter	
2	进料 Inlets	流号 2
3	顶部出料 Overhead Outlet	流号 3
4	底部出料 Bottoms Outlet	流号 19
6	Design	
7	组分分配 Splits	流号 3 下全部取 1.00
8	定义流号 3	
9	压力 Pressure，MPa	取 4.5
10	定义流号 21	
11	温度 Temperature，℃	取 28
12	压力 Pressure，MPa	取 4.5

表 9-27　添加板翅式换热器

步　骤	内　　容	数据或流号
1	添加板翅式换热器 LNG Exchanger	
2	添加一个通道 Add Side	
3	设为冷流通道（共有两个冷流，一个热流）	Cold
4	各通道压损，kPa	取 50
5	定义热流通道	
6	进料 Inlet Streams	流号 3
7	出料 Outlet Streams	流号 4
8	定义流号 4	
9	温度 Temperature，℃（试算得到）	取 -47.0

表 9-28 添加低温冷凝分离器

步骤	内 容	数据或流号
1	添加低温冷凝分离器 Separator	
2	进料 Inlets	流号 4
3	气相出料 Vapour Outlet	流号 5
4	液相出料 Liquid Outlet	流号 13

表 9-29 添加膨胀机

步骤	内 容	数据或流号
1	添加膨胀机 Expander	
2	进料 Inlet	流号 5
3	出料 Outlet	流号 6
4	能流 Energy	能号 Q-1
5	绝热效率	75%
6	定义流号 6	
7	压力 Pressure，MPa	取 1.0

表 9-30 添加二次低温冷凝分离器

步骤	内 容	数据或流号
1	添加二次低温冷凝分离器 Separator	
2	进料 Inlets	流号 6
3	气相出料 Vapour Outlet	流号 9
4	液相出料 Liquid Outlet	流号 7

表 9-31 添加节流阀 V-1

步骤	内 容	数据或流号
1	添加节流阀 Valve	
2	进料 Inlet	流号 13
3	出料 Outlet	流号 14
4	定义流号 14	
5	压力 Pressure，MPa	取 1.1

表 9-32 定义板翅式换热器冷流通道

步骤	内 容	数据或流号
1	进料 Inlet Streams	流号 14
2	出料 Outlet Streams	流号 15
3	定义流号 15	
4	温度 Temperature,℃	取 -23.0

表 9-33 添加脱乙烷塔

步骤	内容	数据或流号
1	添加脱乙烷塔 Reboiled Absorber	
2	塔板数 Stages	20 块板子
3	顶部进料 Top Stage Inlet	流号 7
4	中部进料 Reboiler Inlet Stage	流号 15
5	进料位置	第 13 板
6	顶部出料 Ovhd Vapour Outlet	流号 8
7	底部出料 Bottoms Liquid Outlet	流号 16
8	再沸器能流 Reboiler Energy Stream	Q-2
9	Next	
10	Next	
11	顶部塔板压力 Top Stage Pressure,MPa	取 0.95
12	底部塔板压力 Reboiler Pressure,MPa	取 1.0
13	Next	
14	Next	
15	Done	
16	添加约束 Design（规定塔底出料丙烷含量）	
17	Monitor	
18	取消 Ovhd Prod Rate 约束	
19	Add Spec	
20	选择 Column Component Flow	
21	Name	塔底 C_3 量
22	Draw	16@COL1
23	Flow Basis	Mass
24	Components	Propane
25	Spec Value（试算得到）	取 2375kg/h（原料气中 C_3 含 2623kg/h）
26	激活	Active
27	运行 Run	
28	脱乙烷塔计算完成	
29	计算 C_3 收率	计算得到 C_3 收率 90.55%

表 9-34 添加混合器

步骤	内容	数据或流号
1	添加混合器 Mixer	
2	进料 Inlets	流号 8 和流号 9
3	出料 Outlet	流号 10

表9-35 定义板翅式换热器冷流通道

步骤	内容	数据或流号
1	进料 Inlet Streams	流号10
2	出料 Outlet Streams	流号11

表9-36 添加同轴压缩机

步骤	内容	数据或流号
1	添加压缩机 Compressor	
2	进料 Inlet	流号11
3	出料 Outlet	流号12（干气）
4	能流 Energy	流号Q-1
5	绝热效率	75%

五、计算结果汇总

经过软件模拟计算，得到各关键参数见表9-37，各流号计算结果汇总见表9-38。

表9-37 关键参数模拟计算结果

丙烷收率,%	90.55
膨胀机/压缩机功率,kW	599.1
脱乙烷塔再沸器功率,kW	510.0

表9-38 各流号计算结果汇总

点号		1	2	3	4	5	6	7
气相分数		0.9954	1.0000	1.0000	0.8710	1.0000	0.9427	0.0000
温度,℃		28.00	28.00	28.00	-47.00	-47.00	-99.20	-99.20
压力,MPa		4.50	4.50	4.50	4.45	4.45	1.00	1.00
摩尔流率,kmol/h		1765	1757	1757	1757	1530	1530	87.74
相对分子质量		20.12	19.92	19.92	19.92	17.80	17.80	29.93
质量焓,kJ/kg		-4037	-4060	-4060	-4311	-4562	-4641	-3868
质量熵,kJ/(kg·℃)		7.633	7.724	7.724	6.761	7.871	8.025	2.921
组成	C_1	83.4500	83.7486	83.7486	83.7486	89.8495	89.8495	33.2596
	C_2	6.6500	6.6518	6.6518	6.6518	5.0496	5.0496	39.6808
	C_3	3.3700	3.3436	3.3436	3.3436	1.2084	1.2084	19.3899
	iC_4	0.8400	0.8218	0.8218	0.8218	0.1354	0.1354	2.3290
	nC_4	1.0500	1.0180	1.0180	1.0180	0.1162	0.1162	2.0138
	iC_5	0.3900	0.3636	0.3636	0.3636	0.0164	0.0164	0.2861
	nC_5	0.3300	0.3016	0.3016	0.3016	0.0095	0.0095	0.1654
	C_6	0.3100	0.2466	0.2466	0.2466	0.0021	0.0021	0.0373
	C_7	0.1800	0.1081	0.1081	0.1081	0.0003	0.0003	0.0046
	C_8	0.0600	0.0222	0.0222	0.0222	0.0000	0.0000	0.0003
	C_9	0.0100	0.0019	0.0019	0.0019	0.0000	0.0000	0.0000
	N_2	2.3400	2.3499	2.3499	2.3499	2.6456	2.6456	0.1192
	CO_2	1.0200	1.0224	1.0224	1.0224	0.9668	0.9668	2.7141

续表

点 号		8	9	10	11	12	13	14
气相分数		1.0000	1.0000	0.9920	1.0000	1.0000	0.0000	0.3484
温度,℃		−54.77	−99.20	−90.84	25.72	60.97	−47.00	−71.79
压力,MPa		0.95	1.00	0.95	0.90	1.32	4.45	1.10
摩尔流率,kmol/h		209.8	1443	1652	1652	1652	226.7	226.7
相对分子质量		22.28	17.06	17.72	17.72	17.72	34.21	34.21
质量焓,kJ/kg		−4071	−4723	−4619	−4368	−4295	−3431	−3431
质量熵,kJ/(kg·℃)		7.250	8.570	8.415	9.509	9.565	2.861	2.951
组成	C_1	59.8942	93.2915	89.0514	89.0514	89.0514	42.5583	42.5583
	C_2	35.3326	2.9432	7.0553	7.0553	7.0553	17.4689	17.4689
	C_3	1.6231	0.1026	0.2956	0.2956	0.2956	17.7587	17.7587
	iC_4	0.0480	0.0020	0.0078	0.0078	0.0078	5.4559	5.4559
	nC_4	0.0239	0.0008	0.0037	0.0037	0.0037	7.1063	7.1063
	iC_5	0.0009	0.0000	0.0001	0.0001	0.0001	2.7077	2.7077
	nC_5	0.0003	0.0000	0.0000	0.0000	0.0000	2.2738	2.2738
	C_6	0.0000	0.0000	0.0000	0.0000	0.0000	1.8968	1.8968
	C_7	0.0000	0.0000	0.0000	0.0000	0.0000	0.8360	0.8360
	C_8	0.0000	0.0000	0.0000	0.0000	0.0000	0.1717	0.1717
	C_9	0.0000	0.0000	0.0000	0.0000	0.0000	0.0149	0.0149
	N_2	0.4313	2.7993	2.4987	2.4987	2.4987	0.3531	0.3531
	CO_2	2.6455	0.8605	1.0872	1.0872	1.0872	1.3979	1.3979

点 号		15	16	17	18	19
气相分数		0.5848	0.0000	0.0000	0.2235	0.0000
温度,℃		−23.00	47.83	28.00	19.60	0.00
压力,MPa		1.05	1.00	4.50	1.00	0.00
摩尔流率,kmol/h		226.7	104.6	8.087	8.087	0.000
相对分子质量		34.21	54.55	65.40	65.40	0.00
质量焓,kJ/kg		−3248	−2537	−2501	−2501	0.00
质量熵,kJ/(kg·℃)		3.766	1.825	1.631	1.675	0.000
组成	C_1	42.5583	0.0000	18.5745	18.5745	0.0000
	C_2	17.4689	0.2783	6.2628	6.2628	0.0000
	C_3	17.7587	51.4801	9.1151	9.1151	0.0000
	iC_4	5.4559	13.6768	4.7952	4.7952	0.0000
	nC_4	7.1063	17.0363	8.0051	8.0051	0.0000
	iC_5	2.7077	6.1043	6.1204	6.1204	0.0000
	nC_5	2.2738	5.0641	6.5003	6.5003	0.0000
	C_6	1.8968	4.1405	14.0914	14.0914	0.0000
	C_7	0.8360	1.8149	15.8049	15.8049	0.0000
	C_8	0.1717	0.3723	8.2786	8.2786	0.0000
	C_9	0.0149	0.0323	1.7651	1.7651	0.0000
	N_2	0.3531	0.0000	0.1948	0.1948	0.0000
	CO_2	1.3979	0.0000	0.4919	0.4919	0.0000

第四节 脱硫工艺模拟

一、工艺流程

图 9-5 为醇胺脱硫工艺流程。

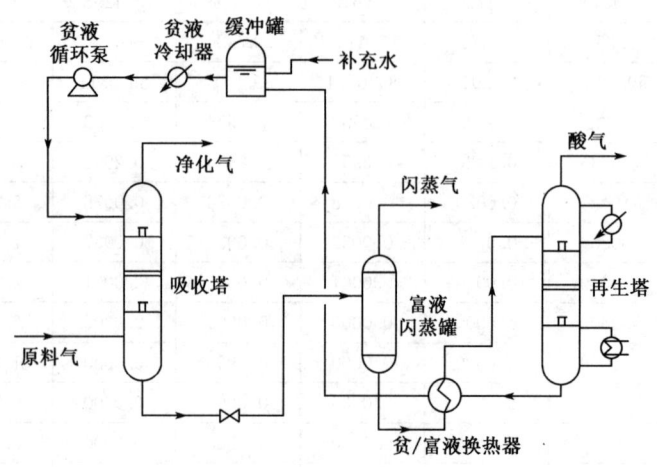

图 9-5 醇胺脱硫工艺流程

二、基础数据

(1) 醇胺脱硫原料气组成见表 9-39。

表 9-39 原 料 气 组 成

组　　分	C_1	C_2	C_3	iC_4	nC_4	iC_5	nC_5	N_2	CO_2	H_2S
摩尔分数,%	88.30	3.93	0.91	0.28	0.28	0.12	0.12	0.15	4.19	1.72

(2) 进气温度：28℃。
(3) 进气压力：4.5MPa。
(4) 天然气处理量：$100×10^4 m^3/d$（101.325kPa，20℃）。
(5) 化学溶剂：DEA。
(6) 质量指标按二类天然气：H_2S 含量不大于 $20mg/m^3$，CO_2 含量不大于 3%（体积分数）（见 GB 17820—2012）。

三、HYSYS 软件计算模型

轻烃回收 HYSYS 软件计算模型见图 9-6。

四、工艺计算详细步骤

醇胺脱硫工艺计算共分为 10 个步骤，按表 9-40 至表 9-49 依次进行。

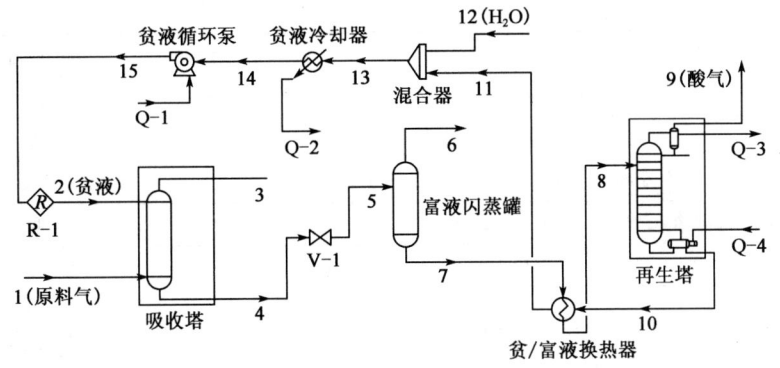

图 9-6 醇胺脱硫工艺流程
1~15 为流号

表 9-40 输入基础数据

步骤	内容	数据或流号
1	新建 new case	
2	添加物流包 Fluid Pkgs - Add	
3	选择状态方程 Amine Pkg	
4	添加组分 View - Add Pure (C_1, C_2, C_3, iC_4, nC_4, iC_5, nC_5, N_2, CO_2, H_2S, H_2O, DEAmine)	
5	进入模拟环境 enter simulation environment	
6	添加流号 1（原料气）	流号 1
7	温度 Temperature, ℃	取 28
8	压力 Pressure, MPa	取 4.5
9	摩尔流率 Molar Flow, kmol/h（折算方法：标准状态下不断改变 conditions 页的 Molar Flow 值，直到 Properties 的 Act. Volume Flow 值为 $1 \times 10^6 m^3/d$）	折算结果 1715
10	输入组分 composition (mole fraction)	取
	C_1, %	88.3000
	C_2, %	3.9300
	C_3, %	0.9100
	iC_4, %	0.2800
	nC_4, %	0.2800
	iC_5, %	0.1200
	nC_5, %	0.1200
	N_2, %	0.1500
	CO_2, %	4.1900
	H_2S, %	1.7200
	H_2O, %	0.0000
	DEA, %	0.0000
11	添加流号 2（贫液）	流号 2（贫液）

续表

步骤	内　容	数据或流号
12	温度 Temperature,℃（试算得到）	试算结果 39.71
13	压力 Pressure, MPa	取 5.0
14	摩尔流率 Molar Flow, kmol/h（试算得到）	试算结果 2490
15	输入组分 composition（mole fraction）（试算得到）	取
	C_1,%	0.0000
	C_2,%	0.0000
	C_3,%	0.0000
	iC_4,%	0.0000
	nC_4,%	0.0000
	iC_5,%	0.0000
	nC_5,%	0.0000
	N_2,%	0.0000
	CO_2,%	0.0966
	H_2S,%	0.0051
	H_2O,%	93.0572
	DEA,%	6.8411

表 9-41　添加吸收塔

步骤	内　容	数据或流号
1	添加吸收塔 Absorber	
2	塔顶进料 Top Stage Inlet	流号 2（贫液）
3	塔底进料 Bottom Stage Inlet	流号 1（原料气）
4	塔顶出料 Ovhd Vapour Outlet	流号 3
5	塔底出料 Bottom Liquid Outlet	流号 4
6	塔板数 Stages	14 块板
7	Next	
8	塔顶压力 Top Stage Pressure, MPa	取 4.47
9	塔底压力 Bottom stage Pressure, MPa	取 4.49
10	Next	
11	完成 Done	
12	运行 Run	
13	查看流号 3 的 CO_2 和 H_2S 含量是否满足要求，若不满足则调整贫液浓度、流量和塔板数	

表 9-42　添加节流阀 V-1

步骤	内　容	数据或流号
1	添加节流阀 Valve	
2	进料 Inlet	流号 4
3	出料 Outlet	流号 5
4	出料压力 Outlet Pressure, MPa	取 0.6

表 9-43 添加富液闪蒸罐

步骤	内容	数据或流号
1	添加富液闪蒸罐 Separator	
2	进料 Inlets	流号 5
3	气相出料 Vapour Outlet	流号 6
4	液相出料 Liquid Outlet	流号 7

表 9-44 添加贫富液换热器

步骤	内容	数据或流号
1	添加换热器 Heat Exchanger	
2	管程进料 Tube Side Inlet	流号 7
3	管程出料 Tube Side Outlet	流号 8
4	壳程进料 Shell Side Inlet	流号 10
5	壳程出料 Shell Side Outlet	流号 11
6	Parameters	
7	管程通道压损 Tube Side Delta P, kPa	取 50
8	壳程通道压损 Shell Side Delta P, kPa	取 50
9	定义流号 8	
10	温度 Temperature, ℃	取 90.0

表 9-45 添加再生塔

步骤	内容	数据或流号
1	添加再生塔 Distillation Column	
2	塔板数 Stages	18 块板
3	进料 Inlet Stream	流号 8
4	进料处 Inlet Stage	第 4 块板
5	全回流 Full Rflx	
6	气相出料 Ovhd Vapour Outlet	流号 9（酸气）
7	冷凝器能流 Condenser Energy Stream	能号 Q-3
8	液相出料 Bottoms Liquid Outlet	流号 10
9	再沸器能流 Reboiler Energy Stream	能号 Q-4
10	Next	
11	Next	
12	冷凝器压力 Condenser Pressure, MPa	0.18
13	再沸器压力 Reboiler Pressure, MPa	0.21
14	Next	
15	完成 Done	
16	Design	
17	Monitor	
18	取消激活 Reflux Ratio 和 Ovhd Vap Rate	

续表

步骤	内 容	数据或流号
19	Add Spec	
20	Column Duty	
21	Name	再沸器热负荷
22	Energy Stream	Q-4@COL
23	Spec Value,kJ/h（试算得到）	试算结果 2×10^7
24	Add Spec	
25	Column Temperature	
26	Name	冷凝器温度
27	Stage	Condenser
28	Spec Value,℃（试算得到）	试算结果 98.0
29	运行 Run	
30	再生塔计算完成	

表 9-46 添加混合器（起到补充水的作用）

步骤	内 容	数据或流号
1	添加混合器并 Mixer	
2	进料 Inlets	流号 11
3	进料 Inlets	流号 12（水）
4	出料 Outlet	流号 13
5	定义流号 12（H_2O）	
6	温度 Temperature,℃	取 21
7	压力 Pressure,MPa	0.15
8	输入 composition (mole fraction)	取
	H_2O	1.0000
	其他组分为 0	
9	定义流号 13	
10	摩尔流率 Molar Flow,kmol/h（与流号 2 相同）	2490

表 9-47 添加贫液冷却器

步骤	内 容	数据或流号
1	添加冷却器 Cooler	
2	进料 Inlet	流号 13
3	出料 Outlet	流号 14
4	能流 Energy	流号 Q-2
5	Parameters	
6	设备压损 Delta P,kPa	取 50
7	定义流号 14	
8	温度 Temperature,℃	取 38

表 9-48 添加贫液循环泵

步骤	内容	数据或流号
1	添加泵 Pump	
2	进料 Inlet	流号 14
3	出料 Outlet	流号 15
4	能流 Energy	流号 Q-1
5	定义流号 15	
6	压力 Pressure，MPa	取 5.0

表 9-49 添加循环 R-1

步骤	内容	数据或流号
1	添加循环 R-1 Recycle	
2	进料 Inlet	流号 15
3	出料 Outlet	流号 2（贫液）
4	软件自动完成迭代计算	
5	完成整个流程的模拟	

五、计算结果汇总

经过软件模拟计算，得到各关键参数如表 9-50，各流号计算结果汇总见表 9-51。

表 9-50 关键参数模拟计算结果

产品气 CO_2 含量，%（体积分数）	0.23
产品气 H_2S 含量，mg/m^3	9.5
贫液循环量，kmol/h	2490
贫液浓度，%（质量分数）	29
贫液循环泵功率，kW	105.33
再生塔塔底再沸器功率，kW	5555.81

表 9-51 各流号计算结果汇总

点号		1	2	3	4	5	6	7	8
气相分数		1.0000	0.0000	1.0000	0.0000	0.0007	1.0000	0.0000	0.0004
温度，℃		28	39.71	40.33	62.68	62.59	62.59	62.59	90.00
压力，MPa		4.5	5.00	4.47	4.49	0.60	0.60	0.60	0.55
摩尔流率，kmol/h		1715	2490	1619	2586	2586	1.832	2584	2584
相对分子质量		18.72	24.00	17.37	24.65	24.65	20.85	24.65	24.65
质量焓，kJ/kg		714.2	−1116	810.4	−1044	−1044	664.8	−1045	−942.6
质量熵，kJ/(kg·℃)		10.40	3.715	11.22	3.646	3.649	10.45	3.645	3.774
组成	C_1	88.3000	0.0000	93.4432	0.0609	0.0609	75.5489	0.0073	0.0073
	C_2	3.9300	0.00	4.1596	0.0023	0.0023	2.8175	0.0003	0.0003
	C_3	0.9100	0.0000	0.9634	0.0004	0.0004	0.4907	0.0000	0.0000
	iC_4	0.2800	0.0000	0.2966	0.0000	0.0000	0.0122	0.0000	0.0000

续表

点号		1	2	3	4	5	6	7	8
组成	nC_4	0.2800	0.0000	0.2966	0.0000	0.0000	0.0119	0.0000	0.0000
	iC_5	0.1200	0.0000	0.1271	0.0000	0.0000	0.0066	0.0000	0.0000
	nC_5	0.1200	0.0000	0.1271	0.0000	0.0000	0.0064	0.0000	0.0000
	N_2	0.1500	0.0000	0.1588	0.0001	0.0001	0.0734	0.0000	0.0000
	CO_2	4.1900	0.0966	0.2251	2.7307	2.7307	10.3317	2.7253	2.7253
	H_2S	1.7200	0.0051	0.0007	1.1452	1.1452	7.1525	1.1409	1.1409
	H_2O	0.0000	93.0572	0.2017	89.4736	89.4736	3.5481	89.5345	89.5345
	DEA	0.0000	6.8411	0.0000	6.5869	6.5869	0.0000	6.5916	6.5916

点号		9	10	11	12	13	14	15
气相分数		1.0000	0.0000	0.0000	0.0000	0.0000	0.0000	0.0000
温度, ℃		98.14	123.6	95.57	21.00	92.79	38.00	39.71
压力, MPa		0.18	0.21	0.16	0.15	0.15	0.10	5.00
摩尔流率, kmol/h		208.2	2376	2376	114.0	2490	2490	2490
相对分子质量		28.77	24.29	24.29	18.02	24.00	24.00	24.00
质量焓, kJ/kg		428.3	−763.0	−876.0	−1910	−911.5	−1122	−1116
质量熵, kJ/(kg·℃)		7.818	4.102	3.969	4.103	3.975	3.707	3.715
组成	C_1	0.0911	0.0000	0.0000	0.0000	0.0000	0.0000	0.0000
	C_2	0.0032	0.0000	0.0000	0.0000	0.0000	0.0000	0.0000
	C_3	0.0005	0.0000	0.0000	0.0000	0.0000	0.0000	0.0000
	iC_4	0.0000	0.0000	0.0000	0.0000	0.0000	0.0000	0.0000
	nC_4	0.0000	0.0000	0.0000	0.0000	0.0000	0.0000	0.0000
	iC_5	0.0000	0.0000	0.0000	0.0000	0.0000	0.0000	0.0000
	nC_5	0.0000	0.0000	0.0000	0.0000	0.0000	0.0000	0.0000
	N_2	0.0000	0.0000	0.0000	0.0000	0.0000	0.0000	0.0000
	CO_2	32.6839	0.1002	0.1002	0.0000	0.0956	0.0956	0.0956
	H_2S	14.1008	0.0053	0.0053	0.0000	0.0050	0.0050	0.0050
	H_2O	53.1204	92.7253	92.7253	100.0000	93.0582	93.0582	93.0582
	DEA	0.0000	7.1692	7.1692	0.0000	6.8411	6.8411	6.8411

参 考 文 献

[1] 曾自强，等．天然气集输工程［M］．北京：石油工业出版社，2000．
[2] 中国石油天然气总公司．气田地面工程设计［M］．东营：石油大学出版社，1995．
[3] GB 50350—2005　油气集输设计规范［S］．
[4] 诸林．天然气加工工程［M］．北京：石油工业出版社，2008．
[5] 苏建华．天然气矿场集输与处理［M］．北京：石油工业出版社，2004．
[6] 王遇冬．天然气开发与利用［M］．北京：中国石化出版社，2011．
[7] 张良鹤．天然气集输工程［M］．北京：石油工业出版社，2001．
[8] 朱利凯．天然气处理与加工［M］．北京：石油工业出版社，1997．
[9] 潘光坦．气体加工工程数据手册［M］．北京：石油工业出版社，1984．
[10] 罗光熹，周安．天然气加工过程原理与技术［M］．哈尔滨：黑龙江科学技术出版社，1990．
[11] 油田油气集输设计技术手册编写组．油田油气集输设计技术手册［M］．北京：石油工业出版社，1995．
[12] 林存瑛．天然气矿场集输［M］．北京：石油工业出版社，1997．
[13] 四川石油管理局．天然气工程手册［M］．下册．北京：石油工业出版社，1984．
[14] 坎贝尔J.M 天然气预处理和加工　第二卷　吸收及分馏、泵输、压缩和膨胀制冷、防水化、脱水及过程控制［M］．北京：石油工业出版社，1991．
[15] 马道克斯R N．天然气预处理和加工　第四卷　气体与液体脱硫［M］．北京：石油工业出版社，1991．
[16] 冯叔初，郭揆常，王学敏．油气集输［M］．东营：石油大学出版社，1988．
[17] 中国石化集团上海工程有限公司．化工工艺设计手册［M］．上册．北京：化学工业出版社，2009．
[18] Ken Arnold, Maurice Stewart. Design of Oil-Handling Systems and Facilities［M］．Houston：Gulf publishing Company，1986．
[19] Ken Arnold , Maurice Stewart . Design of Gas-Handling Systems and Facilities Volume Ⅱ：Surface Production Operations［M］．Houston：Gulf publishing company，1989．
[20] 肖述琴，等．井下节流技术在苏里格气田的应用分析［J］．石油化工应用，2010，29（1）：34－38．
[21] 汤晓勇，宋德琦，等．克拉2气田集气工艺选择［J］．天然气与石油，2006，24（3）：7－11．
[22] 薛岗，许茜，等．沁水盆地煤层气田樊庄区块地面集输工艺优化［J］．天然气工业，2010，30（6）：87－90．
[23] 杨光，刘祎，等．苏里格气田布站模式及压力系统研究［J］．石油规划设计，2009，20（4）：26－28．
[24] 牟春国，胡子见，等．苏里格气田天然气水合物成因与防治措施分析［J］．石油化工应用，2009，28（8）：41－45．
[25] 刘银春，童炜，等．苏里格气田天然气最优集气半径的探讨［J］．石油规划设计，2010，21（1）：31－32，35．
[26] 杨光，刘祎，等．苏里格气田单井采气管网串接技术［J］．天然气工业，2007，27（12）：128－129．
[27] 刘祎，王登海，等．苏里格气田天然气集输工艺技术的优化创新［J］．天然气工业，2007，27（4）：139－141．
[28] 袁宗明，王勇，贺三，等．三甘醇脱水的计算机模拟分析［J］．天然气与石油，2012，30（3）：21－26．
[29] 李士富．油气处理工艺及计算［M］．北京：中国石化出版社，2010：50－62．
[30] GB 17820—2012　天然气［S］．
[31] 杨伟，叶帆．轻烃回收装置收率计算与优化分析［J］．石油与天然气化工，2011，40（5）：440－441．
[32] 汪宏伟，蒲远洋，钟志良，等．膨胀制冷轻烃回收工艺参数优化分析［J］．天然气与石油，2010，28（1）：24－28．
[33] 汪瑾，李珍，范峥，等．天然气脱硫装置的系统模拟与优化［J］．化工工程，2013，41（1）：74－77．